卡耐基
告诉你人性的
优点与弱点 大全集

可 珺 ◎ 编著

图书在版编目（CIP）数据

卡耐基告诉你人性的优点与弱点大全集／可珺编著．—北京：地震出版社，2012.5

ISBN 978－7－5028－4011－2

Ⅰ.①卡… Ⅱ.①可… Ⅲ.①成功心理—通俗读物 ②心理交往—通俗读物 Ⅳ.①B848.4－49 ②C912.1－49

中国版本图书馆 CIP 数据核字（2012）第 021899 号

地震版　XM2626

卡耐基告诉你人性的优点与弱点大全集

可　珺　编著

责任编辑：范静泊
责任校对：孔景宽

出版发行：地震出版社

北京民族学院南路 9 号　　　邮编：100081
发行部：68423031　68467993　传真：88421706
门市部：68467991　　　　　　传真：68467991
总编室：68462709　68721982　传真：68455221
http：//www.dzpress.com.cn
E－mail：seis@mailbox.rol.cn.net

经销：全国各地新华书店
印刷：九洲财鑫印刷有限公司

版（印）次：2012 年 5 月第一版　2012 年 5 月第一次印刷
开本：787×1092　1/16
字数：384 千字
印张：28
书号：ISBN 978－7－5028－4011－2／B（4686）
定价：39.80 元

版权所有　翻印必究

（图书出现印装问题，本社负责调换）

Preface 前言

人性中有很多你未能洞悉的优点，这些隐藏在人的本性中的优点，其中很多或许并未被我们发掘。同时，人不管他有多么伟大或是多么渺小，都有着弱点、有着软肋。只要能抓住人性的薄弱环节，就可以攻破他的防线。

早在20世纪上半叶，美国现代成人教育之父、人际关系学太师——著名的心理学家和人际关系学家，20世纪伟大的成功学大师戴尔·卡耐基先生就曾深刻洞悉了人性中的优点与弱点。

他一生致力于人性问题的研究，运用心理学和社会学知识，对人类共同的心理特点，进行了探索和分析，开创并发展出一套独特的融演讲、推销、为人处世、智能开发于一体的成人教育方式。接受卡耐基教育的有社会各界人士，其中不乏军政要员，甚至包括几位美国总统。千千万万的人从卡耐基的教育中获益匪浅。卡耐基先生以他对人性的洞察，运用大量普通人不断努力取得成功的案例，通过演讲和著作唤起无数迷惘者的斗志，激励他们取得辉煌的成功。

人性中的优点很多，除了别人引导我们发掘的和人类在日常生活中自我发现的人性中的闪光点之外，还有一些，是我们未曾发现的。你完全可以通过卡耐基先生的引导，了解自己，发现自身和他人身上的优点，从而为你的事业、家庭和人际关系向更好的方向发展，积蓄一份力量。

人又都是有弱点的，欲望越多的人弱点也就越多，陷入深渊的可能性也就越大。我们人性中存在着很多弱点，我们有自卑和恐惧的心理，我们每个人的内心都渴望得到别人的关心，我们会嫉妒周围比我们优秀的人才，我们还畏惧批评……这些都是我们的弱点。只要我们知道我们的弱点，我们懂得设法去克服自身的弱点，我们就能成功。

成功和快乐，在某些人看来也许遥不可及。其实，是你少了些许发现人性优点的眼光和独到的见解，所以，有时你会为眼前一时的迷雾所蒙蔽，为已打翻的牛奶而暗自哭泣。我们缺乏的仅仅是洞察问题的能力、自信、毅力、做事方法和积极的心态而已。有时，我们对自己缺乏了解，缺乏信任，而这一点，往往会被大家忽视。所以，最重要的是先了解自身，了解人性中本来存在的优点与弱点。

那么，请相信，卡耐基先生的智慧和力量能让你了解自己，相信自己，充分开发蕴藏在身心里而尚未被利用的财富，发挥人性的优点，去开拓通向成功、幸福的新生活之路。

不论你是什么职业、性别、年龄，这部充满力量、充满智慧的书，在生活中一定会给你启迪，使你勇敢地克服自己的弱点，发挥自己的优点，成为人际交往的高手，拥有美好、快乐、成功的人生。

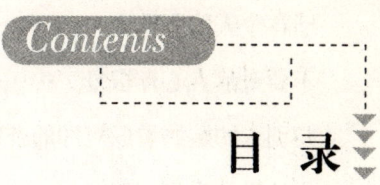

目录

第一章　成就一生的资本

贫穷也是一种可贵的资本 …………………………………… (2)
终生不断的自我教育 ………………………………………… (3)
态度是你最重要的资本 ……………………………………… (5)
养成有条有理的习惯 ………………………………………… (7)
无限的生命能量 ……………………………………………… (8)
节俭是你终生受用的佳肴 ………………………………… (11)
珍惜自己和别人的时间 …………………………………… (13)
健康是成功之本 …………………………………………… (15)
自信给你带来奇迹 ………………………………………… (18)
坚韧的意志是成功的保证 ………………………………… (21)
做事要有很好的判断力 …………………………………… (25)
善于借用别人的力量 ……………………………………… (28)

第二章　平安快乐的要诀

不要指望别人感激你 ……………………………………… (32)
盘算你所得到的恩惠 ……………………………………… (34)

将不利因素转化为成功的动力 …………………… (37)
每天尽力让他人愉快 ……………………………… (40)
使自己的工作变得有意义 ………………………… (43)
活在今天的方格中 ………………………………… (45)
不要对敌人心存报复 ……………………………… (48)
将别人的嫉妒看成对你的恭维 …………………… (52)
不让批评之剑伤害你 ……………………………… (54)
学会自我批评 ……………………………………… (58)
保持自我本色 ……………………………………… (61)
改变不良的工作习惯 ……………………………… (64)
学会放松，解除疲劳 ……………………………… (67)

第三章 把握成功的规律

任劳任怨、不计酬劳 ……………………………… (74)
吸引人的个性 ……………………………………… (76)
正确的思想 ………………………………………… (78)
专心一致 …………………………………………… (79)
想象力 ……………………………………………… (81)
充满热忱 …………………………………………… (84)
自制力 ……………………………………………… (88)
合作精神 …………………………………………… (90)
面对失败 …………………………………………… (92)
宽容他人 …………………………………………… (94)
明确的目标 ………………………………………… (96)
自信心 ……………………………………………… (99)

储蓄的习惯 ……………………………………… (102)

进取心与领导才能 ……………………………… (105)

第四章　如何使人喜欢你

牢记他人的名字 ………………………………… (110)

学会倾听他人讲话 ……………………………… (113)

真诚地赞赏他人 ………………………………… (116)

如欲采蜜，就不要弄翻蜂房 …………………… (120)

迎合他人的兴趣 ………………………………… (125)

让他人感到自己重要 …………………………… (131)

激发他人的强烈要需求 ………………………… (135)

真诚地关心他人 ………………………………… (137)

微笑待人 ………………………………………… (140)

第五章　寻找生命的钻石

慎重选择自己的职业 …………………………… (146)

经验与学识助你成功 …………………………… (149)

经商要懂生意经 ………………………………… (151)

钻石就在你家后院 ……………………………… (153)

保持充沛的精力 ………………………………… (155)

第六章　如何赢得他人的赞同

从对方的立场看问题 ………………………………… (160)
戏剧化地表达你的想法 ………………………………… (163)
永远不要狡辩 ………………………………………… (165)
千万不要指责他人的错误 ……………………………… (169)
勇敢地承认自己的错误 ………………………………… (171)
把你的意见变成对方的 ………………………………… (175)
向对方提出有意义的挑战 ……………………………… (178)
学会善待他人 ………………………………………… (181)
让对方多表现自己 …………………………………… (185)
使对方一开始就说"是" ……………………………… (188)

第七章　有钱人的理财守则

寻找获利性的投资 …………………………………… (192)
保障未来生活无忧 …………………………………… (194)
保住和增加财富的价值 ………………………………… (197)
不要让财富流失 ……………………………………… (198)
增进你赚钱的能力 …………………………………… (201)
合理运用你的金钱 …………………………………… (204)
先让你的口袋鼓起来 ………………………………… (206)
控制支出 ……………………………………………… (207)

第八章　让你的家庭幸福快乐

对家人关心而有礼貌 …………………………………（212）
不要做婚姻的"文盲" …………………………………（217）
真诚地欣赏对方 ………………………………………（222）
多从小事上关注她 ……………………………………（226）
如何与女性相处 ………………………………………（229）
如何与男性相处 ………………………………………（234）
不要自掘婚姻的坟墓 …………………………………（237）
不要改变你的伴侣 ……………………………………（242）
不要批评你的家人 ……………………………………（246）

第九章　迈好步入社会的一步

养成勤奋的习惯 ………………………………………（252）
对人忠诚 ………………………………………………（254）
培养健康有益的个人嗜好 ……………………………（257）
年轻人要志向高远 ……………………………………（259）
行事的动机首先是追求快乐 …………………………（262）
贫穷并不足畏 …………………………………………（264）
不做投机买卖 …………………………………………（266）
注重小节 ………………………………………………（270）
慎重地选择生意伙伴 …………………………………（275）
如何正确看待别人 ……………………………………（278）

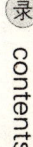

第十章 如何让你变得更加成熟

摆脱生活中的不幸 …………………………………… (282)

拥有坚定的信念 …………………………………… (285)

相信自己是独一无二的 …………………………… (288)

勇于承担责任 ……………………………………… (291)

困难并不意味着不幸 ……………………………… (294)

让友谊伴随你一生 ………………………………… (298)

学会喜欢自己 ……………………………………… (300)

不要盲目因袭 ……………………………………… (302)

不要让人觉得讨厌 ………………………………… (305)

第十一章 习惯影响人的一生

应接受必须的教育 ………………………………… (310)

学会与人相处 ……………………………………… (312)

不要辜负他人的期望 ……………………………… (315)

金钱买不来幸福的婚姻 …………………………… (317)

人生的三大积累：知识、谨慎和良心 …………… (320)

知识一定要学有所用 ……………………………… (323)

做生意要遵循常理 ………………………………… (325)

保持良好的社会交往 ……………………………… (328)

习惯影响人的一生 ………………………………… (331)

工作尽心尽责、少出差错 ………………………… (334)

第十二章　走出孤独忧虑的人生

- 不要为小事烦恼 …………………………………… (338)
- 摒弃愚蠢的担忧 …………………………………… (341)
- 接受不可避免的事实 ……………………………… (345)
- 克服忧虑的心理 …………………………………… (348)
- 消除思想上的忧虑 ………………………………… (354)
- 确定忧虑的底线 …………………………………… (359)
- 不要锯木屑 ………………………………………… (361)
- 克服孤独的方法 …………………………………… (365)
- 如何远离忧虑的危害 ……………………………… (368)
- 消除忧虑的灵丹妙药 ……………………………… (370)

第十三章　做人的准则

- 面对恐惧的四种态度 ……………………………… (376)
- 经常省察自己的内心 ……………………………… (380)
- 沟通的力量 ………………………………………… (383)
- 说真话求真理 ……………………………………… (385)
- 拥有一颗体谅他人的心 …………………………… (387)
- 不要存得失之心 …………………………………… (389)
- 做人的准则 ………………………………………… (389)
- 思想决定人格 ……………………………………… (392)
- 信心是人类最伟大的力量 ………………………… (394)

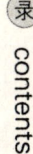

第十四章　不要为工作和金钱而烦恼

正确处理夫妻间的职业冲突 …………………… (400)
处理金钱的烦恼 …………………………………… (404)
做自己喜欢的工作 ………………………………… (406)
感到疲劳之前先休息 ……………………………… (411)
如何让你青春永驻 ………………………………… (414)

第十五章　修身养性，完美人生

终生求学 …………………………………………… (418)
学会轻松阅读 ……………………………………… (420)
自尊自重 …………………………………………… (421)
培养和谐的个性 …………………………………… (422)
正确地"使用"我们自己 ………………………… (425)
享受旅行的乐趣 …………………………………… (427)
寻求良心的回归 …………………………………… (428)
学会正确地交流 …………………………………… (430)
充满爱心和积极向上的精神 ……………………… (432)

成就一生的资本

卡耐基告诉你人性的优点与弱点大全集

ka nai ji gao su ni ren xing de you dian yu ruo dian da quan ji

贫穷也是一种可贵的资本

有些人可能为曾经或现在的贫穷而扼腕叹息，有些人可能在为摆脱贫穷而做着不懈的努力，但是他们没有意识到，贫穷也是一种可贵的资本。

资本的种类有很多，比如：金钱、知识、友情、爱情、家庭、个人素质（多指品德还有吃苦耐劳、意志、信念、朴实、有奉献精神等），还有'贫穷'。

我们试着做一个分析：如果贫穷是最大的财富，那么，比尔·盖茨是不是世界上最富的人？答案是：这涉及到人的价值观问题，财富不完全等于金钱，我们都知道，金钱只是表现财富的一种数量。度量财富还有其他东西，精神财富是其中最重要的方面。所谓"人穷志不穷"，志就是一种财富的源泉，虽说"志"不是穷人所独有的，但至少更容易被穷人所有。因为他们更有毅力、更坚强、更有动力追求成功，这就是一种精神力量，是一种贫穷的力量，这种力量能够成就一切成功（包括金钱财富）。

穷而不认命，不求奢华，知足常乐，与世无争，是最大的精神财富。贫穷时如果能知足常乐，安贫乐道，不羡慕那些富豪荣华，不抱怨自己命运不济，你的人生将跨向一个更高的层次，你的精神和灵魂，也将在此过程中，得到升华。

其实贫穷与资本，就像小与大，短与长，均是一个问题的对立的两个方面。根据辩证法的逻辑，大与小、长与短均有可变性，穷与财富也不能一成不变，社会上由穷变富者，并非鲜见。

足球巨星罗纳尔多，生长在巴西一个穷人区，母亲失业，吃穿无着，幼小的罗纳尔多钻进母亲的怀抱说,以后我用踢球养活您。在巴西,足球十分神圣,多少人做着球星梦,而成功者却寥寥无几。罗纳尔多14岁就成为一个足球俱乐部的明星,20岁登上足球巅峰。因为他时刻牢记:只有踢好球,才能养活母亲。

想踢球养活母亲,这是人人不愿见到的生存底线,然而它却是一种无以替代的精神动力,这动力是人生隐藏的巨大财富,这财富是取之不尽、用之不竭的力量源泉。当人们把羡慕的眼光,投向成功者名利的光环时,千万不要忘记他们当初的贫穷,那才是胜利的要素,成功的秘诀。

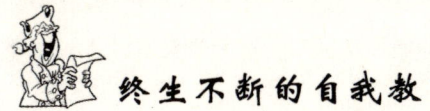 终生不断的自我教育

有些人认为,学习的最佳年龄是在30岁以前,过了这个年龄,就没有必要也很难继续学习下去了。其实,这样的想法是存在偏差的,卡耐基的理论为我们指明了方向:自我学习和自我教育是一辈子的事情。

假如你已经年过30,还没有受过相当的教育,你大可不必为此而灰心。从前有一个人,从一个生性懒惰、挥霍无度的人手里买到一块田地,等到成交时已经是5月底了。以前那个懒惰的地主,在早春时分,不曾下种,不曾耕耘。许多邻近的人都去告诉这位新地主,说早春已过,除了种蔬菜以外,种别的东西,现在已经太迟了。但是这个新地主是个很有头脑,很能干的人;他下了些长得较晚的谷类种子,并且得到一次很丰盛的收获——一次超过其他邻居所得的收获。这类事实的发生,不仅仅限于耕田,在人生的各方面,都有后来居上的可能。

假使你真有向上的志愿,假使你真想补救早年失学的损失,你该谨

记，你每天所遇到的每个人，都能增益你的知识。假使你遇见的是一个印刷师傅，他也能灌输你许多印刷的技术；一个泥水匠，也能告诉你建筑方面的技巧；一个普通的农夫，也有他做人做事的经验，你能从他身上得到许多人情世故。

利用可能的条件或机会，努力摄取知识，这是使人知识广博的唯一途径。广博的知识，可以使人们胸襟开阔，不至于流于狭隘、鄙陋。这样的人能够从多方面去接触人生，领会人生。

有些家庭困难，或身体残疾而无缘进入大学的人，总认为自己遭受了一种不可复得的损失，以为这在他们的一生中是一个永远无法补救的缺陷。他们会觉得，纵使日后怎样的自修学习，也将无法弥补今日的缺陷。但就事实而论，有学问、有修养、有水平的人中间，很多是那些从未受过大学教育的人，甚至是那些连中学校门也没跨入过的人。

一个未读完小学的青年，凭着多年孜孜不倦的努力，自学了许多历史书籍，最终成为了一个历史学家。他也因此得到了许多人的称赞。

假使你因为有些学科不容易理解，而怀疑你的学习与记忆力不如从前，那么你不必因此而灰心。教育的意义十分广泛，我们可以避免那些自己不感兴趣的课程。对于有些科目，成年人的学习与记忆能力要比青年学生强得多，因为成年人有更多的经验，更成熟的见解，更正确的判断力。

卡耐基通过他几十年的研究，为我们得出了结论，一个人的一生，应该是一个不间断的自我教育的过程，年龄、受教育程度或其他原因不应成为阻碍自我教育的因素。

 ## 态度是你最重要的资本

诚实、自信是一个希望成功的青年所应具备的重要条件。但还有一种更重要的资本我们非具备不可，那就是良好的态度。

态度的重要性不言而喻。一个吊儿郎当或态度粗俗的人，令人一见就会产生烦感，其结果必然导致处处碰壁。一个态度良好的人即使相貌平平，甚至肢体残缺，仍比那眉清目秀，身强力壮，但态度粗鲁的人更加受人欢迎。任何商店的老板，都希望自己的员工有能力吸引更多的买主，令店里的顾客一天比一天多，但不希望用强求的方法去逼顾客买他的东西。销售员必须知道：任何人一走进店门，就是一位新的客人，必须热情地对待，至于他买不买东西，那是他的权利，绝对不应加以干涉。自己所应做的，只是代表商店，热情而小心翼翼地招待客人。

有许多人，往往因为没有受过良好的培训，养成了一种骄傲、蛮横、粗鲁、生硬的态度，这种人若不自知改善，其人生将会是一片坎坷，做起任何事来，一定不会顺利。

一个人如果从小就有机会受到"态度"的训练，长大之后，他就自然地拥有良好习惯。这种人因为品格高尚、态度良好，将来一定很容易成功。一个和善可亲、才高识广的人，比起那些只有钱而无人缘、脾气乖戾的人来说，更容易在很多事上获得成功。

良好的态度对于你的社会关系，就像润滑油对于机器一样，能够使整架机器运转良好，各零部件磨合正常。

那么，究竟什么样的态度能够使你获益终生呢？

首先，要学会用积极的思维来替换消极思维，善于与人合作，先去理解别人并且让别人感觉到他们的重要，要随时随地注意自己的形象。

人的思维方式和行为方式，都是完全靠自己支配的。快乐与否、气愤与否、热情与否，都是自己选择的。通过选择那些积极的信息来武装自己的头脑，而不是听任自己的思绪在那些令人不快的事情上徘徊，可以改善自己对待他们的态度，排除那些消极的想法，代之以对目标的思考。

人们的生活中可能充满大大小小各种问题，如果不加小心，这些问题就可能占据大脑而令你的思维变得消极。为了改变这种消极思维的倾向，可以转而去考虑为自己设定的目标。无论何时，如果发生了令人不愉快的事，就想一想设定的目标，从而改变消极的思维。用第一人称、现在时态的肯定预期来不断对自己重复这个目标。如果遇到问题，不要一遍遍地去想那个问题，想应该责怪谁或谁做了什么不该做的事，相反，应该想一想如何解决问题，想一想下一步该怎么办。一旦开始思考能做些什么来解决自己面对的问题，人就开始冷静、清醒下来，变得积极而有建设性，重新恢复了自制力。

几乎所有的消极思维都与人们曾经经历过的不愉快有关。但当一个人考虑到自己的目标时，他就会以积极的方式来思考问题。所以，必要的时候就强迫自己去畅想未来而不是沉湎于过去。设想一下理想的生活以及美好的前景，使自己振奋，过去的不愉快就被一扫而光了。第二种方法是让自己忙于目标和任务，强迫自己忙起来，有些事情就无暇去想了。

态度决定一切，具有良好的态度，是成功的开端。

 ## 养成有条有理的习惯

有一位商界名家将"做事没有条理"列为许多公司失败的一大重要原因。养成有条理的习惯，不仅仅是从商所必备的因素，而且是成功人生的最基本的资本积累。

工作没有条理，同时又想把蛋糕做大的人，总会感到手下的人手不够。他们认为，只要人多，事情就可以办好了。其实，你所缺少的，不是更多的人，而是使工作更有条理、更有效率。由于你办事不得当、工作没有计划、缺乏条理，所以浪费了大量员工的精力，不但吃力不讨好，最后还是无所成就。

没有条理、做事没有秩序的人，无论做哪一种事业都没有功效可言。而有条理、有秩序的人即使才能平庸，他的事业也往往有相当的成就。

大自然中，未成熟的柿子都具有涩味。除去柿子涩味的方式有许多种，但是，无论你采用哪一种方式，都需要花一段时间来等。如果等不到一定的时间就急于打开，就没法使柿子成熟而除去涩味。

任何一件事，从计划到实现的阶段，总有一段所谓追最佳时机，无论计划是如何的正确无误，总要不慌不忙、沉静地等待合适的时机。

假如过于急躁而不甘等待的话，那么就经常会遭到破坏性的阻碍。无论如何，我们都要有耐心，压抑那股焦急不安的情绪，才不愧是真正的智者。

一位企业家曾谈起了他遇到的两种人。

有个性急的人，不管你在什么时候遇见他，他都表现得风风火火的样子。如果想同他谈话，他只能拿出数秒钟的时间，时间长一点，就会伸手把表看了再看，暗示着他的时间很紧张。他公司的业务做得虽然很大，但是开销更大。

究其原因，主要是他在工作安排上七颠八倒，毫无秩序。他做起事来，也常为杂乱的东西所阻碍，结果，他的工作一团糟，办公桌简直就是一个垃圾堆，他经常很忙碌，从来没有时间来整理自己的东西，即便有时间，也不知道怎样去整理、安放。

另外有一个人，与上述那个人恰恰相反。他从来不显出忙碌的样子，做事非常镇静，总是很平静祥和。别人不论有什么难事和他商谈，他总是彬彬有礼。在他的公司里，所有员工都寂静无声地埋头苦干，各样东西安放得也有条不紊，各种事务也安排得恰到好处。他每晚都要整理自己的办公桌，对于重要的信件立即就回复，并且把信件整理得井井有条。所以，尽管他经营的规模要大过于前述商人，但别人从外表上总看不出他有一丝一毫慌乱。他做起事来样样办理得清清楚楚，他那富有条理、讲求秩序的作风，影响到他的全公司员工，每一个员工，做起事来也都极有秩序。

所以，养成有条理的习惯，将有助于你加快办事效率，节省时间。有条理的习惯，也将成为你受用一生的资本。

 无限的生命能量

无人可以否定生命的伟大力量，生命，从开始酝酿那一刻起，从细胞时期就孕育着非常强大的力量，无时无刻不在创造着奇迹。这是卡耐基要告诉我们的看待生命的最基本也最朴实的道理。生命苦短，但力量是无限的。

天地的万物来到这世上都遵循着起点和终点相同的平等：生不带来，死不带去。

天地间的万物又对我们昭示着这样的一个自然道理：生命虽起点和终点相

同，但生命的过程会有所不同，生命的过程就是个性孕育成熟的过程。

生命来到这世上，必不可少的就是要历经这世上风霜的磨难。

树叶面对风霜可以选择在风中哀号、哭泣，然后在风中慢慢的无望的枯去，也可以选择用生命承受的耐力让自己转变成生命一片红色的美丽。这是树面对风霜的选择。树面对自然风霜无情的打击，选择的不同，生命展现的色彩也不同。

河蚌对揉在体内的沙带来的痛可以选择让生命在悲泣的泪流中慢慢化去，也可以选择用生命极坚韧的忍耐与克制让体内的顽沙慢慢褪去顽劣的特性，用自己柔弱的身躯的力量让沙柔化为体内的珍珠，这是河蚌面对沙的选择。河蚌面对自然沙无情的入侵，选择的不同，生命历经磨难后的拥有也不同。

生活中的我们面对生命不可逃避的无情的磨难可以选择用信心和力量战胜它，然后把微笑作为礼物回报给生命；也可以用无奈的失望甚至绝望让生命在这样的情绪中慢慢逝去，这是人的选择。人面对生命无情的磨难，选择的不同，生命历经风霜得到的气质也不同。

生命的过程其实就是一个面对磨难选择的过程。

我们常常感叹生命起点和终结点相同，也常常抱怨生命过程对人的不公。生命历经的过程真的是不公的吗？

卡耐基告诉我们，每一天都是一个新的生命，我们首要去做的事情不是去观望遥远的将来，而是去做手边清晰的事。我们大多数人是这样——为昨天的果酱发愁，为明天的果酱发愁——却不会在我们今天吃的面包上涂上厚厚的果酱。

树可以用它对生命的挚情的心把风霜无情的附加内化为一种力量的色彩挂在枝头，这是树对秋赋予的磨难回赠的最好的礼物。红叶是树战胜自然风霜磨难后展现出的美丽的生命色彩。

河蚌只有拥有内化能力，才能解除揉在体内的沙所带来的痛，才能创造出

第一章　成就一生的资本

生命奇迹中珍珠的亮丽。珍珠是河蚌战胜沙对柔体的侵揉奉献出的生命的独有的美丽。

人只有用信心和力量战胜生命历经的磨难，才能把一抹微笑挂在自己的唇边，回馈给生活无限的奇迹。气质与风度是人对岁月无情的磨难的反复雕刻送还的生命微笑的美丽。

其实世间万物的生命在生命的过程中都遵循着这样的一种规律：看似不平等的生命历程中蕴藏着生命在磨难面前可以选择的、对待磨难态度上的生命平等，而从这种选择中的获取是真正意义上的平等。

相信上天赐给世间万物的生命的过程都是色彩纷呈、独一无二的。相信哪怕是我们历经的磨难也是上天赐给生命的最好礼物，只要我们能用一颗善感的心和有耐力的心去读懂它，然后再找出破解它的密码，就能得到我们自己最美的生命礼物。

所有来到这个世上走一遭的生命都会不可避免的遭遇生命的磨难。无论是人类还是其他的甚至在人们眼中是卑微的生命，都只有通过在生活的磨难中找到破解属于自己生命磨难的钥匙，才能创造出生命的美丽的奇迹。这就是世上万物在世上生命过程中的平等。也是生命的力量的伟大之处。

生命历经风霜，却拥有了内涵的色彩，这是生命战胜磨难后的美丽。

生命战胜磨难后的美丽，也就是生命力量的美丽。

相信生命的伟大力量，这是卡耐基教导我们首先要做的事。

 **节俭是你终生受用的佳肴**

随着人们生活水平的提高，越来越多的人简朴的观念在日益淡薄，取而代之的是"奢侈观"和"享乐观"，但是，他们忽略掉一点，抛弃节俭的作风，并不仅仅像扔掉几件有用的东西那样简单。因为，节俭是你终生受用的佳肴。

在能成大事人的眼里，一分钱就是资本，是财富得以生长的种子。

有一个人从一无所有变成一个全城最富有的人，许多人就去找他询问致富的方法，富翁说："假如你有一个篮子，每天早晨在篮子里放进10个鸡蛋，每天晚上再从篮子里拿出9个鸡蛋，最后将会出现什么情况呢？""总有一天，篮子会满起来，"有人回答，"因为每天放进篮子里的鸡蛋比拿出来的多一个。"富翁笑着说："致富的原则就是在你放进钱包里的10个硬币中，最多只用掉9个。"

这个故事要说的是：除非养成节俭的习惯，否则你永远不会积聚财富。

很多白手起家的大富翁们，在投资、捐赠等方面出手阔绰，但在自身的支出上却是异常的俭省。

俭朴是一种美德，也是致富的手段。否则，纵使你有再多的钱，也禁不住无谓的奢侈。

杰克、鲍勃是两位好朋友，他们人口、家底及收入均相当，可是不知什么原因，杰克的日子越过越富裕，鲍勃的日子却越过越贫穷。

鲍勃心里很纳闷，一天早上，他跑去向杰克请教过日子的诀窍。

杰克仔细思索了一会儿，然后把鲍勃带到一口井边，并要求他打水，打完了水再告诉他过日子的方法。

杰克交给鲍勃两只水桶，叫鲍勃用有底的水桶打上水倒在没底的水桶里，待没有底的水桶倒满了才能回去。鲍勃心里很奇怪，明知没有底的水桶倒不满水，但既然杰克说了，就只好照办。

鲍勃用有底的水桶打上满满一桶水，可是倒进没有底的水桶就漏光了。打到天黑他才回家。杰克叫鲍勃明天再来。

次日，杰克又带着鲍勃到井边打水，这次要他用没有底的水桶打上水往有底的水桶里装。鲍勃心里仍然感到很奇怪：这不是依然打不满水吗？但既然杰克说了，他只好照办。

鲍勃用没底的水桶打水，每次都能带上一点点水，装在有底的水桶里。打到天黑，倒水的次数多了，有底的桶居然盛满了水。

鲍勃高兴极了，急忙跑来告诉杰克，并叫杰克快告诉他过日子的秘诀。

杰克大声笑着说："秘诀不是已经告诉你了吗？打水好比家庭经济收入，漏水好比家庭生活开支！如果不注意节约，你赚得再多也存不下钱，相反，注重节约，你赚得再少，日积月累，也是一笔不小的数目。"

鲍勃恍然大悟，说："知道了，知道了，过日子光靠勤劳还不行，还一定要重视节约！"

如果把生活比做一口缸的话，那么我们生活的目的就是要在这口缸里注满水。在这个过程中，我们常常忘了这口缸既有出口，又有进口，所以在我们拼命往里面灌水的时候，忽略了应该先把出口尽可能开到最小。节约和赚钱应是两条平行的线！

省的就是赚的，节省永远是最简单有效的理财方法。如果连省钱都做不好，那么赚得再多也是没有意义的。所以，我们每一个人都要省下每一分能省的钱，做一个彻头彻尾的"守财奴"和"小气鬼"。

生活中处处充满着不可预知的风险，每个人都应未雨绸缪，为未来多做点打算。年轻的时候不把钱当回事,老年时必然会为钱所累。所以,有钱的人需要理财省钱,没钱的人更需要节俭。

 ## 珍惜自己和别人的时间

卡耐基曾经这样说过:"今天太宝贵,不应该为酸苦的忧虑和辛涩的悔恨所销蚀。把下巴抬高,使思想焕发出光彩,像春阳下跳跃的山泉。抓住今天,它不再回来。'时间是金钱',所以窃取他人时间的小偷,当然该加以处罚,即使是那些消磨你的时间的愉快的好人,还是该如忌讳疾病地躲避他们。"

一个成功者应该珍惜自己的时间。世上那些工作紧张忙碌之人,无不设法回避那些消耗他们时间的人,希望自己宝贵的光阴不要因为他们而多浪费一刻。

一个做事有计划的人,有眼力审视断定别人对自己生意的价值:对于那些不必要的废话,都应想一个收场的方法,同时他们也绝对不会在别人上班的时间内和他人东拉西扯地谈些无关紧要的话,因为这样无疑是在妨碍人家的工作效率。

善于应对客人的人,都会在接到来客名单之后,就事先预定需要花费多少时间的。

老罗斯福总统就是这样一个模范人物:当一个久别重逢只求会见一面的客人到来时,他总是在握手寒暄之后,便很抱歉地说,他还有许多别的客人要接见,这样一来,来客就会很简洁地道明来意,告辞而返了。

有一位大公司的经理,一向待客谦和有礼,他每次与来客把事情商洽妥当之后,便很有礼貌地站起身来,向来客握手道歉,叹惜自己不能有更多的时间

再跟他多谈一会儿。那些客人对他的诚恳态度都十分满意,而不会认为他很吝啬地只肯会谈两三分钟。

有无数大银行、大公司的经理以及高级职员,都具有这种经过多年经验学来的本领。有不少实力雄厚、目光远大、判断准确、吃苦耐劳的大事业家,都是沉默寡言而办事迅速敏捷的人,他们所说出来的话,句句都是确切而有目的的。他们从不在这上面多耗费一点一滴的宝贵时间。现代商界中,与人洽谈生意,能利用最少时间产生最大效力的人,首推美国银行大王摩根。他为了严守纪律,而招致了许多怨恨,其实人人都应有这种美德。

他每天上午9点30分来到办公室,下午5点回家。有人计算他每分钟的收入是20美元——据他自己的统计还不止此数,除了与生意有重要关系的接洽外,他从来不与人交谈5分钟以上的时间。通常他总是在一间宽敞的办公室里,与无数办事人员一同工作,而不像许多商界要人,只和他的秘书在一个房间里。他随时都在指挥手下的员工,依照他的计划行事。如果你走进那间办公室,你很容易见到他,但如果你没有要紧的事,他绝不会欢迎你。摩根有卓越的眼力,能够猜断一个人要来接洽什么事情。你对他说话,一切转弯抹角的手段都会失去效力,他能够立刻猜出你的真意,这样一来,对于为了想找个人谈天,而去耗费工作繁忙的人许多宝贵光阴的这种人,摩根是不能容忍的。

珍惜时间,就是爱护生命。自古以来,大凡取得成就的人,无不是珍惜时间的典范。爱迪生平均三天就有一项发明,正是抓住了分分秒秒的时间进行了仔细的研究。鲁迅先生有句格言,"哪里是天才,我把别人喝咖啡的时间都用在工作上。"陈景润夜以继日,潜心于研究数学难题——哥德巴赫猜想,光是演算的草稿就有几麻袋,最终摘下了数学皇冠上的明珠。世界无产阶级的革命导师马克思,临死前还争分夺秒地写《资本论》。

莎士比亚有言:放弃时间的人,时间也会放弃他;时间会冲破青年人的华丽精致,它会把平行线刻上美人的额角;它会吃掉稀世之珍,天生丽质,什么都逃不过它横扫的镰刀。"所以，珍惜自己和他人的时间，将为你的人生积累下宝贵的财富。

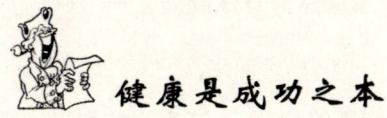
健康是成功之本

事业、财富、家庭等等，都是"零"；而健康，才是那永恒的"1"。所以，唯有健康，才是成功之本。

很久以前，一名妇女发现三位蓄着花白胡子的老者坐在家门口。她不认识他们，就说："我不知道你们是什么人，但各位也许饿了，请进来吃些东西吧。"三位老者问道："男主人在家吗？"她回答："不在，他出去了。"老者们答到："那我们不能进去。"傍晚时分，妻子在丈夫到家后向他讲述了所发生的事。丈夫说："快去告诉他们我在家，请他们进来。"

妻子出去请三位老者进屋。但他们说："我们不一起进屋。"其中一位老者指着身旁的两位解释："这位的名字是财富，那位叫成功，而我的名字是健康。"接着，他又说："现在回去和你丈夫讨论一下，看你们愿意我们当中的哪一个进去。"妻子回去将此话告诉了丈夫。丈夫说："我们让财富进来吧，这样我们就可以黄金满屋啦！"妻子却不同意："亲爱的，我们还是请成功进来更妙！"他们的女儿在一旁倾听。她建议："请健康进来不好吗？这样一来我们一家人身体健康，就可以幸福地享受生活、享受人生了！"丈夫对妻子说："听我们女儿的吧。去请健康进屋做客。"妻子出去问三位老者："敢问哪位是健康？请进来做客。"健康起身向她家走去，另外两人也站起身来，紧随其后。妻子吃惊地问财富和成功："我只邀请了健康。为什么两位也随同而来？"两位老者道："健康走到什么地方我们就会陪伴他到什么地方，因为我们根本离不开他,如果你没请他进来,我们两个不论是谁进来,很快就会失去活力和生命,所以,我们在哪里都会和他在一起的!"

这是一则流传许久的寓言,其中心意思很明显:健康是一切的基础,没有健康,其他所有的一切都是空谈。所以,应注重你的身体健康,一个好的身体,才是事业和财富的最大保障。

卡耐基有言:"一切财富与成功皆源于健康的心态。"在上帝的眼里,显然只有生活与工作实现平衡的人生才是丰富而多彩的。

长期的过度工作必然会有损健康。健康才是长久工作的基石。令人遗憾的是,现在有不少人在年轻的时候,总是不经意地牺牲青春与健康去追求名利与金钱,而年老的时候,又企图用名利与金钱来留住生命与健康。长期来看,这种做法往往得不偿失,大不可取。

亿万富翁约翰·洛克菲勒所拥有的名望不光是钱财,还包括健康与长寿。

由于标准石油公司日常管理的巨大压力,在洛克菲勒的身上出现了一些过度疲劳的早期症状,在医生和家人的奉劝之下,他慢慢地将自己的生活重心从工作转向了日常生活,并为自己总结了一套养生之道。

洛克菲勒在给伊莱扎的信中写道:"我现在天天吃芹菜,因为我知道芹菜对神经很有益处。"他尽量把下午的时间消磨在福里斯特山中,"享受伊利湖令人心旷神怡的空气。"洛克菲勒对草药和其他民间疗法表现出强烈的兴趣,还向一位助手建议,每天早餐前吃一片橘子皮会有助于戒烟。

对于19世纪80年代纽约上层社会风行的购置游艇热,洛克菲勒一贯是持抵制态度,却对装有暖气设备的马厩中的骏马非常喜欢。下班后,他时常与弟弟威廉赛上一圈,身边还坐着兴奋不已的小约翰。洛克菲勒十分喜爱赛马,有一次他对儿子说:"昨天我跑了4圈,两天加起来一共跑了大约80英里。"

现代社会是一个充分讲求效率的社会,残酷的竞争和快节奏的生活让人们意识到:效率就是生命。很多人为了追求有成就的事业,为了追逐梦想与利益而不停地奔跑，好像上足了弦的发条一样拼命工作。洛克菲勒认为，人的生命应当依附于身体，借此才能展现人生的多姿多彩，不要以为自己的健康体魄是天生始然，并因此毫无忌惮地透支身体能量，牺牲与家人团聚的时间。

西方国家流传着一个故事：三个商人死后见上帝时，讨论他们在尘世中的功绩。

其中一个商人先开了口："尽管我经营的生意接近于倒闭，但我和我的家人并不在意，我们生活得非常快乐。"上帝听罢，给他打了50分。

第二个商人说："我很少有时间和家人待在一起，我只关心我的生意。你看，我死之前，是一个亿万富翁！"上帝听罢默不做声，也给他打了50分。

这时，第三个商人开口了："我在尘世时，虽然每天忙着赚钱，但我同时也尽力照顾我的家人，朋友们和我很谈得来，我们经常在钓鱼或打高尔夫球时，就谈成了一笔生意。活着的时候，人生多么有意思啊！"上帝听他讲完，立刻给他打了满分。

在上帝的眼里，显然只有生活与工作实现平衡的人生才可能丰富而多彩。那么按照故事里上帝的标准，你能得多少分呢？

在犹太人的生活中，有这样一个不成文的规定，每个安息日即从星期五的日落到星期六日落的24小时中，他们会放下任何事情，给自己放假。有一人对他们的这个规矩很不解，于是问一个犹太人："你工作1小时可赚钱80美元以上，如果每天休息1小时，一个月就少赚2400美元，一年就将少赚2.88万美元，你认为这样做值得吗？"

这名犹太人的回答令人十分意外："假如一天工作8小时不休息，一天可赚640美元，那我的寿命将减少5年，按每年收入20万美元计算，5年我将减少100万美元的收入，假如我每天休息1小时，那我除损失每天1小时80美元外，将得到5年每天7小时工作所赚的钱，现在我60岁，假设我按时休息可活10年，那么我将损失28.8万美元，28.8万美元和100万美元哪个大呢？"

如果我们还在透支自己的健康，不妨来看看犹太人教给我们的生命与财富的计算方式。没有充分的休息就没有最佳的工作状态，犹太人的精明之处就在于他们懂得如何计算休息与工作之间所产生的最终利弊得失。生活的追求永无止境，真正的智者懂得权衡利弊，做出最恰当的选择。追求固然重要，但在健康面前，它也只能退而居其次。

 自信给你带来奇迹

卡耐基告诉我们：你有信仰就年轻，疑惑就年老；有自信就年轻，畏惧就年老；有希望就年轻，绝望就年老；岁月使你皮肤起皱，但是失去了自信，就损伤了灵魂。

自信，是成功的第一"秘诀"。

一个人最需要的就是自信，只有充满自信，才能开掘智慧，激发力量，在人生的征途上健步如飞。

有这样一个故事，一位伟大的哲人在风烛残年之际，知道自己时日不多了，就想考验和点化一下他的那位平时看来很不错的助手。他把助手叫到床前说："我的蜡所剩不多了，得找另一根蜡接着点下去，你明白我的意思吗？""明白。"那位助手赶忙说，"您的思想光辉是得很好地传承下去……""可是，"哲人慢悠悠地说："我需要一位最优秀的承传者，他不但要有相当的智慧，还必须有充分的信心和非凡的勇气……这样的人选直到目前我还未见到，你帮我寻找和挖掘一位好吗？""好的，好的。"助手很温顺很尊重地说，"我一定竭尽全力地去寻找，以不辜负您的栽培和信任。"哲人笑了笑，没再说什么。

那位忠诚而勤奋的助手，不辞辛劳地通过各种渠道开始四处寻找了。可他领来一位又一位，都被哲人一一婉言谢绝了。某一次，当那位助手再次无功而返地回到哲人病床前时，病入膏肓的哲人硬撑着坐起来，抚着那位助手的肩膀说"真是辛苦你了，不过，你找来的那些人，其实还不如你……""我一定加倍努力，"助手言辞恳切地说，"找遍城乡各地，找遍五湖四海，我也要把最优秀的人选挖掘出来，举荐给您。"哲人笑笑，不再说话。

半年之后，哲人眼看就要离开人世，最优秀的人选还是没有眉目。助手非常惭愧，泪流满面地坐在病床边，语气沉重地说："我真对不起您，令您失望了！""失望的是我，对不起的却是你自己。"哲人说到这里，很失意地闭上了眼睛，停顿了许久，才又不无哀怨地说："本来，最优秀的就是你自己，只是你不敢相信自己，才把自己给忽略、耽误、丢失了。其实，每个人都是最优秀的，差别就在于如何认识自己、如何发掘和重用自己……"话没说完，一代哲人就永远离开了他曾经深切关注着的这个世界。那位助手非常后悔，甚至后悔、自责了整个后半生。

为了不重蹈那位助手的覆辙，每个向往成功、不甘沉沦者，都应该牢记一位哲人说过的这样一句至理名言："每个人都有大于自身的力量。不是因为有些事情难以做到我们才失去自信，而是因为我们失去了自信，有些事情才显得难以做到。"我们每个人都是一座金矿，关键是如何发掘自己。

镭的发现者——居里夫人，当初穿着沾满灰尘和油污的工作服，从堆积如山的铀沥青中寻找镭时条件非常艰苦，但她信心百倍。成功之后她对朋友说："无论做什么事情，我们都应该有恒心，特别是自信心。"

由此可见，事业上的成功固然由多种因素组成，但自信心就是成功者的必备特征，自信心也是人性与生俱来的优点之一，拥有了信心就拥有了成功的一半。

同样说明这个道理的还有这样的一个故事：

一个纽约的商人看到一个衣衫褴褛的铅笔推销员,顿生一股怜悯之情。他把1美元丢进卖铅笔人的盒子里,就准备走开,但他想了一下,又停下来,从盒子里取了一把铅笔,并对卖铅笔的人说:"你跟我都是商人,只不过经营的商品不同,你卖的是铅笔。"几个月后,在一个社交场合,一位穿着整齐的推销商迎上这位纽约商人,并自我介绍:"你可能已经记不得我了,但我永远忘不了你,是你重新给了我自尊和自信。我一直觉得自己和乞丐没什么两样,直到那天你买了我的铅笔,并告诉我是一个商人为止。"

"推销员"一直做乞丐,因为他一直缺乏自信。从纽约商人的一句话中,"推销员"找到了自尊和自信,并开始了全新的生活,从中不难看出自信心的威力。缺乏自信常常是性格软弱和事业不能成功的主要原因。对此,著名的推销员齐格曾有过切身的体会。齐格曾参加过一个由梅里尔指导的全日制培训课程。培训结束后,梅里尔先生将齐格留下说:"你有许多能力,你可以成为一个了不起的人,甚至一个全国优胜者。我绝对相信,如果你真正投入工作,真正相信自己,你能冲破一切困难获得成功。"说真的,齐格细细品味这些话时,惊呆了。你必须理解齐格当时的处境,才有可能意识到这些话对他有多大的影响。他回忆道:"当我是个小男孩时,我长得很小,即使在穿得最多时也没超过120磅。我上学后,从五年级开始,放学后和周六的大部分时间都在工作,运动方面也不是很活跃。另外,我还很胆小,直到17岁才敢和女孩约会,而且还是别人指定给我的……一个盲目性约会。一个从小镇中出来的小人物,希望回到小镇上一年赚上5000美元,我的自我意识仅限于此。现在却突然有一个受我尊敬的人对我说'你能成为一个了不起的人'!"所幸的是,齐格相信了梅里尔先生,开始像一个优胜者一样思想、行动,把自己看成优胜者。最后,齐格终于成功了,他说:"梅里尔先生并未教很多推销技巧,但那年年底,我在美国一家7000多名推销员的公司中,推销成绩列第二位。我从用大众车变成用豪华小汽车,而且有望获得提升。第二年,我成为全州报酬最高的经理之一,后来我成为全国最年轻的地区主管人。"

齐格遇到梅里尔先生后,并不是获得了一系列全新的推销技巧,也不是他的智商提高了50点,只是梅里尔先生让他确信自己有获得成功的能力,并给了他目标和发挥自己能力的信心。

可见,人,只有自信,才能自强不息,才能为自己的理想而努力奋斗。只有自信,才能使人在艰苦的事业中保持必胜的信念,才能使人有勇气前进。人如果缺乏自信心,就会对自己的美好理想放弃争取,就会浑浑噩噩、碌碌无为;如果缺乏要干成一番事业的自信心,通向成功之路的航船就要在沙滩搁浅,终生也难以托起成功的巨轮。在现实生活中,自信心是大力之神,它能使弱者变得强大,使侏儒变成巨人。

坚韧的意志是成功的保证

卡耐基曾说过:"朝着一定目标走去是'志',一鼓作气中途绝不停止是'气',两者合起来就是'志气'。一切事业的成败都取决于此。"而此处提到的"气",便是坚韧的意志,它要求我们一鼓作气,无论遇到何种困难,都不退缩,不放弃,坚强勇敢地走下去。

"坚韧"是解除一切困难的钥匙,它可以使人成就一切事情。在成功的道路上,没有任何东西比坚韧不拔的意志更重要。坚韧的意志,是一切成就大事业的人所具有的特征,他们或许缺乏其他良好的品质,或许有各种弱点和缺陷,但是他们具备了坚韧的意志。这是所有的成就大事业的人所不可缺少的特质。劳苦不足以使他们灰心,困难不足以使他们丧志。不管处境如何。他们总能坚持与忍耐,因为坚韧是他们的天性。

那么，如何使自己具备坚韧的意志呢？

每一个人要克服障碍，都离不开意志力，面对着所执行的每一个艰难的决定，我们所依靠的是内心的力量。事实上，意志力并非是生来就有或者不可能改变的特性，它是一种能够培养和发展的技能。下面几条有助于增强你的意志力，不妨一试。

1. 积极主动

主动的意志力能让你克服惰性，把注意力集中于未来。在遇到阻力时，想象自己在克服它之后的快乐，积极投身于实现自己目标的具体实践中，你就能坚持到底。美国东海岸的一位商人知道自己喝酒太多，然而他从事的是一种很烦人的工作，在进餐前喝几杯葡萄酒似乎能让紧张的心情得到放松，可酒和累人的活又使得他时常喝完酒便呼呼大睡。有一天，这位经理意识到自己是在借酒浇愁，浪费时光。于是他不再贪杯，而把更多的注意力放在儿女身上。刚开始时很不容易，常常想起那香气四溢的葡萄酒，但他告诫自己现在所做的事将有所得而不是有所失。后来的事实证明，他越是关心家庭和子女，工作起来的干劲也就越大。

2. 下定决心

美国罗得艾兰大学教授詹姆斯·普罗斯把实现某种转变分为四步：

①抵制——不愿意转变；

②考虑——权衡转变的得失；

③行动——培养意志力来实现转变；

④坚持——用意志力来保持转变。

为了下定决心，可以为实现自己的目标规定期限。玛吉·柯林期是加州的一位教师，对如何使自己臃肿的身材瘦下来十分关心。后来她被选为一个市场组织的主席，便决定减肥6公斤。为此她购买了比自己的身材小两号的服装，要在3个月之后的年会上穿起来。由于坚持不懈，柯林斯终于如愿以偿。

3. 目标明确

普罗斯教授曾经研究过一组打算从元旦起改变自己行为的实验对象，结果发现最成功的是那些目标最具体、明确的人。其中一名男子决心每天做到对妻子和颜悦色、平等相待，后来，他果真办到了。而另一个人只是笼统地表示要对家里的人更好，结果没几天又是老样子，照样吵架。

4. 权衡利弊

如果你因为看不到实际好处而对体育锻炼三心二意的话，那么光有愿望是无法使你心甘情愿地穿上跑鞋的。普罗斯教授对前往他那儿咨询的人说，可以在一张纸上画好4个格子，以便填写短期和长期的损失和收获。假如你打算戒烟，可以在顶上两格填上短期损失："我一开始感到很难过"和短期收获："我可以省下一笔钱"；底下两格填上长期收获："我的身体将变得更健康"和长期损失："我将失去一种排忧解闷的方法"。通过这样的仔细比较，聚集起戒烟原意志力就更容易了。

5. 改变自我

光知道收获是不够的，最根本的动力产生于改变自己形象和把握自己生活的愿望。道理有时可以使人信服，但只有在感情被激发起来时，自己才能真正加以响应。

6. 注重精神

法国17世纪的著名将领图朗瓦以身先士卒闻名，每次打仗都站在队伍的最前面。在别人问及此事时，他直言不讳道："我的行动看上去像一个勇敢的人，然而自始至终却害怕极了。我没有向胆怯屈服，而是对身体说：'老伙计，你虽然在颤抖，可还是得往前冲啊！'"所以他毅然地冲锋在前。大量的事实证明，使自己像具有顽强意志一样地去行动，有助于使自己成为一个具有顽强力的人。

7. 磨炼意志

早在 1915 年，心理学家博伊德·巴雷特提出一套锻炼意志的方法，包括从椅子上起身和坐下 30 次，把一盒火柴全部倒出然后一根一根地装回盒子里。他认为，这些练习以增强意志力，以便日后去面对更严重更困难的挑战。巴雷特的具体建议似乎有些过时，但他的思路却给人以启发。

8. 坚持到底

俗话说"有志者事竟成"，其中含有与困难作斗争并且将其克服的意思。普罗斯在对戒烟后又重新吸烟的人进行研究后发现，许多人原先并没有认真考虑如何去对付香烟的诱惑，所以尽管鼓起力量去戒烟，但是不能坚持到底，当别人递上一支烟时，便又接过去吸了起来。如果你决心戒酒，那么不论在任何情况下都不要去碰酒杯。倘若你要坚持慢跑，即使早晨醒来时天下着暴雨，也要在室内照常锻炼。

9. 实事求是

如果规定自己在 3 个月内减肥 25 公斤，或者一天必须从事 3 个小时的体育锻炼，那么对这样一类无法实现的目标，最坚强的意志也无济于事，而且，失败的后果会将自己再试一次的愿望化为乌有。在许多情况下，将单一的大目标分解成许多小目标不失为一种好办法。打算戒酒的鲍勃在自己的房间里帖了一条标语——"每天不喝酒"。由于把戒酒的总目标分解成了一天天具体的行动，因此第二天又可以再次明确自己的决心。到了周末，鲍勃回顾自己每天的一系列"胜利"时信心百倍，最终与酒"拜拜"了。

10. 逐步培养

坚强的意志不是一夜间突然产生的，在逐渐积累的过程中还会不可避免地遇到挫折和失败，必须找出使自己斗志涣散的原因，才能有针对性地解决。玛丽第一次戒烟时，下了很大的决心，但以失败告终。在分析原因时，她意识到需要做点什么事来代替吸烟。后来她买来了针和毛线，想吸烟时便编织毛衣。

几个月之后,玛丽彻底戒了烟,并且还给丈夫编织了一件毛背心,真可谓"一举两得"。

11. 乘胜前进

实践证明,每一次成功都将会使意志力进一步增强,如果你用顽强的意志克服了一种不良习惯,那么就能获取获胜的信心。每一次成功都能使自信心增加一分,给你在攀登悬崖的艰苦征途上提供一个坚实的"立足点"。或许面对的新任务更加艰难,但既然以前能成功,这一次以及今后也一定会胜利。

 ## 做事要有很好的判断力

社会上最受欢迎的人是那些有巨大创造力与非凡经营能力的人。有些人往往只知道按部就班地听从人家的吩咐,去做一些已经计划妥当的事情,而且凡事都要有人详细的指示。唯有那些有主张、有独创性、肯研究问题、善经营管理、有准确的判断力的人才是人类的希望,也正是这种人,充当了人类的开路先锋,促进了人类的进步。

一个有准确、迅速而坚决的判断力的人,他的发展机会要比那些犹豫不决、模棱两可的人多得多。所以,请尽快抛弃那种迟疑不决、左右思量的不良习惯吧!这种不良的习惯会使你丧失一切原有的主张,会无谓地消耗你的所有精力。

这也是年轻人最容易染上的可怕习惯,遇到事情时,明明已经详细计划好了,考虑过了,已经确定了,但有些人仍然畏首畏尾、瞻前顾后而不敢采取行动,还要重新从头考虑,还要去征求各处的意见,东看西瞧,左思右量,翻来覆去,没有决断,最后,脑子里各种念头越来越多,自己对自己就越来越没有信心,不敢决断。后果就是,人的精力逐渐耗尽,终于陷入完全失败的境地。

一个希望取得全面成功的人，一定要有一种坚决的意志，不要染上优柔寡断、迟疑不决的恶习。在工作之前，必须要确信自己已经打定的主意，即使遇到任何困难与阻力，即使发生一些错误，也不要轻易产生怀疑的念头。我们处理事情时，事先应该仔细地分析思考，对事情本身和环境下一个正确的判断，然后再做出决策；决定一旦做出之后，就不要再对事情和决策产生怀疑和顾虑。做事的过程中难免会发现一些错误，但不能因此心灰意冷，应该把困难当教训、把挫折当经验，只要自信以后会更顺利，而成功的希望也就更大。在做出决定后，还心存疑虑、还要反复猜疑的人，无异于把自己推入一种无可救药的沼泽中，最终只好在痛苦和懊恼中度过一生。

有些人最终无法成功，并不是缺乏创立一番事业的能力，而是因为他们的判断力太差了。他们好像没有自主自立的能力，而只能依赖他人，这些人即使遇到任何一点微不足道的事情，也要东奔西走去询问亲友邻人的意见，自己的脑子里只是胡思乱想，尽管时刻牵挂但并无主见。于是，越和人商量，越不能确定主意，越是迟疑不决，结果就越弄得不知所措。

判断力不准确和缺乏判断力的人往往很难决定开始做一件事，即使决定开始做了，最后也往往无法收场。他们一生的大部分精力和时间，都消耗在犹豫和迟疑当中，这种人即便有其他获得成功的条件，也永不会真正获得成功。

大凡成功者须当机立断，把握时机。一旦对事情考察清楚，并制订了周密计划后，他们就不再犹豫、不再怀疑，而能勇敢果断地立刻去做。因此，他们对任何事情往往都能做到驾轻就熟，马到成功。

造船厂里有一种力量强大的机器，能把一些破烂的钢铁毫不费力地压成坚固的钢板，而善于做事的人就与这部机器一般，他们做事异常敏捷，只要决心去做，任何复杂困难的问题到了他们手里都会迎刃而解。

一个人如果目标明确、胸有成竹、有自信心，绝不会把自己的计划拿来与人反复商议，除非他遇到了在见识、能力等各方面都高过他的人。在决策之前，他都会前前后后地仔细研究，然后制订计划，采取行动；这就像前线作战的将军首领必须仔细研究地形、战略，而后才能拟定作战方案，随后再开始进攻。

一个头脑清晰、判断力很强的人，一定会有自己坚定的主张，他们绝不会糊里糊涂，更不会投机取巧，他们也不会永远处于徘徊当中，或是一遇挫折便赌气退出，前功尽弃。只要做出决策、计划好的事情，他们一定勇往直前。

英国当代著名军人基钦纳就是一个很好的例子。这位沉默寡言、态度严肃的军人勇猛如狮、出师必胜，他一旦制订好计划，确定了作战方案，就会集中心思运用他那惊人的才干，镇定指挥，决不会再三心二意地去与人讨论、向人咨询。在著名的南非之战中，基钦纳率领他的驻军出发时，除了他的参谋长，谁也不知道军队要开赴哪里。他只下令要求预备一辆火车、一队卫士及一批士兵。基钦纳声色不动、滴水不漏，更没有拍电报通知沿线各地。战争开始后的一天早上6点钟，他忽然神秘地出现在卡波城的一家旅馆里，打开这家旅馆的旅客名单，发现几个本该在值夜班的军官的名字，他走进那些违反军纪的军官的房间，一言不发地递给他们一张纸条，在上面签署了自己的命令："今天上午10点，专车赴前线，下午4点，乘船返回伦敦。"基钦纳不听军官们的解释和辩白，更不听他们的求饶，只用这样一张小纸条，就给了所有的军官一个警告，起到了杀一儆百的作用。

基钦纳将军有无比坚定的意志和异常镇静的态度，但他深知自己在战时所负有的重大使命。因此，他为人处世严谨而端正，公正无私，指挥部下时也从不偏袒，做任何事情非至成功决不罢手。从这些地方，就可以看出基钦纳将军的伟大魄力和远大抱负。

基钦纳将军并不看重他人的颂扬，更不接受部下的阿谀奉承。他从不狂妄自大，在他看来，做人处世应该摒弃名利之心。他做任何事从来胸有成竹，凡事都能冷静而有计划地去做。

这位驰骋沙场、百战百胜的名将待人却很诚恳亲切，非常自信，做起事来

第一章　成就一生的资本

专心致志，富有创见，也极富判断力，为人机警，反应敏捷，每遇机会都能牢牢把握并充分利用。他真是一个向往获得成功者的最好典范！

 善于借用别人的力量

一个人，不管他的能耐有多大，他的智慧和才能都是有限的。唯有借助他人的能力和智慧，取长补短，为我所用，才能广采博集，发挥集体的智慧。特别是在全球化迅速发展的今天，更离不开他人的智慧和支持。

蚂蚁是生物界中体形较为弱小的一种，由于个体的弱小，所以蚂蚁们特别懂得与其他生物取食共生，互惠互利。单个的蚂蚁在外面觅食或是侦察时，也从来不逞一时之勇，而是善于借助他人的力量，与他人相互合作。

蚂蚁知道，如果不懂得和他人合作，不懂得借用他人的力量，是无法维持这个庞大的蚂蚁帝国的，更无法促使整个群体得到快速的发展。希腊哲人阿基米得说过："给我一个支点，我就可以撬动整个地球。"对于人类社会来说，这个支点，就是他人的智慧。

比尔·盖茨说过：一个善于借助他人力量的企业家，应该说是一个聪明的企业家。在办事的过程中善于借助他人力量的人也是一个聪明的人。

在自己的力量还没有足够强大的时候，借助他人的力量，是走向成功的捷径。对于一个人来说，要获得进一步发展，更免不了借助他人的力量。

现代社会越来越开放，信息传播越来越快捷，企业的结构越来越庞大，专业分工越来越细致。靠个人单枪匹马独闯天下的时代已经过去。要成功就要借助他人的力量而不是自己一个人的艰苦奋斗。换句话说，就是要调动外界的一切能为我所用的资源，从而提高我们的办事效率，迅速达到我们的预定目标。

借力指的是借他人之力，如名人、亲戚、朋友、同学等的地位、名望、财富或权威等，他人有时是你接近成功或走向成功的桥梁与阶梯，尤其是那些德高望重的名人，他们的力量更能帮你寻到走向成功的捷径。

一个人的力量毕竟是有限的，要想在事业上获得成功，除了靠自己的努力奋斗之外，有时需要借助他人的力量，只有"好风凭借力"，才能"送我上青云"。

关系网中的"借"字是核心。把握了"借力"这一核心，就把握了关系网的精髓。一个人想要顺顺当当把事情办成功，除了靠自己的努力外，有时还要借助他人的力量才能扶摇直上。一般来说，无论引荐者的名望大小，地位高低，只要对你的成功有所帮助，他就是你登上高处的好榜样，他的威信和影响对你都有用处。

在借助他人的力量时，一般要遵循以下步骤：

(1) 要与有影响力的人做朋友。

对于一般人来说，应该随时留心周围人的品格、能力及其影响力，要用真心去交朋友。要盯得准，看谁有能力帮助你。

(2) 努力求得朋友的帮助。

朋友能否帮你的忙，还看你平时表现如何。这就要求你与人交往时，目光要放远些，不因小利而不为，亦不因利大而为之。这样看来，借力的功夫完全包含在平时的为人处世之道之中。

(3) 借助一些有权威的人，或一些知名度较高的人的力量，如著名的专家学者等。

因为这些权威人物都有一定的威慑力量。对方看你有"后台"也会愿意与你合作。

(4) 要在内心里承认并接受借力的价值。

有很多人并不是不会借力，而是难为情而不愿意求人，总觉得这样做有失体面，好像是贬低了自己的能力。其实，这些想法都是不必要存在的。什么时候也别忘了，即使是拿破仑也需要别人帮他架起成功的桥梁，何况你只是一个平常之人呢？

所以，不懂得或不善于利用他人力量，光靠单枪匹马闯天下，在现代社会里是很难大有作为的。借助他人的力量，是现代社会的一条普遍的生存法则。

第二章

平安快乐的要诀

卡耐基告诉你人性的优点与弱点大全集
ka nai ji gao su ni ren xing de you dian yu ruo dian da quan ji

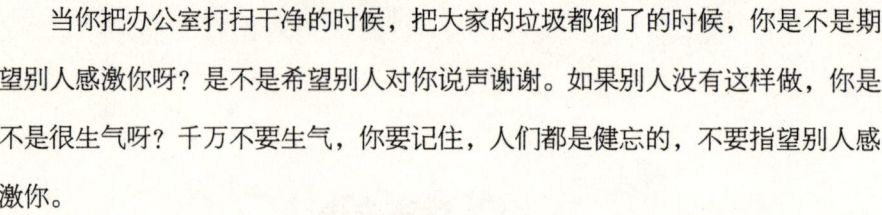

不要指望别人感激你

当你把办公室打扫干净的时候，把大家的垃圾都倒了的时候，你是不是期望别人感激你呀？是不是希望别人对你说声谢谢。如果别人没有这样做，你是不是很生气呀？千万不要生气，你要记住，人们都是健忘的，不要指望别人感激你。

从小，卡耐基的家人每一天晚上都会从《圣经》里面摘出章句或诗句来复习，然后跪下来一齐念"家庭祈祷文"。他现在仿佛还听见，在密苏里州一栋孤寂的农庄里，他的父亲复习着耶稣基督的那些话："爱你们的仇敌，善待恨你们的人；诅咒你的，要为他祝福；凌辱你的，要为他祷告。"当卡耐基离家之后，每年的圣诞节总会寄一张支票给父母，让他们买一点比较奢侈的东西。可是他们很少这样做，当他每个圣诞节前几天回到家里的时候，父亲就会告诉他又买了一些煤和杂货送给镇上一些"可怜的女人"——那些有一大堆孩子却没有钱去买食物和柴火的人。他们送这些礼物时也得到很多的快乐——就是只有付出，而不希望得到任何回报的快乐。他的父亲和母亲从来没有到那里去看过，或许也没有人为他们所捐的钱谢过他们——除了写信——可是他们所得到的报酬却非常丰富，因为他们得到帮助孤儿的乐趣，而并不希望或等着别人来感激。

卡耐基的父亲做到了这些，也使他的内心得到一般将官和君主所无法追求的平静。

卡耐基认为："让我们永远不要去试图报复我们的仇人，因为如果我们那样做的话，我们会深深地伤害了自己。让我们像艾森豪威尔将军一样，不要浪费一分钟的时间去想那些我们不喜欢的人。"

马尔是一个商人。10个月前发生了一件让他非常生气的事情。他发给34位员工一共10000万美元的年终奖金,但没有一个人感谢他。"我实在很后悔,"他很尖刻地埋怨说,"应该一毛钱都不给他们的。"其实,他不应该这样生气。而应该扪心自问:为什么没有人感激他?也许他平常付给员工的薪水很低,而派给他们的工作却太多;也许他们认为年终奖金不是一份礼物,而是他们花劳力赚来的;也许他平常对人太挑剔,太不亲切,所以没有人敢或者愿意来谢谢他;也许他们觉得他之所以付年终奖金,是因为大部分的收益得付税。

还有路易丝。路易丝常常因为孤独而不停地埋怨,她的亲戚里没有一个人愿意接近她。如果你去拜访她,她就会连续几个钟头不停诉说她做的各种好事。她会花几个钟头喋喋不休地告诉我,她侄儿小的时候,她是怎样照顾他们的。他们得了麻疹、百日咳,都是她照看的,他们跟随她住了许多年,她还资助一位侄子读完了商业学校,直到他结婚前,他都住在她家。

她扶助过的侄子偶尔会来看看她,只是为了责任感。可是他们都很害怕来看她,因为他们知道必须坐在那儿好几个小时,听她拐弯抹角地骂人,还得听她那没完没了的埋怨和叹息声。后来这个女人无法威逼利诱她的侄子再来看她的时候,她还有一个"法宝"——心脏病发作。

她是不是真发作心脏病呢?是的,医生说她有一个"很神经的心脏",才会发生心脏亢进症。可是医生们也说,他们一点办法也没有,她的问题完全是情感上的。

这个女人真正需要的是爱和关注,可是她称之为"感恩图报"。而她永远也不可能得到感恩和爱,因为她去要求它,她认为那些是她该得的。

世界上像这样的人很多。这些人都因为别人忘恩、孤独和被人忽视而生病。他们希望有人爱他们,要求他们做的每一件事情都能得到回报。如果我们对他人付出了很多,而且对于他们来说可能是极为重要的,同时也是我们尽了最大的努力去帮助他们，可以这么说，我们这样做真的很无私，而且对他人充满了无限的爱，但我们千万不要指望他人来感恩我们的所作所为。如果真的那样做了的话，相信我们绝大多数都会很失望地发现，原来根本就没几个人会来向我们道声简单得不能再简单的一声"谢谢"。忘记感谢乃是人的天性，如果我们一直期望别人感恩，多半是自寻烦恼！要追求真正的快乐，就必须抛弃别人会不会感激的念头，只享受自己付出的快乐。付出是一种享受施予的快乐。

俗话说得好，"一个愤怒的人，浑身都是毒"。我们不该对那些不知感恩的人们抱怨或生气，因为那样对他人并无多大作用，只会给自己带来坏心情，而且还会使我们的身体产生各种毒素，这无异于我们自己服毒。

根据人寿保险公司的计算方法，平均来说，我们大概可以活到现在的年龄到80岁之间差距的2/3多一点点，所以我们不要浪费有限的时间，来埋怨怀恨一件早已过去的事情。

 盘算你所得到的恩惠

有些人常为自己不能拥有一双高贵典雅的鞋而苦恼；也有人为自己不能拥有一件华丽而优雅的风衣所困惑。当你看到路边有一个失去双腿的人，坐在一块有滚轮的小木板上，用双手支撑划动自己；也许会碰到一个没有双臂的残疾人，充满朝气向你微笑，你还会难过吗？人的一生中，不如意事常有，就看你怎么去看这些事。

1912年，卡耐基以担任《公开演说》课的教师来开展他的事业时，还没有无线电广播，更没有电视，因此那个时候演说业非常发达，大家也就以能够精通演说术为目标。虽然大家希望能轻松而又自信地表达自己的意见，但是大

多数人却不愿意花时间和金钱来学习说话发音的技巧、雄辩的原则和适当的姿态。卡耐基教授"有效的演说"之所以成功，是因为他确实可以使人立即获得他们所要的效果。

当然，让别人也能够学到高超的演讲技巧，并不是一件很容易的事情。卡耐基先生回忆说："我教的第一个班人数很少，因为我传授的东西还是大学里学的那套传统的东西，但是我很快发现这不是学员所要的东西。我的学员一般是力求上进的年轻人，从事种种职业，但只是帮助他们鼓起腮帮抑扬顿挫地背诵出莎士比亚戏剧中的独白，也无助于他们的推销工作。"

"我逐渐看出主要的问题是畏惧——害怕在一群人面前站起来，害怕一个人独自站在那里讲话。"

"我决定每一堂课里要求每一个人起来讲话，不论讲的是短是长，以清除他们畏惧的心理。我很快就发现，他们教给自己的，十倍于我教给他们的。"

如果卡耐基不是这样想，而认为自己上课仅仅是为了钱，他该是多么苦恼啊。相反，是从上课的过程中，卡耐基积累了丰富的第一手的资料，日后他的书里的例子也是来自他上课的素材。因此，我们要学会看问题的视角，只有时刻盘算自己所得的恩惠，才会找到活着的乐趣和理由。

卡耐基说："想想自己拥有老天赐予的恩惠，你就不会再有忧虑了。"

叔本华说，我们很少想我们所拥有的，却总是想自己缺失的。这种倾向实在是世上最令人不幸的事之一。它带来的灾难只怕比所有的战争疾病都重大。

我们的生活中90%的事情都进行得很顺利，只有10%的事情令我们头疼。如果我们想要快乐，就要把精力集中在那90%的好事上，不去看那10%就可以了。如果我们想要烦恼、抱怨，总把注意力集中在10%的不满意之处，而忽略了90%的开心的东西，那么他的人生就痛苦了。

哈洛德住在密苏里，以前经常担忧。不过1934年春的某一天给了他很大启发。哈罗德经营一家杂货店已经两年了，不但用光了所有的积蓄，还欠下了一大笔债,得7年才能还清。杂货店正是那天的前一个周六停止营业的。他正打算到银行借点钱,好动身到堪萨斯城找个工作。当时的他心灰意冷。忽然间,他看到对街过来一个没腿的人,坐在一块小木板上,下面用溜冰鞋轮做了四个滚轮,两手各拿一块木头在地面上支撑划动自己。当这个残疾人看到哈洛德时,并向他灿然一笑。"早安,先生!今天天气真好,不是吗?"他的声音里充满了朝气。哈洛德看着他,不禁感到自己是多么富有。哈罗德本来只打算借100美元,现在他有勇气要求借200美元。本来他只打算看能不能找个工作,但现在,他有信心宣布我要去找个工作。

能看到每件事情的最好一面,并养成一种习惯,这真是千金不换的珍宝。

帕玛先生从陆军退役不久就开始自己做生意。他日夜辛勤工作情况很不错。可是接着麻烦来了,他开始担心生意支撑不下去,烦恼极了。直到有一天,一位年轻的行动不便的残疾人跟他说:"你不觉得羞愧吗?像你这个样子好像世上只有你一个人有麻烦似的。即使你真的停止营业一阵子,那又怎么样?供货正常后,你还可以再开始呀!你真该为你所得到的感谢了!可是你还老是怨天尤人,我多想能像你一样,看看我!我只有一只手臂,半边脸也被炮火毁容了,而我并不抱怨。你再不停止怨天尤人,你不但会丢掉生意,还会赔上你的健康,你的家庭及朋友!"

因此,当我们心情不好的时候,当我们遇到困难的时候,我们不妨看看我们的周围,看看支持我们的家人,想想家人的疼爱,朋友的支持,其实我们每个人都拥有一笔巨大的财富。

有一位双目失明的50岁的老妇人。她写道:"我仅存的一只眼上布满了斑点,所有的视力只靠左侧一点点小孔。我看书时,必须把书举到脸面前,并尽可能靠近我左眼左侧的视觉区域。"但是她并不打算接受怜悯,也不想享受特别的待遇。小时候,她想和小朋友一起玩游戏可是看不到任何记号,等到其他小朋友都回家了,她才趴在地上辨认那些记号。她把地上划的线完全熟记,并成为玩那个游戏的佼佼者。她在家自修，拿着放大字体的书，靠近脸，近得睫毛都挨得到书页。她修完了两个学位，明尼苏达大学的学士和哥伦比亚大学的硕士。她开始在明尼苏达州一个小村庄教书，后来成为了南达科他州一个学院的新闻学教授。她在当地任教了13年并常在妇女俱乐部演讲，上电台节目谈书籍与作者。她在书中写道："在我内心深处，始终不能祛除完全失明的恐惧。为了克服这一点，我只有对人生采取开心甚至天真的态度。"

1943年，她已经52岁，却发生了一项奇迹：极负盛名的梅奥医院的一项手术，使她的视力比以前好多了。即使在水槽边洗碗对她也是一件令人兴奋的事。她写道："我开始玩弄碟子上的泡沫，我用手指捧起一个肥皂泡泡，对着光看，我看到缩小的彩虹般的色彩幻影。"

她自己形容说从水槽上方厨房的窗口望出去，她看到的是振动着灰黑色的翅膀飞过积雪的一只麻雀。

看看老妇人的心态，她是多么的积极和乐观，从不抱怨生活中给她带来的痛苦，而是积极地面对生活，热爱生活。感恩、惜福，简简单单的四个字，却把人类最美的情感推而广之。无论何时，无论何地，每个人都应该拥有一颗感恩之心，一念珍惜之情。

 **将不利因素转化为成功的动力**

当挫折发生时，是不是你的第一个念头就是："完了，这下没救了。"如果是这样的话，那就很难逃脱悲观的诅咒。一个有乐观积极思想修养的人，应该在挫折中找优势，并把它转化为进步的动力。

卡耐基在学校里观察到这样一个现象：学院辩论会及演说赛非常吸引人，

胜利者的名字不但广为人知，而且还往往被视为学院的英雄人物，这是一个成名和成功的最好的机会。

不过，促使卡耐基走上演说这条道路还有其他因素。

刚进入学院的卡耐基对自己几乎不抱任何希望，对自己笨拙的外表和破烂的衣服感到自卑。

由于遭受洪水，卡耐基家的农场损失惨重，玉米和小麦几乎颗粒未收。当时的卡耐基已经深深地体会到，如果不改变自己的生活，就会像父亲那样狼狈和辛酸。不能重蹈父亲的覆辙，但怎样改变呢？

卡耐基陷入了深深的思索中。他想起了一年前母亲对他说的话："你怎么不想想在其他方面超过别人呢？"

的确，每个人都有优势和劣势，避开劣势发挥优势是最佳的人生选择。

最后，卡耐基选定了目标，并开始为之而不懈努力。

当然，要想在瓦伦斯堡州立师范学院的演说赛中夺冠并非是一件容易的事。首先，参赛者必须加入一个社区，只有当他赢得了社区内的所有比赛后，才有资格参加社区之间的比赛。

卡耐基并非有演说的天赋，尽管当时曾有一位满怀信心的文化讲习会主讲人断定他将具有非凡的演说能力。

卡耐基参加了12次比赛，却屡战屡败。经过一番寒彻骨，卡耐基最终取得了伟大的成功。

卡耐基认为，聪明人拿到一个柠檬的时候，会说："我可以从这件不幸的事情中学到什么呢？我怎么样才能改善我的状况，怎样才能把这个柠檬做成一杯柠檬汁呢？"而傻子却正好相反，要是他发现命运只给他一个柠檬，他就会自暴自弃地说："我完了。这就是命。我没有任何机会。"

一位犹太作家认为：积极的自我形象是走出贫民窟、危机和不幸童年的门票。她认为只有将不利因素转化为有利因素，从苦难中找到成功的动力，才是人类成功的原因，它给人们以动力。

哥达·梅和艾恩·兰达都自年幼时便在俄国革命中不断地与死亡抗争；玛丽亚·卡拉斯从受战争蹂躏的希腊的饥饿线上挣扎过来；玛格丽特·撒切尔少年时代在二战炮火袭击的英格兰幸免于难。这些妇女都从年少时所失去的和所遭受的危机中学到了东西，并以此作为鞭策动力，她们能将不利因素转化为积极因素以构建伸缩自如的自尊。

可见，逆境本身并不是一种灾难，只要我们不屈从于逆境，它就会成为我们向上攀登的阶梯，成为人生的祝福。

拿破仑·希尔也是通过克服困难才走向成功之路的。在他还是孩子的时候，父亲就给他找了个继母。他的继母出身较好，而他家却很贫困。他的父亲向他介绍完继母的情况后，告诉他要尊重她。而希尔却在心里一点儿也不服气。等到第二天，他的继母亲切地走到他面前，托起他的小脑袋，和蔼地说："你不要害怕贫穷，贫穷只是一时的，只要你对生活充满信心，生活就会慢慢好起来的。"

希尔内心的反感顿时烟消云散，冲着这句充满信任的话，他与继母友好相处。在此之前，没有人像她那样称赞希尔。也就是继母的这句话，帮希尔克服了贫穷造成的自卑的心理，成就了一位伟大励志学家的诞生。

压力可以转换成动力，但是压力变成动力，需要一个转化的条件，那就是压力的承受者有承受压力的能力。若是没有这个条件，压力就会变成真正的阻力。只有面对困难不怕吃苦的精神，才能有明天的成功。

卡耐基说过："生活中最重要的，就是不要以你的收入为资本，任何一个傻子都会这样做。真正重要的，是从你的损失中受益。这就需要聪明才智，而这一点也正是聪明人和傻子的区别。生活中的快乐大部分并不是来自享受，而是来自胜利。这种胜利来自于一种成熟感，来自于一种得意，也来自于我们能将柠檬做成柠檬汁。"

因此不论是贫是富，人生总有一些责任是不可避免的。给人生一副担子虽然沉重，需要毅力，但挑起来了，那里面便是希望。有了希望，也就有了未来。"奇迹总在厄运中出现"，"以迂为直，以患为利"的思想，都给我们留下了一个思考的空间。伟人之所以伟大，关键在于当他与别人共处逆境时，别人失去理智，他则下决心实现自己的目标。

  每天尽力让他人愉快

在家里，你会不会因为家里的地板没有拖干净而抱怨，甚至一直叨唠。过些日子，你会发现，家里的地板除了你自己来清理之外，家里其他人再也不帮忙了？这是为什么呢？因为你的话语打击了家人的积极性。试想，如果你说："今天的地板好干净啊？希望明天也这样。"那么，所得的结果就是另一个答案。因此，让我们学会去取悦别人，每天尽力去取悦别人。

一个酷热的夏天，卡耐基在火车餐车上吃午餐。餐车挤得水泄不通、闷热无比，而服务又很慢。服务生终于过来把菜单递给卡耐基，卡耐基一边看菜单，一边说："在厨房做菜的那些人今天可惨了。"服务生开始咒骂，开始时卡耐基以为服务生生气了，结果他说："老天啊！客人都在抱怨食物不好，他们埋怨服务太慢，又嫌这里太热、东西太贵。我听这些抱怨听了19年，你是第一位也是唯一一位对厨师表示过同情的客人。我祈祷有更多像你这样的客人。"

服务生只因为卡耐基把厨师当人看待就如此惊异。可见，我们不经意的一个赞美，会给别人带来多大的快乐，让我们不要吝惜自己的赞美之词了，每天尽力取悦别人吧。

还有一次在英国，卡耐基遇到一位牧师，卡耐基真心称赞他那只壮实聪明的牧羊犬。而且卡耐基请牧师告诉他是如何训练那只狗的。等卡耐基走开后，回头看见那牧羊犬搭在它主人的肩上，而它主人正在拍它的头。事后，卡耐基说："就因为对他人的狗表示感兴趣，就能让那牧师开心，那只狗也开心，当然我自己更开心。"

卡耐基说："我们每天都要做一件好事。什么才是好事呢？那就是能使别人的脸上露出开心笑容的事。"

安娜已是一个当祖母的人了。安娜家里以前是靠社会救济金生活的。在安娜年轻的岁月中最大的悲剧就是贫困。她从来不能像别的少女们那样享受正常的社交生活。她衣着寒酸，而且常常太小，绷在身上，当然款式也都过时了，自己总是觉得无颜见人，常常哭着睡去。绝望中，安娜心生一计，每次在聚会里，她都请她的男伴谈谈他们的兴趣，实际上只是希望分散他们的注意力，不要看出她寒酸的装扮。可是，奇妙的事发生了：当她听这些青年谈话时，她学到一些东西，而开始产生了真正的兴趣。后来，她变得兴味盎然，也忘了服饰的问题，最令人惊异的是：因为她是个很好的聆听者，又鼓励他们谈论自己，他们跟她在一起时总是很快乐，她竟渐渐成为最受欢迎的女孩，有3位男士都要求安娜嫁给他。

在旁人看来，安娜其实什么也没有做。但是在3位男士心里，安娜就像他们心中的天使。因为安娜能理解他们，取悦他们，让他们说出各自的烦心事，从而使他们心情舒畅。所以，有时候取悦别人并不像想象中的那样困难。只是倾听他人讲话，也可以起到取悦他人的目的。

同样，当我们试着使别人高兴的时候，我们自己也从中得到了乐趣。为别人做好事并不是一种责任，而一种快乐，因为它能增加你自己的健康和快乐。多替别人着想，不仅能使你不再为自己忧虑，也能帮助你结交许多朋友，并获得更多的乐趣。

波顿9岁失去母亲，12岁又失去父亲。父亲死于意外。波顿的父亲与人在密苏里州的一个小城开了一家咖啡馆。父亲出公差时，他的合伙人出售了咖啡馆携款逃跑了。父亲的一位朋友拍电报给父亲叫他尽快赶回来。仓促之中，父亲在车祸中丧生了。波顿从此流落街头。波顿最怕人家把他当孤儿看，但这种恐惧也是躲不过的。波顿在镇上一个穷人家寄居了一阵子，但那年头光景不好，一家之主失业了，他们再没有能力多养活波顿了。接着洛夫汀夫妇把波顿接到离镇11英里的农庄，洛夫汀先生已70岁高龄了，长年卧病在床，他告诉波顿只要不说谎，不偷窃，听话，就可以一直跟他们住在一起。这三条戒律成了波顿的圣经，他绝对恪守这些规则。波顿开始上学了，第一个礼拜情况糟透了。他的同学不断地取笑他的大鼻子，骂他笨蛋，叫他"小孤儿"。波顿心里难受极了，真想打他们一顿。但洛夫汀先生对波顿说："永远记住！一位真正的男子汉是不会随便跟人打架的。"所以波顿一直不跟他们打架，直到有一天，一个同学捡起鸡屎丢到他的脸上，波顿才痛揍了他一顿。

洛太太给波顿买了一顶新帽子。不料，有一天有个女孩把它从他头上摘去灌水弄坏了，还说把帽子灌了水好淋湿波顿的木脑袋，让波顿清醒一点儿。

波顿从不在学校哭，不过，回家后就忍不住了。有一天，洛太太给了波顿一个化敌为友的建议。她说："如果你先对他们感兴趣，看看能帮他们什么忙，他们就不会再欺负你，或叫你小孤儿了。"波顿听了她的话，用功读书，虽然波顿在班上功课最好，但没有人嫉妒他，因为他会帮助别人。

总之，只要我们每天试着去让别人愉快，不去计较个人的得失。慢慢地，别人也会来让我们愉快。大家都会从中得到快乐，找到生活的乐趣。

 **使自己的工作变得有意义**

大家都知道，人生最大的乐趣就是做自己喜欢做的事情。歌唱家能从他自己的歌声中找到乐趣，画家能从他的画中感受到生活的美。我们如果能从工作中找到乐趣的话，那么我们的生活将非常美好，因为我们每天都要面对自己的工作。

一天晚上，卡耐基与朋友们聚会。一位曾是他学生的顾立区董事长问他最近是否有新的成就时，卡耐基端着酒杯满怀信心地说，不久的将来，他会出版另一本关于公共演说的书。这时宴会上一片欢腾，大家纷纷举杯向可爱的卡耐基庆祝，并要求出版后能一睹为快，卡耐基愉快地答应了。朋友散去之后，卡耐基看着写字桌上的那本初稿默默地沉思，为自己11年心血和智慧而写成的书稿感到喜悦。

1926年，他自己编写的书在各方面的努力下终于出版了。这还是一本教科书，名字叫《公众演说——商用课程》。这本书的出版为卡耐基的教学又提供了走向未来成功的一步。历经数年，卡耐基的名声越来越响，人们对他的学说也表现出越来越接受的态度。

试想，如果卡耐基把传授演讲艺术当做一种枯燥的工作，当做一件重复性的工作，那么他也不会从他的工作中体会到乐趣，也不会取得如此巨大的成就。他深深地体会到自己工作中的乐趣，并且把自己的工作变成了有意义的事情。

卡耐基说过："能做人们喜欢做的事情的人，是最幸运的人。这种人之所以幸运，就是因为他们的体力比别人更充沛，情绪也更快乐；而忧虑和疲劳却比别人少。"

艾莉丝小姐是位打字员。这天晚上,艾莉丝回到家里时,已经筋疲力尽了。头痛、背痛,疲倦得连饭也不吃就想上床睡觉。在她的母亲再三劝说下,她才勉强坐到桌前。正在这时,电话铃响了。是她的男朋友打来的,约她出去跳舞。她的眼睛突然亮了,精神顿时振奋起来。她冲上楼去,换上那套心爱的天蓝色衣裙,一阵风似地冲出了家门。她一直跳到半夜才回来,不但不再感到疲倦,甚至兴奋得不想睡觉了。

8小时前她是那么疲惫不堪;8小时后,又是这般精神焕发,她是真的那么疲劳吗?这不是由于工作的劳累,而是由于对工作的厌烦。心理因素的影响,往往比肉体劳动更容易产生疲劳。

卡耐基还说过:"你对自己的工作感到厌烦吗?那你为什么不跟自己玩一个'假装'的游戏,试着让自己喜欢它?那么你会从中获得意想不到的成就。"

卡耐基在加拿大矶山路易西湖畔度假,钓了好几天的鲑鱼。要穿过比人还高的树丛,跨过横七竖八的树枝,爬过很多倒下来的老树,但他一点儿也不感到疲倦。为什么呢?因为钓鱼正是他的兴趣所在。如果觉得钓鱼是一件令人烦闷的事,那他恐怕早就会为了在那海拔7000英尺的高山上奔波而感到筋疲力尽了。

你兴趣所在的地方,也正是你能力所在的地方。如果你对自己的工作不感兴趣,你必须打起精神,想办法使自己的工作变得有意思。

哈南·霍华也使一个没有意思的工作变得很有意思,以致完全改变了他的生活。他当时的工作的确没有意思,就是在高中的福利社里洗盘子、擦柜台、卖冰淇淋,而别的男孩子们却在玩球或是跟女孩子约会。可以想象,他是不喜欢这个工作的,但又不能不做。于是,他便利用这个机会来研究冰淇淋是怎样做成的,里面有些什么化学成分。结果使他成了高中化学课程的奇才。他对食物化学特别有兴趣,后来便进了麻萨诉塞州州立大学,专门研究食物与营养。最后还赢得了纽约可可公司举办可可和巧克力的应用论文比赛的头奖。

所有员工的共同之处都在于,他们的工作内容要既能激发他们又能满足他们。也就是说工作要满足他们较高层次的需求。例如,商店里的店员,如何激发他们的热情,从而使他们感到他们的工作有意思呢?如果工作使员工有机会取得成绩、负担责任、得到成长和晋升,那么员工们就会有热情,就会对现有的工作感兴趣。

还记得无线电新闻分析专家卡腾堡吧。几年之前,年轻时的卡腾堡真是穷困潦倒,分文不名。好不容易找到一份推销立体观测镜的差事。你知道这种立体观测镜吗?就是用两张相同的照片,透过观测镜的两个镜头,叠合成一张立体照片。卡腾堡开始在巴黎推销这个玩意儿的时候,觉得一点儿意思也没有。可是,他却成了一个十分出色的推销专家。他告诉卡耐基说:"我依靠的只有一点,就是决心使它变成有意思的工作。"他每天出门前,总是对着镜子给自己打气说:"既然你非做不可,干嘛不做得高兴一些呢?当你按人家的门铃时,干嘛不假想自己是一名出色的演员,很多观众都饶有兴趣地看着你呢?"

做的东西只有引起自己的激情才能够使工作充满了乐趣,有意思起来,从而才能够"可持续"。这个不应该教条化理解,我们的生活应该有无数的澎湃。

 活在今天的方格中

你曾经买了一件很时髦的衣服却舍不得穿,郑重地供奉在衣柜里,许久之后,当你再看见它的时候,却发现它已经过时了。你买了块漂亮的蛋糕却舍不

得吃，郑重地把它供奉在冰箱里，许久之后，当你再看见它的时候，却发现它已经过期了。生命也有保质期，想做的事情要趁早去做。如果你只是把你的心愿郑重地供奉在心里，却未去实行，那么唯一的结果就是与它错过。

戴尼对卡耐基的影响颇深。由于戴尼失去了一只手，所以卡耐基对他有一种特殊的感情。当卡耐基问戴尼会不会因为少了一只手而难过时，戴尼会心地笑了笑，说道："不会呀，我几乎已忘了这回事，不过，只有在穿针缝衣服时，才会想到自己少了一只手。"

虽是短短的几句话，却给卡耐基很深的影响。卡耐基领悟到一个人的精神态度对肉体能力具有莫大的影响，肉体上的某些障碍完全可以通过精神力量来弥补和克服，一旦习惯下来，肉体上的残疾就会忘却，而与正常人一样。

"我发现造成疲倦的主要原因，也是几乎所有人都相信愈是困难的工作，愈是要有一种用力的感觉。我也是如此，一旦走进货车专卖柜就集中精神，紧皱眉头，耸起肩膀，要所有肌肉都来'用力'，进而使自己疲惫不堪！"卡耐基躺在床上，这样分析自己。

最后，在灯光下，卡耐基画出了自己的人生。他在一张白纸上写出了这样几个命题：

①用铁墙把过去和未来关闭，生活在"今天"的框框中。

②令我烦恼、忧郁的问题是什么？有何对应之策？怎么做？

③如果我把忧虑的时间，用来寻找事实，那么我会得到什么？我的梦想呢？

卡耐基此刻在不停地写呀、划呀，夜深人静，一盏孤灯，他处身于若有若无的未明之境中，心境清静无比。直到破晓的时刻，卡耐基找出了自身的缺点及症结所在，一线曙光在他心头照亮！

卡耐基说过："我们的命运完全取决于我们的心理状态。当你饱受各种烦恼困扰，整个人的精神都紧张不安的时候，应该大胆地告诉你自己，你完全可以凭借自己的意志力,来改变你的心境。"

李寇克说过这样一段话:"我们人生的旅程是多么奇妙啊!小孩子老是说:'等我长大了呢?'大男孩说:'等我成年了呢?'成年后,他又说:'等我结了婚了呢?'等他真的结了婚又怎样呢?他又想:'等我退休吧!'终于,他退休了。当他回顾从前,心中不免涌上一股寒意,因为他已错过了人生中的一切,什么都没抓住。我们总是太晚才认清生命就是生活,就是每一天,每一小时。"

下面是关于奥斯勒爵士的故事。奥斯勒爵士创立了美国医学界最有名的约翰霍普金斯医学院,并获得英国国王颁授的爵位。他永远不会忘记他在1871年所看到的二十几个字是:我们的首要之务,并不是遥望模糊的远方,而是专心处理眼前的事务。大家肯定认为,像他这样的名教授,又是医学院的创办人,他的能力应该是超人一等。多年后的一个春天,奥斯勒爵士在耶鲁大学向学生演说。他强调这是绝对不正确的。他告诉学生们,其实他资质平庸。他认为完全归功于那二十几个字,清楚地提醒他要活在今天的方格中。

在演说前的几个月,奥斯勒曾搭船横渡大西洋。他注意到船长室有一个按钮,按下后会使所有舱内立即封闭,以此隔绝防止水涌进其他船舱。他开始对学生说:"你们在座的每一位,都是比轮船更精密的个体,而且有更遥远的航程。我督促各位在人生旅途上航行要确保航行安全,务必要学会活在今天的方格中。"记得要按下您心中的那个按钮,跟已逝的过去隔绝,并再按一次钮,与不可知的未来隔绝,专心地把今天活好。

奥斯勒的意思是如果我们想要为明天作最佳准备,就要将自己所有的智慧与能力、热忱,积极地投入在今天该做的事务中。

有人说:"人们常为昨天与明天的面包涂果酱,却总忘了为今天的面包涂抹。"人性中有一种悲剧倾向,就是希冀未来。我们向往着地平线那一端的神奇玫瑰,却无法欣赏自己窗前盛开的野花。

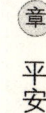

卡耐基说："我们内心的平静和我们从生活中所得到的快乐，并不取决于我们在哪里，或我们有什么，或我们是什么人，而只取决于我们的心境如何，外在条件并没有多大的影响。我们应该竭尽全力消除思想中的错误想法，这比割除身体上的肿瘤和毒疮更加重要。"

生命流失得非常快，"今天"是我们最珍贵的遗产，也是唯一确定拥有的资产。"我们的首要之务，并非遥望模糊的远方，而是处理眼前的事务。"想想今天一去不复返，那么我们更应该把握今天。

 不要对敌人心存报复

你是不是还为朋友几年前说的一句让你不开心的话而耿耿于怀？甚至每天都在想这件事，并且试图找个机会，好好地报复朋友一下。试想一下，这样值得吗？你每天都会问自己，我是像他说的那样不好吗？我真的有那么多缺点吗？我什么时候才有机会报复他呢？我们每天这样折磨自己，是不是很辛苦呀？那就听从劝告，不要对敌人心存报复了。

卡耐基的童年是不幸的，到了高中后，也一直受到同学的欺负，但是他从来没有想过要去报复，以致到开始当推销员时，面对老板说过的伤害的话，他也没有想过要报复。

卡耐基认为，如果我们的敌人知道他们是如何让我们担心，让我们烦恼，让我们一心只想报复的话，他们一定会高兴得手舞足蹈。我们心中的恨意完全伤害不到他们，可是却使我们的生活变成了地狱。要是自私的人想占你的便宜，就不必理睬他，更不必报复他，当你想跟他扯平的时候，你对自己的伤害，远比对那家伙的伤害更多。怨恨之心甚至会毁坏我们享受食物的美味。

"怀着爱心吃蔬菜,也会比怀着怨恨吃牛肉要好得多"。

基斯廷在几年前的一个晚上去游览黄石公园。当时他与其他几名观光客一起坐在露天座位上,面对着茂密的森林,共同期待看到森林杀手灰熊走到森林旅馆丢出的垃圾中找食物吃。骑在马上的森林管理员告诉大家,灰熊在美国西部几乎所向无敌,也许只有美洲牛和阿拉斯加熊例外。但当时,他们却发现有一只动物,而且是唯一的一只,跟着灰熊走出森林,并且灰熊还容忍它在旁边分一杯羹,它是一只很臭的鼬鼠。灰熊当然知道只需一掌就能毁掉它,但它之所以没去做,是因为经验告诉它划不来。

灰熊都明白不要报复别人这个道理。

莎士比亚说过:"不要让仇恨的怒火太旺以致烧到自己。"让我们不要向敌人报复,因为报复使我们伤害自己比伤害别人更多。

乔治在维也纳当了很多年律师,但是在第二次世界大战期间,他逃到瑞典,一文不名,很需要找份工作。因为他能说并能写好几国语言,所以希望能够在一家进出口公司里,找到一份秘书的工作。绝大多数的公司都回信告诉他,因为正在打仗,他们不需要用这一类的人,不过他们会把他的名字存在档案里……。不过有一个人在给乔治的信上说:"你对我生意的了解完全错误。你既错又笨,我根本不需要任何替我写信的秘书。即使我需要,也不会请你,因为你甚至连瑞典文也写不好,信里全是错字。"

当乔治看到这封信的时候,简直气得发疯。于是乔治也写了一封信,目的想使那个人大发脾气。但接着他就停下来对自己说:"等一等。我怎么知道这个人说的是不是对的?我学过瑞典文,可是并不是我家乡的语言,也许我确实犯了很多我并不知道的错误。如果是这样的话,那么我想得到一份工作,就必须再努力学习。这个人可能帮了我一个大忙,虽然他本意并非如此。他用这种难听的话来表达他的意见,并不表示我就不亏欠他,所以应该写封信给他,在信上感谢他一番。"

第二章 平安快乐的要诀

于是乔治撕掉了他刚刚已经写好的那封骂人的信,另外写了一封信说:"您这样不嫌麻烦地写信给我实在是太好了,尤其是你并不需要一个替您写信的秘书。对于我把贵公司的业务弄错的事我觉得非常抱歉,我之所以写信给您,是因为我向别人打听,而别人把您介绍给我,说您是这一行的领导人物。我并不知道我的信上有很多文法上的错误,我觉得很惭愧,也很难过。我现在打算更努力地去学习瑞典文,以改正我的错误,谢谢您帮助我走上改进之路。"

不到几天,乔治就收到那个人的信,请乔治去看他。乔治去了,而且得到了一份工作。乔治由此发现"温和地回答能消除怒气。"

当我们怨恨时,其实是给了对方控制我们的机会。他能够控制我们的胃口、血压、睡眠和健康,甚至心情。他控制了我们整个人的情绪,以及我们的喜怒哀乐,我们的生活都会被对方弄得很糟糕。相反,如果我们能够谅解对方,能够宽容对方,我们就能从中体会到欢乐和从未有过的轻松。

1918年,密西西比州的松树林里一件极富戏剧性的事情,差点引发了一次火刑。一个黑人讲师苏伦斯·琼斯,差点被烧死了。苏伦斯·琼斯1907年毕业于爱荷华大学,他那纯良的性格和学问,以及他在音乐方面的才能,使得所有的教师和学生都很喜欢他。毕业以后,他拒绝了一个旅馆留给他的职位,也拒绝了一个有钱人愿意资助他继续学音乐的计划,原因是他非常热爱教育事业。

发生这场变故的原因是一大群白人在教堂的外面,听见劳伦斯·琼斯对他的听众大声地叫着:"生命,就是一场战斗!每一个黑人都要穿上他的盔甲,以战斗来求生存和求成功。"于是他们控告他激起种族叛变。这些年轻人趁夜冲出去,纠集了一大伙暴徒,回到教堂里来,拿一条绳子捆住了这个传教士,把他拖到一里以外,让他站在一大堆干柴上面,并燃亮了火柴,准备一面用火烧他,一面把他吊死。这时候,有一个人叫起来:"在我们烧死他以前,让这个喜欢多嘴的人说话,说话啊!"劳伦斯·琼斯站在柴堆上,脖子上套着绳圈,为他的生命和理想发表了一篇演说。劳伦斯·琼斯告诉那些愤怒的人,等着要烧他的人,他所做过的各种奋斗——教育那些没有上过学的男孩子和女孩子,训练他们做好农夫、机匠、厨子、家庭主妇。他谈到一些白人曾经协助他建立这所学校——那些白人送给他土地、木材、猪、牛和钱,帮助他继续他的教育工作。

当时劳伦斯·琼斯的态度非常诚恳,也令人感动。他丝毫不为自己哀求,只希望别人了解他的理想。那一群暴民开始软化了,最后,人群中有一个曾经参加过南北战争的老兵说:"我相信这孩子说的真话,我认得那些他提起的白人,他是在做一件好事,我们弄错了,我们应该帮助他而不该吊死他。"

后来当有人问起劳伦斯·琼斯会不会恨那些把他拖出来准备吊死和烧死他的人?他回答说,他忙着实现他的理想,没有时间去恨别人——他在专心地做一些超过他能力以外的大事。没有时间去跟人家吵架。他说:"我没有时间可以后悔,也没有哪一个人能强迫我低下到会恨他的地步。"

因此,我们没有必要因为我们的敌人而浪费我们不应该浪费的时间。相反,如果我们的敌人知道我们每天都在为他们而活着,为他们而做着我们现在做的每一件事情,他们会多么高兴呀?他们会暗自叫好,拍手偷笑。当我们为了向敌人报复,而不幸换上心脏病时,身体一天天憔悴下去的时候,我们的敌人又是多么高兴呀?因此,即使我们没法爱上我们的敌人,最起码我们也应该爱自己,不能让我们的敌人控制住我们的幸福、健康和容貌。

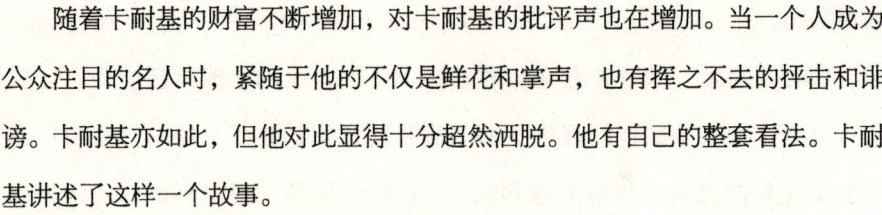

将别人的嫉妒看成对你的恭维

随着卡耐基的财富不断增加，对卡耐基的批评声也在增加。当一个人成为公众注目的名人时，紧随于他的不仅是鲜花和掌声，也有挥之不去的抨击和诽谤。卡耐基亦如此，但他对此显得十分超然洒脱。他有自己的整套看法。卡耐基讲述了这样一个故事。

"1929年，发生了一桩事件，轰动了全美教育界。"卡耐基说，"各地学者纷纷拥向芝加哥，介入这一事件。一位名叫罗伯特·赫金斯的青年，在半工半读的情况下，于几年前完成了耶鲁大学的学业。他做过服务生、伐木工人、家庭老师、推销员等。然而，8年之后，他年仅30岁，竟被任命为美国第四富裕的高等学府芝加哥大学的校长。资深的学界精英们纷纷大摇其头，抨击的炮口瞄准了这位年轻的大学校长：太年轻，太缺经验，教育观念有失偏差……新闻界也和学术界保持了同一步调。在罗伯特·赫金斯校长举行就职典礼那天，他的一个朋友对他的父亲说道：今天早上，我在报纸上读到攻击令郎的社论。我感到非常愤慨。'老赫金斯不以为然，平静地说：'是的，他们的批评很刻薄。不过，任何人都不会去踢一只死狗的。'"

卡耐基讲到这里并未停顿下来，他继续说："的确，越重要越勇猛越优秀的狗，去踢它逗弄它，才越有更大的满足感。"英国皇太子——即后来的爱德华，现在的温莎公爵在少年时代也有过类似的经历。他年方14岁时在德凡夏的达牧玛斯学院就读。有一天，一个军官发现他正哭泣，便走上去询问原因。起初，他不愿回答。经再三追问，他才回答说一群军官学校的学生拿脚踢他。军官马上向校长报告。校长闻讯后，召集学生们训话。他表示，皇太子并没有怨言，但是，校方必须了解为什么只有他会遭到这种待遇。这些军官学校学生开始不敢据实交代，支支吾吾了半天。最后，经过一番动员，他们坦白地讲出了真正的动机："有朝一日，当我们当上舰长或海军司令的时候，我们就可以自豪地向世人宣称：'我曾经踢过国王一脚。'"

卡耐基评论道："所以，当你被批评时，完全可以认为，那是批评者企图借此体会某种成就感，这也就意味着你在从事着某一项值得世人瞩目的事业。世界上有许多这样的人，他们可以通过抨击成功人物或比自己受过更高教育的人，来获得某种野蛮的满足感。"

卡耐基曾经在电台上对英国宗教家、救世军的创立者布斯先生大加赞扬，所以收到了一位女士指责布斯将军的来信。她在信中指证布斯在募集的贫穷救济捐款中窃取了800万美元。当然，这种指控是毫无根据的。她这样做并非为追求真实，而是想整垮一个居于高位的人，从而借以获得某种快感。

卡耐基的处理方式是：他把这封充满恶意的信放进了废纸篓。卡耐基说："这封信的唯一效果，就是暴露了写信者的缺点。"

卡耐基认为，如果你被别人踢了，或者是被别人恶意批评了，请记住，他们之所以这样做，是因为他们从中可以获得一种自以为重要的感觉；而这通常也意味着你已经有所成就，并且值得别人的注意或妒忌。因此，对这种批评没有什么好害怕的。如果我们因为遭受不公平的批评而忧虑的时候，请记住，这种不公平的批评通常是另一种恭维，是对你的成就的另一种认可。

佩瑞海军上将是震惊全球的探险家。佩瑞上将于1909年4月6日乘雪橇到达北极——几百年来，无数勇士为了实现这个目标而挨饿受冻，甚至送命。佩瑞上将也几乎因为饥寒交迫而死去，他的八个脚趾因为冻僵受伤而不得不切除，他在路上所碰到的各种灾难都使他担心自己会发疯。但是，在华盛顿的那些高级海军官员们却因为佩瑞大受欢迎和重视而嫉妒他。于是，他们开始诬告他，说他假借科学探险的名义敛财，然后"无所事事地去北极享受逍遥"。那些高级海军官员们可能真的相信这句话,因为人们不可能不相信他们想相信的事情。那些高级海军官员们想羞辱和阻挠佩瑞的决心是如此的强烈,以至于最后必须由麦金利总统直接下令,才使佩瑞上将能在北极继续他的研究工作。

试想,如果佩瑞上将当时只坐在华盛顿的海军总部办公桌边,他会不会遭到别人的批评呢?答案可想而知,肯定不会。因为那样他就不会变得如此重要,以致招来别人的嫉妒了。

叔本华曾经说过:"卑贱的人对伟大的人的缺点或愚行最感兴趣。"面对一些人对那些大人物的批评、辱骂,只能证明他们不如那些伟人,他们是庸俗者,其他的任何事实都无法改变。所以,如果我们想要获得平安快乐,请记住:不公正的批评通常是一种经过伪装的恭维。记住,从来没有人会踢一只死狗。

卡内基认为,从来没有人会踢一只死狗。只有当这种狗越贵重时,踢它的人就越能获得满足。总之,在生活中,如果你被别人恶意批评了,你要合理地看待这些批评,千万不要被一些恶意的批评绊住了前进的脚步。

不让批评之剑伤害你

现实中的你会为了朋友不经意的一句话而苦恼吗?甚至一直追问对方,为什么这样说。甚至因为这句话,连食欲也减少了,也开始出现失眠的症状了。如果出现上述症状,你就被批评之剑伤害到了。那么怎样才能避免伤害呢?

卡耐基的课程受到了广泛的欢迎,赢得了较高的声誉。但并非所有人都认为卡耐基课程是有效的和实用的,在卡耐基课程不断发展的同时,也遭到了来自另一方面的非议和责难。

卡耐基在青年会夜校的课程非常紧张,他无心兼顾身外的任何景物,哪怕是行人也不在意。他意识到自己不适合写小说,因为那本《大风雪》被许多人称为是"毫无价值的东西",既然没有写作的才华,他需要的是日夜苦读,做好"卡耐基课程"的每一件事。卡耐基自己在不断完善他在夜校里的"卡耐基课堂"。经过较长时间的实践,卡耐基认为,他的课程不能只是沿用现在的形式,应当有所创新,让自己的课程形成一个比较清晰的内容体系。因此,卡耐基停止了讲课,躲到办公室里构思自己的课程安排,修改并制订新的课程表。这个时候,他发现虽然只讲授了所有课程的前1/3,但学生们已经提高了演讲技巧,谈话方面也显示出高超的水平;并且,在其他方面也获得了不少的进步。

卡耐基由此打定主意,要以接受能力为课程基础,继而开设处理人际关系技能的课程,还有怎样摆脱忧郁的课程。

可是,正是由于一个晚上的停课,学生们不满了,闹到青年会的新主任那里。那位中年妇女主任,毫不客气地教育卡耐基:

"先生,你必须记着:你的课程,学生们并不怎么满意。你不能如此懒惰,不要以为你现在能拿到30美元一个晚上就很了不起!明天,我就可以让你永远告别青年会。如果你不能勤奋地工作的话!"

面对这样的警告,卡耐基并没有什么担忧。他平静地接受了因自己不上课而学生不满的事实,他知道问题出在哪里,明白应该怎么办。此时的卡耐基,又想到了"停止损失"法则。

卡耐基认为,不要害怕别人怎么说,只要你自己心里知道你是对的就行了。避免所有批评的唯一方法,就是做你心里认为正确的事情,因为"做也该死,不做也该死",无论如何都是会受到批评的。

早在1909年,风度优雅的布洛亲王就觉得这么做极有必要。布洛亲王当时是德国的总理大臣,而德国皇帝则是威廉二世——德国的最后一位皇帝,他傲慢而自大——他建立了一支陆军和海军,并夸口可征服全世界。

接着，一件令人惊异的事情发生了。这位德国皇帝说了一些狂言和一些令人难以置信的话，震撼了整个欧洲大陆，引起了全世界各地一连串的风潮。更为糟糕的是，这位德国皇帝竟然公开这些愚蠢自大、荒谬无理的话，他在英国做客时，就这么说，同时不允许伦敦的《每日电讯报》刊登他所说的话。例如，他宣称他是和英国友好的唯一德国人。他说，他建立一支海军对抗日本的威胁；他说，他独自一人挽救了英国，使英国免于臣服苏俄和法国之下；他说，由于他的策划，使得英国罗伯特爵士得以在南非打败波尔人等等。

在100多年的和平时期中，从没有一位欧洲君主说过如此令人惊异的话。整个欧洲大陆立即愤怒起来，英国尤其愤怒，德国政治家惊恐万分。在这种狼狈的情况下，德国皇帝自己也慌张了，并向身为帝国总理大臣的布洛亲王建议，由他来承担一切的责难，希望布洛亲王宣布这全是他的责任，是他建议君王说出这些令人难以相信的话。

"但是，陛下，"布洛亲王说，"这对我来说，几乎不可能。全德国和英国，没有人会相信我有能力建议陛下说出这些话。"布洛话一说出口，就明白犯了大错，皇帝大为恼火。"你认为我是一个蠢人，"他叫起来，"只会做些你自己不会犯的错事！"

布洛知道他应该先恭维几句，然后再提出批评；但既然已经太迟了，他只好采取下一步的最佳方法：即在批评之后，再予称赞。这种称赞经常会产生意想不到的效果。

"我绝没有这种意思，"他尊敬地回答，"陛下在许多方面皆胜我许多，而且最重要的是自然科学方面。在陛下解释晴雨计，或是无线电报，或是伦琴射线的时候，我经常是注意倾听，内心十分佩服，并觉得十分惭愧，对自然科学的每一门皆茫然无知，对物理学或化学毫无概念，甚至连解释最简单的自然现象的能力也没有。"布洛亲王继续说，"但是，为了补偿这方面的缺点，我学习了某些历史知识，以及一些可能在政治上，特别是外交上有帮助的学识。"

皇帝脸上露出微笑。布洛亲王赞扬他，并使自己显得谦卑，这已值得皇帝原谅一切。

"我不是经常告诉你，"他热诚地宣称，"我们两人互补长短，就可闻名于世吗？我们应该团结在一起，我们应该如此！"

他和布洛亲王握手，他十分激动地握紧双拳说："如果任何人对我说布洛亲王的坏话，我就一拳头打在他的鼻子上。"

如果光是说几句贬抑自己而赞扬对方的话，就能使一位傲慢孤僻的德国皇帝变成一位坚固的友人，那你就可想象得到，在我们日常事务中，谦卑和赞扬对你我的帮助将有多大。

虽然不能阻止别人对我们进行不公正的批评，但我们却可以做一件更加重要的事情：我们可以决定是否让自己受那些不公正的批评的干扰。

闻名遐迩的心理学家史金诺经动物试验证明：因好行为受到奖赏的动物，其学习速度快，持久力也更长久；因坏行为而受到处罚的动物，不论学习速度或持久力都比较差。研究显示，这个原则用在人的学习行为上也有同样的结果。"用多把尺子衡量学生"、"拿起表扬的武器"、"好孩子是夸出来的"等提法永远闪烁着育人光芒。

卡耐基还认为，即使别人说了你一些无聊的闲话，或欺骗了你，甚至从后面捅了你一刀，也千万不要沉溺在自怜中，而是尽你最大的可能去做，让批评你的雨水流到身后去。假如一个人一开始就谦虚地承认，他也可能犯错误，并不是无懈可击的，那么别人再听他评断自己的过失，也许就不会难以入耳了。如果运用得当，它们在做人处世中将可制造真正的奇迹。

因此，面对无情的批评时，我们自己要做好选择，正确的批评我们要虚心接受，对于不切实际的批评，我们完全可以置之不理，千万不要让批评之剑伤害到自己。

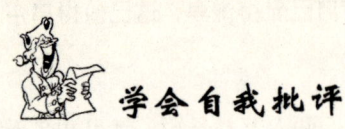

学会自我批评

大家还记得列宁的故事吗?列宁从小知道主动承认错误,就知道自我批评。其实,自我批评并不是降低自己的身份,如果能正确地做到自我批评,还会收到意想不到的结果。

这是卡耐基在青年会最后一次的情景。

"卡耐基先生,你说的一切都与怎样演说无关,我们不需要心理医生,我们只要一位充满机智的教师,而不是像你这样只会胡说八道。"

面对这样的事情,班上的大多数人居然赞同他的看法,又吹口哨又拍桌子地闹了起来。这个班是100%的新生,而且年轻人占多数,他们充满了反抗色彩和挑衅性。卡耐基只有手足无措地面对像爆炸了似的教室里的人群,他想不出什么好方法来平息众人的争论。

非常凑巧的是,那位令卡耐基讨厌的青年会主任恰好碰见了这种情形。她满面怒容地走进教室,毫不在乎卡耐基的存在,宣布今天的课程到此为止,然后要求卡耐基到她办公室说清楚这件事。

卡耐基意识到自己在课堂上的情形将激怒青年会主任,所以,他未等主任开口,就直截了当地说:"夫人,你不必说了,我明白我自己的行为。"

"先生,你也不用多说了,明天,你就可以自由地支配你的夜晚,不用到这里来活受罪。"主任生气地说道。

看来,事态已经无法挽回了,卡耐基只好一言不发地走出办公室。

卡耐基曾想过要离开青年会,但他完全没有料到自己在青年会的结局是这样,也没有想到自己竟是这样狼狈地离开青年会。这种局面,今天这样的场面，如此出其不意地降临于身。卡耐基心知自己没有别的办法，除了接受既成事实以外。可是他还是不甘心，他不甘心自己所试图创立的事业如此半途夭折。实际上甚至还没起步就失败了，像一个刚学步的孩童一下子摔成了残废一样。

卡耐基的天性中就有不屈服和抗争的成分，他要做出全盘的思考，重新确定自己的位置，在黑暗中，他不停地问自己："我的课程失败了吗？我又陷入困境中了？我该怎么办呢？……"

无数个问题缠绕着他，他又像以往那样一个又一个地解开它们：

"我的课程没有失败，我的许多学生都很满意。我的教法，没有失败的例子，今晚只是一个小小的闹剧。我不但教会了学生们演讲，而且教会他们怎样面对自己和别人，我了解他们的各种想法，我让他们说出来，他们就获得了认同感。"

"我早就摆脱了忧郁，忧郁对我只是一团白雾，太阳一出来就会散掉的。我要开创一项事业，现在最关键的是写出一本教材，用这本教科书来指导成年人如何演讲、推销和为人处世。"

"唯一值得反思的是，我不能照本宣科。我不应该事先确定我要告诉每一个学生的讲课内容，我应该仔细观察他们的内心，慢慢诱导他们。我必须帮助每一个学生解决问题，每一次授课内容一定要新鲜、实用，才能使他们有继续来上课的兴趣。"

这一晚上，卡耐基的思考一刻也没有停下来，直到东方发白。

在青年会的最后一次讲课，让卡耐基先生终生难忘。他虽然早有离开青年会的打算，但没有想到是如此狼狈。面对青年会的主任，卡耐基先生没有用他雄辩的口才去争辩，而是主动承认了自己的错误。在一次深深地自我批评之中，卡耐基也悟出了很多道理。

卡耐基认为，不要等我们的敌人来批评我们或我们的工作，我们要胜过他们，在这一点上我们要成为自己最严厉的批评者；我们还要在敌人有机会指责我们之前，就找出我们的弱点，并加以改正。

正是卡耐基先生做到了自我批评，所以他才能从容地面对一个个的考验。

唐是宾州威明市一所职业学校的老师，他有一个学生因非法停车而堵住了学院的一个入口。唐冲进教室，以非常凶悍的口吻问道："是谁的车堵住了车道？"当车主回答时，唐吼道："你马上给我开走，否则我就把它绑上铁链拖走。"

这位学生是错了，车子不应该停在那儿。但从那天起，不只这位学生对唐的举止感到愤怒，全班的学生都与他过不去，使得他的工作更加不愉快。

如果当时唐换一种完全不同的方式处理，或许结果就大相径庭了。假如他友善一点儿地问："车道上的车是谁的？"并建议说，"如果把它开走，那别的车就可以进出了。"这位学生一定会很乐意地把它开走。而且他和他的同学也不会那么生气了。

另外，即使当时做错了，但是如果他能跟学生及时地承认错误，向学生说明他那天的讲话方式是不对的，也不至于会使全班学生愤怒。

因此，卡耐基还认为，我以前常常把遇到的麻烦推到别人头上，可是随着年岁渐长，我发现几乎所有的不幸都应该怪我自己。很多人在年纪大了之后都会发现这一点。

亨利·韩克是印第安纳州洛威一家卡车经销商的服务经理。他公司有一个工人，工作状况每况愈下。但亨利·韩克没有对他怒吼或威胁，而是把他叫到办公室里来，跟他坦诚地谈一谈。他说："比尔，你是个很棒的技工。你在这条线上工作也有好几年了，你修的车子也很令顾客满意。其实，有很多人都赞美你的技术好。可是最近，你完成一件工作所需的时间却加长了，而且你的质量也比不上以前的水准。你以前真是个杰出的技工，我想知道是不是我们公司的什么制度令你感到不开心，从而影响了你的工作积极性，还是我平时的工作有什么疏忽。如果是我们公司制度存在的问题或者是我领导的问题,我都先给你道歉。也许我们可以一起来想个办法改进这个问题。"比尔回答说,他并不知道自己没有尽好他的职责,并向他的上司保证,他所接的工作并未超出他的专长之外,他以后一定会改进它。

上面的处理方法就能使职工感到领导是重视他的,而且领导也不是做样子,而是真心地关心他的成长。领导的自我批评反而使比尔感觉不好意思,让他认识到了自身存在的不足,激励了他的斗志。

总之,我们在生活中往往都是顾及自己的脸面的。遇到问题,总是先会找别人的过错。倘若我们能够站出来主动承认自己的错误,承担自己的责任,事情有可能就会出现新的转机。

这也正如卡耐基所说:每当我回忆当年我所做过的傻事,重温我对自己的批评时,它们都能帮助我解决我所面临的最困难的问题,并教会我如何控制自己。

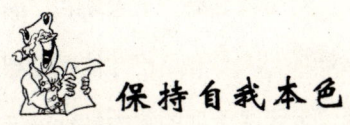 保持自我本色

在生活中经常会发生这样的事情,看见同事刚从理发店做了个新发型,特别好看,你在赞美同事发型的同时,是不是心里也已经动摇了,暗自发问:我是不是应该也换个发型呢?当瘦腿裤重新流行时,你是不是也会疯狂一下,而没有注意这种裤子并不适合你的体型呢?穿衣与做人一样,要有自己的本色。

由于卡耐基的书在整个美国备受欢迎,许多出版商纷纷找他约稿,源源不断的稿酬使他积累了许多财富,同时也使他有更多的机会外出度假或从事自由旅行。1938年10月,卡耐基由于工作的劳累,便想外出旅行。他的富有并没

有改变他以往节俭的生活习惯，仍然保持自己的本色，所以，他在游艇上一点儿也不引人注目。但是他度假的消息还是被电讯服务社记者知道了，便尾随而来。记者先到一等舱去寻找卡耐基先生，然而他失望了，他发现几个有着富翁模样的人，但都不是他想要找的卡耐基。记者终于在二等舱的餐厅里遇见了正在进餐的卡耐基，赶紧抓拍几张快照后，便上去与卡耐基交谈起来。令记者感兴趣的是他吃的并不算很丰盛，虽然他很富有。卡耐基微笑着说道："节约是一种美德，也是我的一个重要致富方法。我有了钱，并不会去浪费，即使我拥有全世界的财富，我也不会多浪费一分一毫。"这种精神在卡耐基的一生中都得以保持，直至他逝世时。卡耐基先生一生一直保持着他节俭的作风。

卡耐基说："让我们不要模仿别人。让我们找到自己，保持本色。"模仿的结果是强迫自己的语言、表情、形态等外在行为发生变化，尽量地和心中偶像保持相同，但不管你模仿得如何逼真终归是假，人们喜欢用惺惺作态、装腔作势来形容模仿者。任何一个成功人士的经验表明，要想成功，只有保持自我本色，而不应该让自己变成任何其他人。

爱默生也在他的随笔《自我信赖》中写道："一个人总有一天会明白，嫉妒是无用的，而模仿他人无异于自杀。因为不论好坏，人只有自己才能帮助自己，只有耕种自己的田地，才能收获自家的玉米。上天赋予你的能力是独一无二的，只有当你自己努力尝试和运用时，才知道这份能力到底是什么。"

在这个世界上，我们每个人都是独一无二的。我就是我，我们无需按照别人的眼光和标准来评判甚至约束自己，我们也无需总是效仿别人，保持自我的本色，做一个真正的自我，这是最重要的。

一个人抹掉自我本色等于"慢性自杀"。试想，一个人抹掉自我本色那意味着什么？意味着跟着别人的屁股后面跑，把别人的特色误以为是自己应该追求的东西，这样多半是不能成大事的，即使成了大事，也是没有自己的特色。学习别人长处，汲取别人的成功经验和失败教训，演义自己精彩的人生，这本是一件好事，也值得称颂，但是学习不能囫囵吞枣，因噎废食，更不要照搬模仿，要知道所有的成功和教训都是属于别人的，不是属于你的，你也无法学到，无法领会到其中的奥妙。上苍赋予你的才能，并不是让你把它搁置不用，而去模仿别人。世界是多姿多彩的，每个人都有自己的用武之地，应该尽量利用大自然所赋予你的一切，去创造属于自己的精神财富。

很多人在求职应聘时，所犯的最大错误就是不能保持本色。他们不以真面目示人，不能完全坦诚地表现自己。相反，这样的做法会使面试官生厌。因为没有人要伪君子。有些人虽然表面上谦逊恭谨，笑容可掬，可是渐渐地，就露出了伪善的狐狸尾巴。但是事实证明假的真不了，真的假不了。

模仿其实是一种自卑心理，缺乏自信心的表现，是想引起人们的广泛关注，但所获得的馈赠往往却是鄙视。现在有些年轻人试图通过学习和模仿别人来改变自己，以树立自己在社会公众中的形象，让自己变的酷或美，殊不知，完全迷失了自我。

爱默生在《论自信》的散文曾写过这样一句话："在每一个人的教育过程之中，他一定会在某个时期发现，羡慕就是无知，模仿就是自杀。"在这个世界上，每个人都有自己存在的价值，大树有大树的作用，小草有小草的价值，如果要想成功的话，就必须收起假面具，保持自己的本色，做一个真实的自我。

卡耐基有句忠告：寻找自我，保持本色。大凡成功的人都如此。

我们每个人在这世上是个充满个性的个体，以前既没有像你一样的人，以后也不会有。

我们自己是这个世界上唯一的一个崭新的、独一无二的自己，不管好坏，我们只有好好经营自己的小花园，我们只有在生命的管弦乐中演奏好自己的一份乐器，才会活出自己的本色。

改变不良的工作习惯

你是不是也出现过这样的感受,对着满满的一桌资料,却不知道该如何下手。心里总是感觉有做不完的事情,却没有一个做事的思路。这时的你该怎么办呢?就请尝试一下把课桌收拾整齐,把所有的文件放起来,把重要的事情和紧急的事情放到桌面上,琐碎的小事先暂且搁置到抽屉里,再试试现在的感觉,一定感到轻松了很多吧。那你也一定从中感受到良好的工作习惯多么重要。那就积极行动起来吧,向不良的工作习惯告别。

公司领导者要求卡耐基提供能用于工作上的领导才能,因此卡耐基十分注重对领导能力的研究。在一次上课时,卡耐基在黑板上写下了英国诗人波普的名句:"秩序是造物者的第一法则!"他告诉学生们,这是悬挂在华盛顿国会图书馆顶棚上的几个大字。然后,一言不发地坐在一边,等待有人来解释。

这时候,罗兰·威廉斯站了起来,他说道:"当我面对一张摆满回复信件、报告、备忘录的办公桌时,我就感到紧张、忙乱、烦恼。更糟的是,我满脑子惦记着:'事情太多,时间太紧',我感到疲倦,长此以往甚至怀疑自己患有高血压、心脏病和胃溃疡。"

"有的人书桌上堆满了各种资料。如果他能把那些次重要的东西全部收拾起来,他将会发现处理工作可以更轻松、更正确。我称之为家务料理,这是我的经验!"

"某报发行人告诉我,他的秘书清理他的一张办公桌时,竟然发现了两年前遗失的一台打字机。"

最后一个笑话,引来了满堂喝彩。卡耐基也站起来,连声夸耀,并接着说道:"我本来决定让大家多说,自己少说几句话。但是这种轻松的故事使我想起了精神病医生威廉·沙特拉博士告诉我的一个故事,我把它讲出来供大家分享!"

学生们饶有兴趣地听着卡耐基引述的故事:

"芝加哥某大公司的总经理,患了严重的神经衰弱症,向沙特拉博士求医。"

"正在说话的时候,电话铃响了,医院有事找博士。他马上处理,刚放下话筒,另一部电话又响了,只好离席去接电话,又是很紧急的事,不久,又有位同事找博士征询对某一重病号的处置意见。博士只好把客人干晾在一边长达10分钟之久。当博士向总经理先生致歉时,奇迹出现了。"

"总经理回答说:'没关系,没关系!医生,从你的身上我一下子找到了自己的病根。回公司后,我将立刻改变自己的工作习惯。对了,临走前,可否让我看一下你的办公桌抽屉?'"

"博士打开抽屉,里面只有一些纸笔之类的事务性用品,而且少得可怜!这位总经理疑惑地问道:'你未处理完的文件呢?未回的信函呢?'博士说:'全都办完了!'"

"6个星期后,那位总经理盛情地邀请博士到他公司参观,他完全变样了,全身上上下下没有一点儿不适之处。他特地打开抽屉,对博士说:'以前,我有两间办公室和三张办公桌,抽屉里堆满了未处理的文件,但我既无暇也无心去处理它们。自从和你作一席谈话之后,我即将那些旧文件或报告书,全部作了清理。现在,我只用一个办公桌,工作一来立即处理,绝不拖延积压。所以,现在我已全无因延滞工作而带来的紧张感和烦恼。'"

卡耐基说过:"人不会因为过度劳累而死,却会因放荡和忧烦而去。""没有人能永远按照事情的轻重程度去做事。但按部就班地做事,总比想到什么就做什么要好得多。""不要忘记,快乐并非取决于你是什么人,或你拥有什么,

第二章　平安快乐的要诀

它完全来自于你的思想。"

豪威尔先生曾经是美国钢铁公司的董事。起初，开董事会总要花很长的时间——在会议里讨论很多很多的问题，达成的决议却很少，结果，董事会的每一位董事都得带着一大包的报表回家去看。后来，豪威尔先生说服了董事会，每次开会只讨论一个问题，然后作出结论，不耽搁、不拖延。这样所得到的决议也许需要更多的资料加以研究，也许有所作为，也许没有，可是无论如何，在讨论下一个问题之前，这个问题一定能够达成某种决议，结果非常惊人，也非常有效。所有的陈年旧账都清理了，日历上干干净净的，董事们也不必再带着一大堆报表回家，大家也不会再为没有解决的问题而忧虑。

这就是好习惯使人终身受益的道理。卡耐基也说："人并非生来就具有某些恶习和不良习惯，而是后天慢慢养成的。对于我们的生活和事业来讲，有些习惯虽然不好，但它可能无碍大事，不会产生直接的冲突和严重危害；而有些则是我们获得幸福与成功的大敌。对于后者，我们应该努力改正，并坚决摒弃，否则，这些恶习会影响我们终生。"

西北铁路公司总裁罗兰·威廉斯曾说："那些桌上老是堆满东西的人会发现：如果把你的桌上清理干净，只保留与手头工作有关的东西，这样会使你的工作进行得更加顺利，而且不会出错。我把这一点称为好管家，这也是迈向高效率的第一步。"

白手起家的查理·鲁克曼经过12年的努力，终于被提升为派索公司总裁。当问及他成功的经验时，鲁克曼说："我每天早晨5点起床，因为这一时刻我的思考力最好。我计划当天要做的事，并按事情的轻重缓急做好安排。"

全美最成功的保险推销员之一弗兰克·内特格也是这样。他每天早晨还不到5点便把当天要做的事安排好了——是在前一个晚上预备的——他定下每天要做的保险数额，如果没有完成，便加到第二天的数额内，不让自己"欠账"。

很多时候，恐怕我们并没有弄清楚"忙"的真正意义。"忙"应该是在特定的时间段中朝着特定的目标进行不断努力的生活状态，忙碌可以使我们的生活充实，但是如果只是为了向别人表明"自己很重要"而去忙，那就失去了真正的含义。人很容易掉进自己给自己设置的陷阱里面去，通常这个陷阱都是由虚荣所造成的。

"一寸光阴一寸金"，很多人明白这个道理，只有高效利用时间，不让时间白白流逝才是最重要的。但是，人往往具有某些恶习和不良习惯，但是这并不是生来就有，而是后天慢慢养成的。因此，需要我们努力改正，并坚决摒弃，否则，这些恶习会影响我们终生。要想养成良好的工作习惯，需要做到以下几点：

1. 改变不良的工作习惯

做到"今日事今日毕"，切忌不可今天拖明天，明天拖后天，导致最后一事无成。

2. 收拾干净办公桌

这样既可以使你心情舒畅，还可以知道自己到底有多少工作要处理，已经处理了多少，还有多少，做到心中有数。

3. 做事要分轻重缓急

重要的事情先处理，小的事情后处理，这样使有限的时间得到最合理地利用。

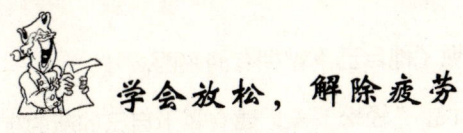

学会放松，解除疲劳

大多数人都会出现这样的情况：在午餐桌上，还会看见他眉头紧锁，想着工作中还有一个问题没有解决，然后又是急匆匆地吃完饭，就跑回办公室。晚上回家，还是皱着眉头，想着明天有很多事情等着他去做，这种状态一直持续到睡觉，或许睡觉他也在思考。这样没有多久，他就觉得累了。有句话说得好：会休息的人才会工作。学会轻松，解除疲劳，才能更好地工作。

卡耐基对他的学生们讲过这样的一个故事：

有一个居住在缅因州的人，他有一个"不幸"的儿子。儿子爱玩，邻居孩子爱学；儿子爱惹事，邻居的孩子常受到校方的嘉奖；儿子考试成绩不理想，邻居的孩子每次考试都是 A。如此鲜明的对比，使得做父亲的大觉丢脸，他常常斥责儿子：人家与你同岁，却那么让人喜爱，而你却是这么一副没出息的样子！

儿子挨骂多了，也就习以为常了。可他居然想着办法来反击父亲。一天，他父亲正在收看州长发表的电视演说，儿子就斗胆对父亲说："看看，你不是和州长一般大的年纪吗？人家都当州长啦，你呢，还是一个小职员。"

这句话，让做父亲的下不了台。父亲气得怒发冲冠，火冒三丈。

卡耐基的学生们听到这里，都会心地笑起来。

卡耐基又继续讲下去：

后来这位父亲静下心来仔细地想了一想，觉得儿子的调皮话也不无道理。他想：我一直要求儿子像别人那样，可我这个做父亲的又何尝不是一位凡夫俗子呢？虽然儿子学习成绩不好，但他获得了少年的欢乐，这不也挺好吗？我没有权，没有钱，这是真的。但是，我每天的生活都充满了阳光，这不是很值得安慰的么？

儿子的一句调皮话，使这位父发现了他自己不曾拥有的东西。

"所以还是轻松些"，卡耐基最后说，"轻松下来，建立属于自己的新的生活状态。多看看自己的优点，比一比别人，原来别人有时也在学你。轻松些，并不是意味着沾沾自喜，狂妄自大，唯我独尊，而是不要钻牛角尖，不被生活中的那些无谓的烦恼所困惑。只要你自己在人生的道路上认认真真地走下去，你就无愧于自己，也无愧于身边的世界。"

卡耐基还说过："一个坐着工作的人，如果他的健康状况良好的话，他的疲劳完全来自心理因素，也就是受情感的影响所致。得不到欣赏、孤立无助、过于匆忙、焦急、忧虑，这些感觉都会导致人精疲力竭。"

波普先生是位生意人，赚了几百万美元，而且也存了相当多的钱，但是似乎他从来就没有轻松过。波普下班回到家里，刚刚踏入餐厅中。餐厅中的家具都是桃木做的，十分华丽，有一张大餐桌和6把椅子，但他根本没去注意它们。他在餐桌前坐下来，心情十分烦躁不安，于是他又站了起来，在房间里走来走去。他心不在焉地敲敲桌面，差点被椅子绊倒。他的妻子这时候走了进来，在餐桌前坐下；他打了声招呼，然后开始用手敲桌面，直到一名仆人把晚餐端上来为止。他很快地把东西一一吞下，他的两只手就像两把铲子，不断把眼前的晚餐一一铲进嘴中。吃完晚餐后，波普立刻起身走进起居室去。起居室装饰得十分美丽，有一张长而漂亮的沙发，华丽的真皮椅子，地板铺着高级地毯，墙上挂着名画。他一头扎进沙发里，几乎在同一时刻手中拿起一份报纸，他匆忙地翻了几页，急急瞄了一瞄大字标题，然后，把报纸丢到地上，拿起一根雪茄。波普一口咬掉雪茄的头部，引燃后吸了两口，便把它放到烟灰缸去。他突然跳了起来，走到电视机前，扭开电视机，等到影像出现时，又很不耐烦地把它关掉。他大步走到客厅的衣架前，抓起他的帽子和外衣、走到屋外散步。

波普这样子已有好几百次了。虽然他在事业上十分成功，但却一直未学会如何放松自己。他是位神经紧张的生意人，并且把他职业上的紧张气氛从办公室里带回家里。波普先生之所以落下这种神经紧张的毛病，就是因为他不懂得掌握松弛自己的秘诀。

卡耐基说过："我们所感受的疲劳，绝大部分是由于心理因素的影响而导致的。纯粹由生理原因引起的疲劳，其实非常少见。"

那么，怎么才能消除精神疲劳呢？要在学习和工作的时候放松自己！

卡尔在一家公司销售汽车。由于在业务上的突出成绩，进这家公司才一年多，就被老总提拔为销售部经理。自从升为高级主管后，卡尔工作更加勤奋了，事必躬亲，每天忙得四脚朝天。有一天中午快下班的时候，老总叫卡尔中午去吃饭。卡尔去办公室想收拾一下，没想到又被一些事情耽误了，下楼的时候已经12点过5分了。老板的奔驰车已经在发动，准备开走了。他跑过去对老总说："抱歉，老板，刚才我又听电话又送传真的，事情很多。""吃饭都跟不上，你还能做什么？"老总打断他的话，严厉地说，"放下！你没那么伟大，我说12点吃饭你就得把工作放下。"

那一顿饭，卡尔吃得疙疙瘩瘩，虽然表面若无其事，心里却很委屈，心想我这样为公司卖力，难道也错了吗？

过了一段时间，公司组织了一次旅游，他们来到一个名山古刹。同事们嘻嘻哈哈四处探奇，可是卡尔心里还一直在想着临行前手头没处理完的一大堆事务，还在考虑接下来要怎么做才能保证不会让整个部门的业绩下降，不知不觉地转到了后禅院。

忽然，卡尔看到一个身披袈裟的大师，举着一碗菜，对着一只狗大喊："放下！放下！"他大为惊奇："师父，这只狗的名字叫'放下'吗？"大师说："是的。"他更诧异了："人家的狗都叫小黑、小白、来福什么的，你的狗怎么叫放下？""你以为我在叫它呀？其实我是在叫我自己。"大师笑着说，"我每天都这样叫自己放下，每天晚上收起脚上床后就打算第二天起不来了，这样该放下的东西也就要放下了。"

大师的话让卡尔突然一阵警醒，是啊，一个人永远不可能做完所有的事，世界上也没有做得完的事。一个真正有成就的人，做事要看大目标，不能天天只看小问题。就像游泳一样，要一边游一边抬头看目标，不要闷着游，撞了墙才知道痛。

后来，卡尔调整了自己的工作方式，教会每一个部下每天做好所有分内的事，而他只掌握大原则。卡尔终于有时间悠闲地端着咖啡上楼下楼了。

专家研究表明：仅仅是辛勤的工作很少会导致疲劳，尤其是那种经过休息或睡眠之后，都不能解除的疲劳。只有忧虑、紧张、心慌才是导致疲劳的三大原因，而我们却常常以为是身体或精神的操劳引起的。

卡耐基也认为：忧虑、紧张和情绪不安，是产生疲劳的三大因素。通常我们认为是由于操心劳力所产生的疲劳，实际上都可以归咎于这三个原因。请放松你那紧张的肌肉，放松你那正在工作的肌肉，储备好你的体力，以应付更重要的责任。

英国著名的精神病理学家哈德菲尔德在其《权力心理学》一书写道："大部分疲劳的原因源于精神因素，真正因生理消耗而产生的疲劳是很少的。"其实紧张是一种习惯，放松也是一种习惯；仅只劳心的工作，并不会让人感到疲劳。大多数疲劳现象源于精神或情绪的态度；健康状况良好而常坐着工作的人，他们的疲劳100%是由于心理因素，或是我们所说的情绪因素。

要追求事业的成功，就要学会放松。我们怎么样学会放松呢？

1. 随时保持轻松

懂得一点儿瑜伽术的人知道，要想精通"松弛术"，就要学学懒猫那清闲、松散的样子。

2. 尽量在舒适的情况下工作

身体的紧张会导致肩痛和精神疲劳。

3. 每天要坚持自省

坚持自查效果，可以检验自己实行的成效，这样会使你养成一种自我放松的习惯。

把握成功的规律

卡耐基告诉你人性的优点与弱点大全集

ka nai ji gao su ni ren xing de you dian yu ruo dian da quan ji

任劳任怨、不计酬劳

卡耐基首先希望大家不要财迷心窍，要堂堂正正地做人。

"不管别人如何，你本人千万不可被利欲所困。绝不可财迷心窍。"这不只是奉劝别人的话，他还经常以此训诫着自己。

金钱是与劳力是自然结合而成的。换句话说，即是你必须尽忠职守，拼命地工作，千万不能以赚钱为出发点来从事任何工作。卡耐基说："当我开始工作时，常想'假如完成这项产品，将会带给人们很大的快乐，我常因为这种念头而拼命工作。"

任劳任怨是发自内心的真诚，是不计名利报酬的无私奉献，是风雨无阻地为工作而奋斗。

人在世间生活，不能不做事，然而做事不但讲求能力，讲求机智，尤其要"任劳任怨"。一般人任劳容易，任怨就很难了；能够任劳又任怨，那才是难能可贵的。

有的人做事很耐劳，起早贪黑，从不抱怨辛苦；忍饥忍饿，也无怨言；为了把事情做好，不辞劳苦、牺牲奉献、废寝忘食、殚精竭虑，种种的辛苦，从不计较。

一个家庭主妇，煮饭洗衣、生儿育女，用一生的岁月，任劳任怨。

一个部属随从，不计繁琐，不论晨昏；尽管任务艰巨，一样尽忠职守，不生退心。

农夫在田里耕耘，太阳下的炎热，暴风雨的侵袭，从不畏苦，也不喊累，只要农田的收成良好；工人在工厂上班，增加产量，提高品质，不计加班熬夜，不论待遇菲薄，总是感念老板的知遇之恩，种种辛劳，毫无怨言。

但是，一个人在耐劳之外，假如有怨言，就不容易接受了。而怨言随时随处都能加之于你，所谓"当家三年狗也嫌"。所以，做任何事都难以给人十分的满意。所以说，"任怨"很难。能够做到"任劳"和"任怨"这两者的，其人生境界就会有一次升华了。

从古至今任劳任怨都是中华民族的传统美德。在现代社会中，无论是在生活还是工作当中，任劳任怨的人都为人们所钦佩。任劳任怨就个体来说，是生存之本，是为自己的生存着想，为今后的长远打算着想，面对竞争日益激烈的岗位压力，没有任劳任怨的精神很难生存下去。

身处如今的职场，做到任劳任怨不容易，可以说每个员工工作压力都很大，也很累。也有的人这样认为，工作这么辛苦，如果还不让领导和同事知道的话，岂不是冤枉了。不声不响地工作，任劳任怨就会成为领导遗忘的角落。只要不是为得到别人的感恩或赏识，时常提起和强调一下，也不为过嘛。平时多留意别人有没有同时做这件事，如果没做，自己也丢下不做，免得自己受累吃亏不讨好，还会遭到同事们的嫉妒。

其实，大可不必这么做，你所做过的每一件事，别人都看在眼里，无论说与不说，在心里都会对你这个人有一个客观的评价，正所谓群众的眼睛是雪亮的。你的任劳任怨和勤勤恳恳，超强的忍耐力和心理承受力，甘愿自己吃亏，从不计较自己个人得失的做人态度，大家都会在心中对你形成客观的评价。

任劳任怨，不计报酬，是成功人士所必须具备的潜质，安于工作现状，全身心投入其中，不去计较回报，才是工作的最高境界。

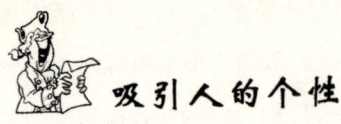 吸引人的个性

有些人可能会认为，一个人的个性，是与生俱来的，来自于遗传，所以无法改变。人生的美丽在于人情的美好，人情的美好在于人性的美丽。人性的美丽在于人的迷人的个性。要把他人吸引到你自己身边，你首先要使自己"被吸引"到他们身边去。

卡耐基认为，先天的东西固然难以改变，但是后天的修为则能够在先天的基础上对原有的性格进行一定程度的改变和润色。

20世纪80年代，著名心理学家运用统计学的方法，归纳出性格的主要五大特征，包括：

神经质——时常经历到负面情绪，如焦虑、忧郁。

外向型——喜欢寻求刺激和社交生活，对外在环境感兴趣。

和悦型——倾向对人友善，有同情心及较易信任别人，相对地敌意较少。

负责型——倾向自律、负责任和有上进心。

开放型——倾向喜欢创意和思维的刺激，好奇心强。

每个人同时拥有以上5种性格特征，只是可能某一个特征比较明显，形成主要性格。神经质特征为主的人，常出现焦虑和抑郁症状，他们外向性较低，负责性却过高。

美国精神疾病诊断准则手册把病态性格分为10种，其中强迫式、依赖式、逃避式的人格都与焦虑和抑郁情绪症状有关。可见性格与心理健康息息相关。

性格的构成，40%源自先天，剩下的60%，则与童年的家庭生活、成长经验有关。英国心理学家约翰·波比指出，如果至亲，例如父母，时常在婴儿

身边，留心他的需要，婴儿会感到被爱、有安全感和自信。在行为上，会较喜欢接触外界环境、愿意和别人玩耍，社交能力强，这称之为安全型。反之，如果父母对孩子的需要不敏感，孩子会经历焦虑，对父母有抗拒（焦虑型），或避免与父母有接触（逃避型）。人际关系和婚姻关系，都受性格影响。如焦虑型的孩子，长大后与人太亲密时会感到不安，很难完全相信别人，也会担心爱侣不爱自己，因而对关系充满失望和愤怒。至于逃避型的，不在意有没有亲密关系，不会依赖别人，也不想别人依赖自己。

假如你对周遭的人们有着热诚的兴趣，你必然想拥有一份吸引人的个性。后天的因素是对形成一个吸引人的个性有所帮助的，那么，如果你想拥有一个吸引人的个性，应该注意些什么呢？

做事的原则并非为了讨好别人而干，应该做的就去做。

除非你亲自证明那是正确的，切勿盲目接受任何观念。

必须解脱各种恐惧和忧虑，保持心灵自由。

必须建立充分信心，以开朗的心情去恭迎每一件事情之降临。

保持自我，无须过分委曲自己的心意去附从别人，就只因为对方似乎很有信心。

"知足常乐"正是人格成熟的象征，自然会吸引别人。也唯有如此，才充分证明了你人格的独立、完整和成熟！

能与他自己内在心灵世界和平共处的人，如同拥有了一种神奇的吸引力量，他的内在光辉自然而然地发射到身边周围的人，令他们都感觉到很舒畅，总想同他靠得更近。

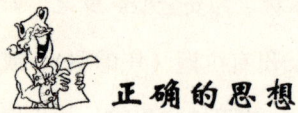

正确的思想

卡耐基说过：只要我们选择正确的思想，就能解决生活中的所有问题。睡觉是一种习惯，是一种休息状态。如果你常常无法正常入睡，那只不过是你觉得自己患上了失眠症。因为没有人知道一个人每天需要几个小时的睡眠，也不清楚我们是不是非睡觉不可。所以，你的思想左右着一切。

现在是知识爆炸的时代，人类思想的累积量过几年就增加一倍。所以当我们不会判断是与非，善与恶的时候，所接触的信息越多，知识量就越多，头脑可能会被搞得越混乱。而这一些思想有没有经过历史的考验，有没有经过不同地域的实践证明，这些我们或许都未考虑过。

再如，现在很多人喜欢研究心理学。到底什么样的思想观念才能让我们一生幸福美满，我们要去思考、要懂得去分辨。人生最难、最重要的是要做出正确的抉择，我们究竟应该依据什么思想观念来经营人生？这是一个非常重要的问题。

真正的智慧，绝不是人云亦云。

真理是超越时间跟空间的。当一些思想观念还没有经过时间和空间的检验时，不要随便轻信，更不能将这些理论观念，当做自己做人处事的原理原则。

成功＝正确的思考方法＋信念＋行动。你最好在心理上做个准备，自己知道要成为一个思想方法正确的人，必须具备顽强坚定的性格。

正确的思想，能够照亮你人生的道路。在接受新鲜的思想观念时，一定要擦亮双眼，辨明真伪，对于某些思想，应去粗取精、去伪存真，留下其中精华，不被糟粕所累。

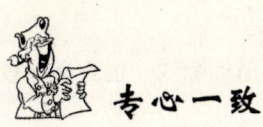
专心一致

卡耐基说:"我的座右铭是:第一是诚实,第二是勤勉,第三是专心工作。"专心一致,是成功的必要条件之一,没有专心致志的精神,很多事情都难以办成。

一个人的精力是有限的,把精力分散在好几件事情上,不是明智的选择,而是不切实际的考虑。在这里,我们提出"一件事原则",即专心地做好一件事,就能有所收益、能突破人生困境。这样做的好处是不至于因为一下想做太多的事,反而一件事都做不好,结果两手空空。

想成大事者不能把精力同时集中于几件事上,而只能关注其中之一。也就是说,我们不能因为从事分外工作而分散了我们的精力。

如果大多数人集中精力专注于一项工作,他们都能把这项工作做得很好。在对100多位在其本行业获得杰出成就的人士的商业哲学观点进行分析之后,卡耐基发现了这个事实:他们每个人都具有专心致志和明确果断的优点。

做事有明确的目标,不仅会帮助你培养出能够迅速做出决定的习惯,还会帮助你把全部的注意力集中在一项工作上,直到你完成了这项工作为止。

能成大事者都是能够迅速而果断做出决定的人,他们总是首先确定一个明确的目标,并集中精力、专心致志地朝这个目标努力。

伍尔沃斯的目标是在全国各地设立一连串的"廉价连锁商店",于是他把全部精力花在这项工作上,最后终于完成了此项目标,而这项目标也使他获得了巨大成就。

林肯专心致力于解放黑奴,并因此成为美国最伟大的总统。

李斯特在听过一次演说后，内心充满了成为一名伟大律师的欲望，他把一切心力专注于这项工作，结果成为美国最伟大的律师之一。

伊斯特曼致力于生产柯达相机，这为他赚进了数不清的金钱，也为全球数百万人带来无比的乐趣。

海伦·凯勒专注于学习说话，因此，尽管她又聋又哑又失明，但她还是实现了她的明确目标。

可以看出，所有成大事者，都把某种明确而特殊的目标当做他们努力的主要推动力。

专心就是把意识集中在某一个特定欲望上的行为，并直到已经找出实现这项欲望的方法，而且坚决地将之付诸于实际行动。

自信心和欲望是构成成大事者的"专心"行为的主要因素。没有这些因素，专心致志的神奇力量将毫无用处。为什么只有很少数的人能够拥有这种神奇的力量，其主要原因是大多数人缺乏自信心，而且没有什么特别的欲望。

对于任何东西，你都可以渴望得到，而且，只要你的需求合乎理性，并且十分热烈，那么，"专心"这种力量将会帮助你得到它。

假设你准备成为一位伟大的作家；或是一位杰出的演说家；或是一位成功的商界主管；或是一位能力高超的金融家，那么你最好在每天就寝前及起床后，花上10分钟，把你的思想集中在这项愿望上，以决定应该如何进行，这样才有可能把它变成事实。

当你要专心致志地集中你的思想时，就应该把你的眼光投向1年、3年、5年甚至10年后，幻想你自己是这个时代最有力量的演说家；假设你拥有相当不错的收入；假想你利用演说的报酬购买了自己的房子；幻想你在银行里有一笔数目可观的存款，准备将来退休养老之用；想象你自己是位极有影响力的人物；假想你自己正从事一项永远不用害怕失去地位的工作……唯有专注于这些想象，才有可能付出努力、美梦成真。

一次只专心地做一件事,全身心地投入并积极地希望它成功,这样你的心里就不会感到筋疲力尽。不要让你的思维转到别的事情、别的需要或别的想法上去。专心于你已经决定去做的那个重要项目,放弃其他所有的事。

把你需要做的事想象成一大排抽屉中的一个小抽屉。你的工作只是一次拉开一个抽屉,令人满意地完成抽屉内的工作,然后将抽屉推回去。不要总想着所有的抽屉,而要将精力集中于你已经打开的那个抽屉。一旦你把一个抽屉推回去了,就不要再去想它。

了解你在每次任务中所需担负的责任,了解你的极限。如果你把自己弄得筋疲力尽,那你就是在浪费你的效率、健康和快乐。选择最重要的事先做,把其他的事放在一边。做得少一点,做得好一点,才能在工作中得到更多的快乐。

可以看出,专心的力量是多么神奇!在激烈的竞争中,如果你能向一个目标集中注意力,成功的机会将大大增加。

没有专注,就不能应付生活,生活要求专注,头脑必须专注。凡事只要专注必能成功。

 想象力

卡耐基认为,拥有充分的想象力能够让你的理想插上成功的翅膀,为你的成功增添胜利的砝码。

人生需要想象,有了想象,便有了希望与努力的方向和快乐的源泉。

有这样一个小故事:两个园林工人吃饭时闲聊。甲说:整天挖坑种树的,真让人烦透了!乙听后就说:如果你想着我们是在建设一个美丽的新花园,想

着这个新花园建成后的那些美好景象，你的心情或许就会好很多的！甲听后不置可否，乙却坚持他的"自我陶醉"。多年以后，甲依旧还是在花园里挖坑种树，乙却成了一名建筑设计师！

故事虽短，道理却很明显，那就是，生活需要想象。爱因斯坦说过："想象力远比知识更重要，因为知识是有限的，而想象力概括着世界上的一切并推动其进步。想象才是知识进化的源泉。"因为想象力，艺术成就了一道道奇异的风景；安徒生用他的想象力铸造了童话的世界；贝多芬用他的想象力谱写了命运交响曲；因为想象力，一位普通的园林工人成了一名描绘宏图的建筑设计师。

或许，由于岁月的磨砺，我们丧失了不少思维的棱角与想象的空间，觉得生活太现实，总是看着眼前的事情，忘了想象带给人的享受。请记住：想象在生活里也是不可缺少的一种感受。如果一个人总是沉迷在眼前的烦恼和小事中，看不到未来，生活就会像一池永远平静的湖水，无法体会到大海的波澜、壮阔与美丽。冷眼看生活，看到的只能是生活的骨架，当你面临现实生活中一些情景，看到纸醉金迷充斥了尘埃，看到理想的天空为无知的羽翼遮蔽时，请不要无奈地叹息，很多绚丽多彩的内容有时是需要想象的，它会给你带来不一样的心情，让你体会到隐藏在生活深处的精彩。

所以，改变自己的办法很简单，那就是，让我们的心中多一点想象。不管是年轻还是衰老，千万不要折断了想象的翅膀。

注意培养自己的想象力，还应注意下面的问题：

很多人在某个领域极具想象力，而在其他领域内却显得很一般甚至很笨拙。

比较典型的例子是家庭主妇，她们在布置家庭时显得极有灵气、极有创意，许多不起眼的东西经过她们的手便能化腐朽为神奇，成为装点家庭的很好饰物，她们的想象力在家庭的方寸空间内显现得淋漓尽致，这使得小家庭因为她们的想象力而变得温馨十足。还有她们织毛衣时，所采用的针法、毛线以及色彩图案搭配，甚至在开始织毛衣前所做的整体规划，所表现的想象力都达到了很高的程度。然而，大部分家庭主妇对于自己的工作则没什么想象力，她们刻板地按照既定规程从事着日复一日的工作，在工作后则赶快返回家，不愿在工作岗位上多待一分钟。

我们也经常听说过许多科学家的例子，他们在自己的领域内才气纵横，新鲜大胆有创意的想法层出不穷，而他们在生活方面则显得很差，不会对家居布置有任何想法。对于服饰搭配也毫无想象力，反正老婆让穿什么就穿什么。

另外，许多小说家在小说的创作上也非常有想象力，故事情节的引人入胜，语言的新鲜别致，整体结构的别出心裁，这都体现了他们非凡的想象力。然而他们中的很多人面对一道需要想象力的智力题时，却常常会手足无措。

为什么会出现这种现象呢？原因有如下四点：

兴趣的因素。比如女人更关注于家庭，而男人对于工作则考虑的更多。另外很多人只对自己擅长的领域感兴趣，而对其他领域则兴致不高。而想象力必须要有较强的热情才能得到良好的发展，如果对某事没什么兴趣，则很显然想象力不会得到什么良好的发展。

逻辑思维的欠缺。逻辑思维会对一个人的想象力进行规范，这会使得他构想的方案更加合理。而反之，如果构想出的方案不合情理，在执行中得到失败的结果，就会压抑一个人的创造热情。

学习能力的欠缺。生活中有很多心灵手巧的人，但他们的想象力却不能在更高的层次以及更广阔的范围内进行，这是由于学习能力不强所致。学习能力不强使得他们不能获得精深的专业知识，从而他们的想象力所表现出来的也仅是小发明小创造。

没有意识到在各个领域内想象力其实是相通的。也就是说，不同领域虽然需要不同类型的专业知识，但是对于"在头脑中反复做实验"这样一种思维能力的需要却是共同的。如果没有意识到这一点，人们就不大可能在自身擅长的领域内所具有的想象力有效地迁移到另外一个领域内。显然，只在某个领域内具有较强的想象力，而在其他领域内想象力贫乏，这会极大地束缚一个人的发展。

从前三点可以看出，想象力是与兴趣热情、逻辑思维及学习能力密切相关的。如果想使自身的想象力得到良好的发展，就要保持自己的情绪处于积极的状态，并且非常重视逻辑思维及学习能力的培养。

对于第四点，我们则应该意识到，应尽量拓宽知识面，这里说的知识面不仅是指专业知识的知识面，同时还包括生活经验、人际交往等方面的知识等等。知识面开阔则会使人的想象力形式更为丰富，也会使自身在某个领域内的发达想象力会很容易地应用到另外一个领域内这无疑是一个人的发展极为有利的因素。

充满热忱

卡耐基说：要想获得这个世界上的最大奖赏，你必须拥有过去最伟大的开拓者将梦想转化为全部有价值的献身热情，以此来发展和销售自己的才能。

1926年，卡耐基自己编写的书在各方面的努力下终于出版了。这还是一本教科书，名字叫《公众演说——商用课程》。

《公众演说——商用课程》这本书提到了一个全新的内容，即证明热忱是有效的演说的关键，而内在精神则是公共演说的重点。如何发挥自己的勇气及自信心也是一个重要问题。

热忱是发自内心的兴奋，并把这种兴奋洋溢在全身，使自己充满感染力。

如果某人一上台演讲，便能将这种热忱感染给四周的听众，再通过一些必要的演讲技巧，便能赢得听众们的支持。

卡耐基在教学过程中，给学生灌输的便是这种热忱的精神。他自己身体力行，首先用自己的热忱影响着他的学生，学生们掌握了这种方法后，在每次训练及正式场合中都会取得或多或少的成功。当卡耐基先生看到学生们因拥有热忱而取得进步时，内心感到异常的激动，他更加发奋地工作，常常在学校里和他的同事们积极讨论下一步的工作计划，直到深夜。

实际上，热忱与内在精神的含义基本上是一致的。一个真正热忱的人，他内心的光辉熠熠发光，一种炙热的精神实质就会深深地植根于人的内在思想中。

无论是谁心中都会有一些热忱，而那些渴望成功的人们的内心世界更像火焰一样熊熊燃烧，这种热忱实际上是一种可贵的能量，用你的火焰去点燃别人内心中热忱的火种，那么你又向成功迈进了一大步。

卡耐基在课堂上比较喜欢引用纽约中央铁路公司前总经理的人生名言："我愈老愈更加确认热忱是胜利的秘诀。成功的人和失败的人在技术、能力和智慧上的差别并不会很大，但如果两个人各方面都差不多，拥有热忱的人将会拥有更多如愿以偿地机会。一个人能力不够，但是如果具有热忱，往往一定会胜过能力比自己强却缺乏热忱的人。"卡耐基觉得这句话清晰明白地反映了自己的观点，他在总结前人经验的基础上，把热忱注入了学员的灵魂中。

不过，热忱不是面子上的功夫，如果只是把热忱溢于表面而不是发自内心，那便是虚伪的表现，如果这样，往往不能使自己获得成功，反而会导致自己失去成功的机会。

因此，训练热忱的方法是订出一份详细的计划，并依照计划执行，培养对热忱的持久感受，尽量使人的热忱上升，不使人的热忱逐渐下降。这是对热忱最好的赞词。培养并发挥热忱的特性，我们就可以对我们所做的每件事情，加上火花和趣味。

一个热忱的人，无论是在挖土或者经营大公司，都会认为自己的工作是一项神圣的天职，并对其怀着深切的兴趣。对自己的工作热忱的人，不论工作有多少困难或需要多少的努力，始终会用不急不躁的态度去进行。只要抱着这种态度，任何人都会成功，一定会达到目标。爱默生说过："有史以来，没有任何一件伟大的事业不是因为热忱而成功的。"事实上，这不是一段单纯而美丽的话语，而是迈向成功之路的路标。

热忱是股伟大的力量，你可以利用它来补充你身体的精力，并发展出一种坚强的个性。有些人很幸运地天生即拥有热忱，其他人却必须努力才能获得。发展热忱的过程十分简单。首先，从事你最喜欢的工作或提供你最喜欢的服务。如果你因情况特殊，目前无法从事你最喜欢的工作，那么，你也可以选择另一项十分有效的方法，那就是，把将来从事你最喜欢的这项工作，当作是你的明确的目标。

缺乏资金以及其他许多种你无法当即予以克服的环境因素，可能迫使你从事你所不喜欢的工作，但没有人能够阻止你在自己的脑海中决定你一生中明确的目标，也没有任何人能够阻止你将这个目标变成事实，更没有任何人能够阻止你把热忱注入到你的计划之中。

热忱并不是一个空洞的名词，它是一种重要的力量，你可以予以利用，使自己获得好处。没有了它，你就像一个已经没有电的电池。

只要保持乐观进取的态度，生活中的失意和挫折都将是暂时的。

一个人的生活态度，会反映在生活的方方面面，就像乐观的人，面对工作与生活必定乐观。反之，悲观的人的生活了无生趣，必定充满灰暗。

英国一家食品厂登出了招聘启事，许多人得到消息，纷纷赶来应征。

考核的时间还没到，外面却飘起了雨，这时在外面急着将货品搬上车的工人跑了进来，向招聘的负责人求援，希望能找几位应征的人到仓库帮忙。人事主管于是向大家询问："有没有人愿意帮忙？"

只见一堆人纷纷站了起来，表现出服务的热情，他们跟上前去，个个都非常卖力地帮忙把货搬上车。

过了一会儿，厂长来到仓库，发现这么多人聚集在这里，立即找来负责的人问明原因，而负责招聘的人便如实告知。

没想到厂长却大发雷霆，怒斥道："乱七八糟！我不是说过了，要再过一段时间才招聘吗？"

这时正愉快地帮忙搬货的应征者，听见厂长这么说，不少人当场发火说："这么说来，你们不是在骗人吗？搞什么名堂啊！"

他们气愤地说着，并气呼呼地将手上的货物随地一扔，一大群人便急匆匆地往外走去。

此时，雨越下越大，仓库的负责人眼看着货物全堆在外面，焦急地请求他们帮忙，并允诺会给予报酬，但是大家仍不为所动，只有一个人在大家的嘲笑声中留了下来。

货物搬完后，这个人没领报酬就往大门走去。

然而，就在这个时候，人事主管忽然跑了过来，用力地握住他的手说："恭喜你，你已经通过本公司的考核，请你明天就开始上班。"

这个年轻人听了满头雾水，正在纳闷时，只见厂长站在前方，用赞许与肯定的目光，向他点头致意。

当故事中的其他面试者，为了求职而抱着现实的"交易"心态，期待在付出后会有必然的收获时，聪明的老板只以一句话，便直接拒绝了那些工作心态不正确的求职者。

毕竟，在有求于人的情况下，大家都会尽量表现出卖力的一面，然而，这些人只顾及一己之私，却不会为别人着想，日后自然也不会尽心尽力为公司付出。因此，在这个考验的过程中，老板清楚地看见多数人刻意的"企图"，而不是服务的"热情"。

如此一来,更加突显出那个年轻人乐于助人、不问收获的热情,也因为这份服务的热情,让他轻松赢得工作的机会。

你一直找不到理想的工作吗?何不先停下脚步,好好审视自己抱着什么心态求职呢?心中充满着交易与排斥、自卑或自大,你的脸上也必定传递出这样的信息,那么,面试官看了自然要退避三舍。

因此,寻找工作时,不妨投入"热情"与"积极",这样很快就会找到自己想要的机会。

自制力

遇到诱惑时,你有足够的自制力吗?做一样工作时,你容易被外部的力量所打扰吗?

自制力是指一个人在意志行动中善于控制自己的情绪,约束自己的言行。既善于激励自己勇敢地去执行采取的决定,又善于抑制那些不符合既定目的的愿望、动机、行为和情绪。自制力是坚强的重要标志,与之相反是任性,对自己持放纵态度,对自己的言行不加约束,任意胡为,不考虑行为的后果。人区别于动物的根本点之一,就在于人是有思想的,因而可以按照一定的目的,理智地控制自己的感情和行动。

有一本专门描写打猎的书,其中写到有一只红狐狸,它为了捕获野鸭子,常常可以连续几天潜伏在冰天雪地的沼泽地,它是那样顽强而有耐心,慢慢地毫无声息地贴在地上接近野鸭子。当野鸭子无意中游开了,红狐狸就用舌头舔一下嘴唇,失望地退回原处等候着。为了填饱饥饿的肚子,红狐狸可以这样往返几十次，连续三十几天，直到野鸭子由于一时疏忽，终于被它逮住为止。这只红狐狸不是很善于控制自己的行为吗？

实际上，这只是狐狸在漫长的进化过程中逐步形成的一种猎获食物的本能。如果说，连动物有时候为了达到某种目的都能控制自己，对于有思想感情的人来说不更应该善于驾驭自己吗？

自制力强的人，往往意志比较坚强。控制自己需要意志，意志和思想一样，不是与生俱来的，而是在社会实践中逐步培养和锻炼出来的。要增强自己的自制力，就要从日常生活的一点一滴做起，加强磨炼。

自制力主要表现在两个方面：一方面使自己在实际工作、学习中努力克服不利于自己的恐惧、犹豫、懒惰等；另一方面应善于在实际行动中抑制冲动行为。

自制力对人走向成功起着十分重要的作用。从古代百科全书式科学家亚里士多德，到近代的哲学家，大家都注意到："美好的人生建立在自我控制的基础上。"

如何提高自制力呢？

1. 加强思想修养

人的自制力在一定程度上取决于他们的思想素质。因此，要提高自制力最根本的方法是树立正确的人生观、世界观，保持乐观向上的健康情绪。

2. 提高文化素养

文化素质比较高的人往往能够比较全面正确地认识事物，认识自我和他人的关系，自觉地进行自我控制、自我完善。

3. 稳定情绪

用合理发泄、注意力转移、迁移环境等方法，把将要引发冲动的情绪宣泄和释放出来，保持情绪稳定，避免冲动。

4. 要强化自我意识

遇事要沉着冷静，自己开动脑筋，排除外界干扰或暗示，学会自主决断。

要彻底摆脱那种依赖别人的心理，克服自卑，培养自信心和独立性。

5. 要强化实践锻炼

一方面要加强学习，积累知识，开阔视野，用知识来武装和充实自己，提高自己分析问题和解决问题的能力，并通过学习别人经验来扩展自己决断事情的能力；另一方面，要积极投身到部队生活实践中去，刻苦锻炼，不断丰富经验，提高自己的适应能力。

6. 要强化意志力量

要培养自己性格中意志独立性的良好品质。对自己奋斗的目标要有高度的自觉。只要经过自己的实践认准的事，就应义无反顾地走下去，想方设法达到预期目的。不必追求把任何事情都做得十全十美，不必苛求自己没有一点失败，不必过多地注意别人怎样议论你。

7. 调整好需要结构

当需要不能同时兼顾时，抑制一些不可能实现的需要。

8. 要强化积极思维

俗话说："凡事预则立，不预则废。"平时注意经常思考问题，增强预见性，关键时刻才能及时、果断、准确地做出选择。

 合作精神

人生存在世界上，不是孤立的，而是同他周围的群体或个体有着紧密联系的。在与他人的交往和沟通中，合作精神就显得尤为重要。集体的力量永远大于单个个体的力量，所以，具有合作精神，有时能够成就个人无法完成的大事。

合作精神，广义上讲就是几个人互相协作完成一项工作，如再深入下去想想，便可以发现合作精神的重要性，它是完成任何一项工作的基础，"一根筷子一折就断，十根筷子几折不断"。这句话充分说明了合作精神的重要。

一个国王临终前，命人把他的三个儿子叫到身旁，又叫人拿来一把木棍，他先让三个儿子每人折断其中一根，三个儿子轻而易举地便折断了，最后，他又叫三个儿子分别折一把木棍，三个儿子一个个费了九牛二虎之力，还是折不断，国王意味深长地说了一句："这就是合作的力量。"国王死后，三个儿子团结一心，终于使他们的国家强盛起来。

这是一个微不足道的故事，但它却毫不含糊地告诉我们："合作精神是成功的基础。"

其实，生活中处处充满着合作，合作得好，便会收到事半功倍的效果，合作得不好，歪曲了它的真正意义，只会受害无穷。

任何重要工作的完成都是合作结出的硕果，马克思和恩格斯共同努力，最终完成了《共产党宣言》，将人类带入了历史的新纪元，与之相类似的例子是不胜枚举的。

体育比赛中也是如此，获得冠军的是一个人，但是，在冠军的背后，凝结了很多人的汗水：教练辛苦编排他的动作；队医为他做的治疗；队友们的加油与鼓励，当然还有他本人艰苦的训练，所有人的力量之和，塑造了这个世界冠军。

反之，有的人总有些个人英雄主义，凡事自己一个人做，闭门造车，从不吸取外界的好东西，也从不听取别人的意见，这样，无异于自己在通往成功的路上增添了艰难险阻。

当然，不是每一种合作都是有益的，这种所谓的"合作"在社会中随处可见，比如大街上拉帮结伙的社会青年，共同"合作"打人抢劫，恐怖分子"合作"，制造跨国恐怖事件，贩毒分子里应外合地"合作"，将毒品输入境内等等，都是有害于人民与社会的。

因此，我们要有合作精神，合作能使人获得成功，能让人的思想得到进步，能令人的品质得到提高，既然合作如此重要，就让我们把握它的真正含意，在生活、学习之中发扬合作精神，朝着自己理想的目标冲刺。

 面对失败

卡耐基说过：我们若已接受最坏的，就再没什么损失。这句话的深层含义是告诫人们，面对失败和痛苦，要有一个正确的态度。

失败是正常的，颓废是可耻的，重复失败则是灾难性的。

人的一生中会遇到各种各样的困难和挫折，逃避是解决不了问题的，要以乐观的精神去迎接生活的挑战。卡耐基便是生活的强者，他不仅克服了生活中的种种障碍，而且在自己的演讲生涯中创造了非凡的业绩。

在卡耐基的生活中始终充满着乐观的情绪，每一次失败不会带给他痛苦，反而增强了他与困难作斗争的信心和经验。他的乐观感染着他周围的人，包括他的朋友、同学和学生，甚至只见过他一面的人，也会为他的乐观情绪所鼓舞。

面对失败我们要"卷土重来"，遇到挫折时不应该气馁，要微笑着打败它，战胜它。换个角度看，其实失败对我们来讲未必就完全是一个厄运，倒有可能是磨炼我们意志的一块难得的砺石。常言道：失败乃成功之母。

人生在世，谁能不失败呢？有谁又是常胜将军呢？

人们知道，爱因斯坦一生中有许多重大发现，但又有多少人知道他经历过多少艰难曲折呢？他小时候曾经被认为是笨小孩，后来，在很长时间里也没有

人发现他身上有天才的影子。他是经历了数不清挫折和失败之后才成为了20世纪最伟大的科学家。他为什么成功？因为他微笑着把失败当做成功的"垫脚石"。有了这样的心态，我们就应该享受失败，感谢失败，树立信心，迎接成功。

有位成功人士说过："人一辈子都在高潮、低潮中浮沉，唯有庸碌的人，生活才如死水一般平静。"每个人都有一条人生路，这条路并不是洒满阳光，充满诗意，铺满鲜花，而是经常会遇上沼泽或荆棘丛生的小道。有人摔倒了，便从此一蹶不振，有人尽管屡战屡败，但屡败屡战，最终人生光彩夺目。

我们应求心态平衡。所以，在干一件事之前，我们首先要想好以下三个问题：

为什么干这件事？

干的目的是什么？

失败了怎么办？胜利了怎么办？

只要我们把这三个问题想通了，那么这件事就有99%的成功率；而剩下的1%，如果你把前三个问题都想通了，失败的原因就是没有信心或没有用心去做。

失败了，要学会微笑着面对它，微笑的力量可以战胜一切。

害怕失败的人是软弱的。失败不可怕，真正可怕的是我们对失败缺乏承受的勇气。让我们面对失败坦然地微笑吧。

当然，我们经受失败之后不会一无所得，从失败中会体会到生命中最本质的东西。失败让我们在感受人生的艰难和曲折的同时，也领略到了它的悲壮。而且，失败和成功也是相对而立的，没有经受过失败的人，也难享受到真正的成功的快乐。人生之路其实也就是一个失败与成功交替的过程。我们应该从失败中，从生活中体会出人生的哲理。我们应该在工作上或学习上找到自己的起点，去追求，去探索，去拼搏，去奋斗，走上自己特色的光辉灿烂的人生之路。

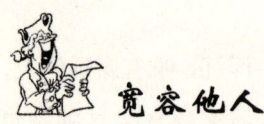
宽容他人

宽容是大度的，责备是狭隘的。卡耐基指出，宽容的意义是：即使对方错了，也要尊重他。

伽利略说："你不可能教会一个人任何事情，你只能帮助他自己学会这件事情。"

苏格拉底在雅典一再告诫门徒："我只知道一件事，那就是我一无所知。"

宽容是一种心智，能够宽容他人的人是做人的大智慧。

如果你想树立一个敌人，那很好办，你拼命地超越他，挤压他就行了。但是，如果你想赢得些朋友，必须得做出点小小的牺牲，那就是让朋友超越你，始终在你的前面。

没有人喜欢受人责怪，受人支使。

无礼的命令只会导致长久的怨仇。

保留他人的面子，宽容他人的言行，这是与人和睦相处的关键。

赞美和鼓励可以成为惊人的力量。

与我们本来应有的成就相比较，我们不过是半醒着，只利用了我们身心资源的一小部分。广义地说，人的各种未开发的能量，在不知不觉中流失。

如果他人得到你的尊重，并且你对他人的某种能力表示认可，他人就很容易受到引导。

别将自己的意见强加于人。

每个人对自己的事和与己有关的问题一定比你知道得多，所以不如问他人一些问题，让他人给你讲述有关的一些事情。

如果你不同意他人的意见，你或许想阻止他人，但最好不要这样，这样做没有什么效果。

有一次，卡耐基演讲之后回到办公室，秘书莫莉笑吟吟地迎上来说："卡耐基先生，演讲成功吗？""非常成功，掌声四起。""那太祝贺你了。"莫莉由衷地笑着说。"莫莉，你知道吗？我今天去给人家讲的是《如何摆脱忧郁创造和谐》，我从公文袋里取出讲稿，刚一开口，下面便哄堂大笑。""那一定是你讲得太精彩了。""的确精彩，我读的是一段如何让奶牛产奶的新闻。"说着将手中的材料递给莫莉。莫莉的脸刷地红了，喃喃地说："昨天我太粗心了，卡耐基先生，这不会让您丢脸吧。""当然没有，你这样做使我自由发挥得更好，还得谢谢你呢！"卡耐基先生的宽容和"艺术"的批评教育，既使莫莉认识到自己的过失，也使她的人格得到尊重，从此以后，莫莉再也没有出现过因粗心而造成的工作失误。

卡耐基先生没有直截了当地指出莫莉的失误，对莫莉进行严厉的批评和指责，而是"将教育的意图掩盖起来"，"润物细无声"的方法使莫莉意识到自己的失误。不仅体现了高超的教育艺术和超凡的教育智慧，更表现了他对教育充满人性关怀。

世界上有许多悲剧，都是因为人和人不能相互容忍而导致的。不能容忍，实在是和愚昧同义，而且这种愚昧是野蛮人和暴徒的愚昧。因为他们先是不了解这个世界，然后由隔膜而产生误会，最终由误会而发怒。

法国人有句老话："能够了解一切，就能宽恕一切。"

在儿童的眼里，对的反面是错，白的反面是黑，而在成年人的眼里，对和错不过是站在不同的立场看事物罢了，而黑与白也不过是颜色的两个层次。而那些狭隘的人，他们的心智和小孩子相差无几，他们鼠目寸光，头脑简单，当

第三章 把握成功的规律

看到有新的思想，新的人物试图和自己接近时，便感到害怕和不安，甚至想方设法去破坏这些新事物，其实，他们不光是顽固不化，而且是异常可恶。

一次，有一个夫人去赴宴会，席间主人邀请了一位年轻的女钢琴家来弹琴。演奏之后，主人问这位夫人是否喜欢，不料她答道："曲子倒是弹得不错，可是，亲爱的，你难道没有看到她穿的衣服吗？噢，实在太不体面了！"在这位夫人的心里，年轻音乐家的演奏水平和身份因为她的衣服而降低了。其实，这位夫人的人品肯定也会因她的刻薄而在朋友的心中大打折扣。

另一个例子是，小玛莉在妈妈请客的时候，当着客人的面，不小心把菜汤泼在了自己的新衣服上，对这种当众出丑的事，玛莉当然觉得非常难堪，并在心里狠狠地骂了自己一顿。可是她的妈妈还不愿就此罢休，她把这样一件小事看成是自己社交生活的一次失败，于是当着客人的面，将玛莉大大地斥责了一番。这位母亲只顾自己的感受，却全然不顾女儿的痛苦，是很自私的行为。

生活中不时会遇到出人意料的状况，这时，宽容就显得尤其重要。这时，你何不一笑置之呢？笑，不仅能化解干戈，也能给自己带来愉悦的心情。

有容乃大。一个人只有敞开胸怀，接受新鲜事物，才能提升自己的生活品质；只有宽容别人，才能宽容自己，这样快乐也就不是那样可遇而不可求了。

 明确的目标

通往成功的路途是曲折艰险的，在做任何事情之前，明确的目标就成为你前行的灯塔，指引着你前进的方向。反之，目标不明确，就容易丧失前进的动力，拟或止步不前，远离成功的目的地。

在卡耐基的一生中，他时时刻刻都提醒自己，确立明确的奋斗目标并为之

努力，这个目标，或许是一件具体的事情，或许是一个他奉为奋斗楷模的伟人，林肯就是其中之一。

在卡耐基的一生中，林肯的影响非常重要。他把林肯视为自己的楷模，汲取林肯的生活经验和奋斗精神，鼓励自己战胜困难、走向成功。

卡耐基对林肯的认识都记述在他所写的一本林肯传记中。我们从卡耐基对林肯人生的描写中，能够感受到卡耐基对林肯的崇拜之情，能够看到卡耐基理解林肯的独特视角。

在卡耐基课程中，他多次提到林肯的故事，仿佛林肯就是他的一面镜子。我们从下面的叙述中，能够体会到这一点。

林肯的童年与卡耐基非常相似，难怪卡耐基把林肯的奋斗历程看做是人生的典范。

卡耐基从林肯的生活经历中看到了忧郁对人生的不利影响，所以当他在卡耐基课程中发现不少学员的生活也有强烈的忧郁感时，他迫切地感到必须引导人们走出忧郁的困惑，由此而引发了他对克服忧郁的研究和讲演。同时，卡耐基也认识到，即便是伟人也有失意的时候，关键在于如何迎接生活的挑战。林肯做到了，成功了，卡耐基本人也同样如此。

卡耐基从林肯的奋斗历程中汲取了有益的经验，每当他遇到困难时，便想起了林肯，浑身就充满着必胜的信念。

美国前副总统戈尔家里发生过这样的一件趣事。

有一天，戈尔夫妇得到了一只狗，不禁喜出望外。美国人养狗素来很讲究，不是随便当成一个宠物就行了，必须得有人专门对狗进行训练，才能成为一只合格的狗，戈尔家的狗自然也不例外。

于是，夫妇俩带上这只讨人喜欢的狗，直奔戈尔的一个好朋友，也是一个专业驯狗师的住所，说要让他给自己的狗训练一下。

驯狗师看了看戈尔，然后把目光停留在狗的身上，问道："那么，这只狗

第三章 把握成功的规律

的目标是什么？"戈尔夫妇一听，有点儿摸不着头脑，狗有目标吗？我怎么不知道啊？于是便耸耸肩，双手一摆，用美式幽默回答："也许它的目标是努力成为一只狗，而不是猫啊什么的吧。"

"对不起，我不能帮一只没有目标的狗来进行训练。"对方摆出一副爱莫能助的样子。

戈尔夫妇俩只好带着他们的宝贝狗儿，悻悻而归。

整整一个下午，戈尔把自己关在书房里，满脑子想的都是这个狗的目标究竟是什么，但想不出个所以然来，于是到院子花园里透透气。在他们家的小花园里，他的四个孩子在一起嬉戏打闹，玩得不亦乐乎，他突然灵光一闪，有了，狗的目标有了。

他马上帮狗订了两个目标：第一就是和孩子们打成一片，做孩子们亲密的玩伴和朋友；第二是晚上看家护院，当孩子们及自己的守护神。

戈尔再一次把狗送到驯狗师朋友那里，由于有了明确的目标，驯狗师马上对这只狗进行专门训练。不久，一条训练有素的狗出现在戈尔家，它不光成了孩子们最忠实的玩伴和朋友，晚上还肩负起了看家护院的职责。

狗有目标后才能成为一只好狗，人自然就更不用说了。

哲学家黑格尔说过："哈佛大学曾经做了一个跟踪调查，在人群中目标清晰高远的人占3％，最终他们成为精英和各行各业的领袖；目标清晰短暂的占12％，他们是各行各业的成功人士；目标模糊的占60％，他们生活在社会底层，事业平平；还有根本没有目标的27％，最终其生活很不如意，总是一副怨天尤人的样子。"

有品格的人即是一个有理智的人，由于他心中有确定的目标，并且坚定不移的以求达到他的目标，所以他就必须如歌德所说，知道限制自己。反之，什么都不能做，而最终归于失败。

人要有明确的目标，如果你能对自己的工作、身体及毅力都完全的信任，并且努力工作全心投入的话,你就已经找到了自己的强项,无论目标如何的遥不可及,你也必能排除万难,实现愿望。一只不知向何处漂泊的小船,风对于它来说就失去了意义,它们的航向不取决于风从哪里来,而是船上的帆张向哪一边。别忘记牢牢的把握住你的船舵,对确立的目标,要坚定不移地执行到底,不要摇摆不定。一艘轮船在海中失去了舵手,只会在海上打转,最终耗尽燃料,永远到达不了彼岸,但事实上,它所耗尽的燃料足以使它往返于海岸和大海好几次了。

有了目标,内心的力量才会找到方向。茫然无目标的漂荡终归会迷路,而你心中那一座无价的金矿,也因不开采而与平凡的尘土无异。过去或现在的情况并不重要,你将来想要获得什么成就才最重要。

如果你还没有一个明确的目标,那你就应该放下手上的一切,坐下来,认真思考一下适合自己的目标。

 自信心

卡耐基教育我们:自信的一个好处就是——肯定自己,并成为敦促自己不断进步的动力。但是要切记,自信而不要自满。自信心,是保持你的身心在年轻状态的一个重要因素。

成功者就是那些拥有坚强信念的普通人。成功的程度取决于你的信念程度。永远不要总被自己的缺点所迷惑。信心多一分,成功多十分。你应该学会自信。

有一个寓言,某小镇上有一个非常穷困的女孩子,失去了父亲,跟妈妈相依为命,靠做手工维持生活。她非常自卑,因为从来没穿戴过漂亮的衣服和首

饰，在这样极为贫寒的生活中，她长到了18岁。

在她18岁那年的圣诞节，妈妈破天荒给了她20美元，让她用这个钱给自己买一份圣诞礼物。

她大喜过望，但是还没有勇气从大路上大大方方地走过。她捏着这点钱，绕开人群，贴着墙角朝商店走。

一路上她看见所有人的生活都比自己好，心中不无遗憾地想，我是这个小镇上最抬不起头来、最寒碜的女孩子。看到自己特别心仪的小伙子，她又酸溜溜地想，今晚盛大的舞会上，不知道谁会成为他的舞伴呢？

她就这样一路嘀嘀咕咕躲着人群来到了商店。一进门，她感觉自己的眼睛都被刺痛了，她看到柜台上摆着一批特别漂亮的缎子做的头花、发饰。

正当她站在那里发呆的时候，售货员对她说，小姑娘，你的亚麻色的头发真漂亮！如果配上一朵淡绿色的头花，肯定美极了。她看到价签上写着16美元，就说我买不起，还是不试了。但这个时候售货员已经把头花戴在了她的头上并拿起镜子让她看看自己。当这个姑娘看到镜子里的自己时，突然惊呆了，她从来没看到过自己这个样子，她觉得这一朵头花使她变得像天使一样容光焕发！

她不再迟疑，掏出钱来买下了这朵头花。她的内心无比陶醉、无比激动，接过售货员找的4美元后，转身就往外跑，结果在一个刚刚进门的老绅士身上撞了一下。她仿佛听到那个老人叫她，但已经顾不上这些，就一路飘飘忽忽地往前跑。

她不知不觉就跑到了小镇最中间的大路上，她看到所有人投给她的都是惊讶的目光，她听到人们在议论说，没想到这个镇子上还有如此漂亮的女孩子，她是谁家的孩子呢？她又一次遇到了自己暗暗喜欢的那个男孩，那个男孩竟然叫住她说：不知今天晚上我能不能荣幸地请你做我圣诞舞会的舞伴？

这个女孩子简直心花怒放！她想我索性就奢侈一回，用剩下的这4块钱回去再给自己买点儿东西吧。于是她又一路飘飘然地回到了小店。

刚一进门，那个老绅士就微笑着对她说，孩子，我就知道你会回来的，你刚才撞到我的时候，这个头花也掉下来了，我一直在等着你来取。

这个故事结束了。真的是一朵头花弥补了这个女孩生命中的缺憾吗？其实，弥补缺憾的是她自信心的回归。

而一个人的自信心来自哪里？应该如何树立自信心？卡耐基指出：让信仰的力量和心安的感觉充满心中，就是获得自信的秘诀，也是去除疑惑、克服缺乏信心的最佳方法。

1. 认识自己不自信的来源

总觉得有人在背后责骂你吗？总是对什么事情感到羞耻吗？找到这些使自己不自信的来源，认识它们。将这些来源告诉给朋友和爱人，大胆地表达出来。

2. 认识自己的长处和优点

为什么要沉迷于自己失败的一面呢？没有一个人是完美的，但是每个人都有自己优秀的地方，应该为你所拥有的特长和优点感到自豪！

3. 对着镜子笑一笑，人生是积极的

给自己一个笑脸，不要对生活感到无趣，也不要厌恶或者轻视自己。常常对镜子笑一笑，会感到更快乐更自信。

4. 展现自己优秀的一面

让别人认可你，你的自信就会慢慢提升的，展现你的才艺和优点，多培养一些爱好，让自己变得自信满满。

5. 设定目标，做好准备

设定一个目标，贯注信念，专注其中。并且做好充分的准备，这样更容易达到目标。要经常鼓励自己！

6. 不要逃避和不敢面对失败

只有弱小的自卑者才会盯着自己的失败和缺点不放手,他们逃避现实,不敢自我肯定。有句名言说"现实中的恐惧,远比不上想象中的恐惧那么可怕",所以敢于面对挑战,鼓足勇气,多试几次,你的自信心就会慢慢高涨起来。

7. 为自己订下约束

给自己一点压力,制订一些约束,并遵守它。遵守约束并自我信赖,随着时间的推移你的信心就会增强。

储蓄的习惯

多数人心中的烦恼,不是他们手中没有足够的钱,而是不知道怎样合理支配手中的钱。所以,清楚怎样支配钱财,是当务之急。

卡耐基教育我们:我们必须为自己设计一个花钱的计划,然后根据计划来花钱。然而,我们大多数人不是这样,大多数人在处理金钱时,会表现得十分盲目。有一个公司的会计,在公司时,对数字十分敏感,账目做得清清楚楚,而在处理个人账目时,喜欢什么就买什么,根本不考虑还要交房租、电费和其他一些费用。不过,这个人倒是很清楚地知道,如果他供职的那家公司像他这样毫无计划地花钱,公司迟早会关门。因此,有件事情是你必须要考虑的:当涉及你的金钱时,你就是在经营自己的事业。而你在支配自己的金钱时,这也是你自己的家事,外人是无法帮忙的。在预算中必须有这样一项开支,至少把每年收入的1/10存入银行,或者拿去投资,这样你可以建立一笔额外资金,用作特殊用途,譬如买房子或汽车。

拿破仑·希尔指出对所有的人来说，存钱是成功的基本条件之一，但是在那些未曾存钱者的心目中，最迫切的一个大问题则是："我要怎样做才能存钱？"

存钱纯粹是习惯的问题。人经由习惯的法则，塑造了自己的个性，这个说法是极为正确的。任何行为在重复做过几次之后，就变成一种习惯，而人的意志也只不过是从我们的日常习惯中成长出来的一种推动力量。

一种习惯一旦在脑中固定形成之后，这个习惯就会自动驱使一个人采取行动。例如，如果遵循你每天上班或经常前往的某处地点的固定路线，过不了多久，这个习惯就会养成，不用你花脑筋去思考，你的头脑自然会引你走上这种路线。更好玩的是，即使你在动身之初是想前往另一方向，但是如果你不提醒自己改变路线的话，那么你将会发现自己不知不觉又走上原来的路线了。

养成储蓄的习惯，并不表示你将会限制你的赚钱能力。正好相反——你在应用这项法则后，不仅会把你所赚的钱有系统地保存下来，也会使你步上更大的机会之途，并将增强你的观察力、自信心、想象力、进取心及领导才能，真正增加你的赚钱能力。

光是贫穷本身就足以毁掉进取心，破坏自信心，毁掉希望，如果再在贫穷之上加上债务，那么，成为这两位残酷无情监工的奴隶的人，注定失败无疑。

只要头上顶着沉重的债务，任何人都无法把事情办得完美；任何人都无法受到尊重；任何人都不能创造或实现生命中的任何明确目标。

拿破仑·希尔有一位很亲密的朋友，他的收入是每个月10000美元。他的妻子喜爱社交，企图以12000美元的收入来充2万美元的面子，结果造成这位可怜的家伙经常背着大约8000美元的债务。他家里的每个孩子也从他们的母亲那里学会了"花钱的习惯"。这些孩子们现在已经到了考虑上大学的年龄，但由于这位父亲负债累累，他们想上大学已经是不可能的事了。结果造成父亲与孩子们发生争吵，使整个家庭陷于冲突与悲哀之中。

很多年轻人在结婚之初就负担了不必要的债务，而且，从来不曾想到要设法摆脱这笔负担。在婚姻的新奇味道开始消退之后，小夫妇们将开始感受到物质匮乏的压力，这种感觉不断扩大，经常导致夫妻彼此公开相互指责，最后终于走上离婚法庭。

一个被债务缠身的人，一定没有时间，也没有心情去实现理想，结果是随着时间流逝，最后开始在自己的意识里对自己做了种种的限制，使自己被包围在恐惧与怀疑的高墙之中，永远逃不出去。

"想想看，你自己及家人是否欠了别人什么，然后下定决心不欠任何人的债。"这是一位成功的人士所提出的忠告，因为他早期有很多很好的机会，结果都被债务断送了。这个人很快地觉醒过来，改掉乱买东西的坏习惯，最后终于摆脱了债务的控制。

大多数已经养成债务习惯的人，将不会如此幸运地及时清醒及时挽救出自己，因为债务就像流沙，能够把它的受害者一步一步地拉进泥浆。

一个人如果负了债，而又想要克服对贫穷的恐惧，他必须采取三项十分明确的步骤：第一，停止借钱购物的习惯；第二，立即逐步还清原有的债务；第三，养成储蓄的习惯。

要养成储蓄的习惯，我们应该从以下方面着手：

学会记账。

"月光族"得先了解自己的收支情况，记账就是最好的方法。无论是手工记账还是电脑记账都要遵循三个规则：

分账户——资产类和负债类。资产类指现金、活期存款、定期存款、股票、基金、债券、房产等；负债类是信用卡、贷款等。

分类目——收入类和支出类。依照个人的实际情况，建立自己的收入和支出分类，分门别类地进行记录。

及时准确。

为了记账方便，有条件的可以下载专门的记账软件。目前国内比较全面的理财软件有"家财通"和"财智"理财软件。

换零储蓄。

喂养"小金猪"（储蓄罐）操作简单效果也好。你可以到市场买一只"小金猪"，然后每天都用"粮食"（硬币）来喂养它。持之以恒，积少成多，从而养成习惯。

存折存储。

要更好地储蓄，最好只有一张银行卡，而且尽量在卡里存少量的钱，其余的都选择存折存储。这对控制取款也有一定效果。

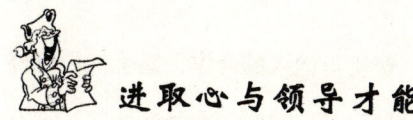

进取心与领导才能

卡耐基认为，有了进取的人生态度，才能化解生命中的坎坷，塑造自身的完美形象，走出人生的困惑。而具有优质的领导才能，才能在平日中成功地栽培下属，这样的下属有朝一日将给你带来意想不到的巨大收益。只有最愚笨的领导才想尽办法，去奴役他人，希望别人毫无条件地为他尽力。

衡量一个领导人物的成就大小，要看他的信念的深度、雄心的高度、理想的广度和他对下属爱的程度。领导才能指的不是挥舞手中的权力，而是授权别人去干。

下面是使用"人性化管理"方式使你成为更好的领导人的两个方法。

第一，遇到跟人事有关的难题时，要及时反问自己："处理这件事最合乎人性的方法是什么？"

当你的下属不能胜任工作或某一个员工制造了相当棘手的问题时，请记住：千万不要讽刺他们，不可做刻薄鬼，也不可把别人说得一文不值，更不可当场骂人。处理人事问题时多想想"合乎人性的方法"，一定会有回报，不管快慢，都会使你喜出望外。

第二个使用"人性化管理"的方法是：把别人看得都很重要。要关心属下的业余生活，时常想到，一个人活着的最主要的目的，就是享受生活。

这是一个很普通的原则：你愈关心一个人，他愈会努力为你服务，你的成就也愈大。

尽量在每一个场合称赞你的下属，并在你的上司面前称赞他的能力，设法夸奖地位比你低的人，这样不但不会降低你在上司眼中的地位，反而会使你成为一个伟大又谦虚的人，比那些轻浮的人更受人尊敬。所以，即使是小小的谦虚都对你非常有用。

在每一个机会中赞美下属的个人成就，赞美与他人的合作，嘉奖他们额外的努力或尝试。赞美本身就是对人最大、最好、最直接的鼓励，而且又不花钱，何乐而不为呢？所以，请练习赞美的艺术。

"领导才能"是获得成功的基本条件，而"进取心"则是"领导才能"这个基本条件成立的基础。两者的关系就有如轮辐与车轴。

拿破仑·希尔告诉我们，进取心是一种极为难得的美德，它能使一个人在不被吩咐应该去做什么事之前，就主动地去做应该做的事。胡巴特对"进取心"做了如下的说明：

"这个世界愿对一件事情赠予大奖，包括金钱与荣誉，那就是'进取心'。

"什么是进取心？我告诉你，那就是主动去做应该做的事情。"

"仅次于主动去做应该做的事情的，就是当有人告诉你怎么做时，要立刻去做。

"不求上进的人，只在被人从后面踢时，才会去做他应该做的事，这种人大半辈子都在辛苦工作，却又抱怨运气不佳。"

"最后还有更糟的一种人，这种人根本不会去做他应该做的事，即使有人跑过来向他示范怎样做，并留下来陪着他做，他也不会去做。他大部分时间都在失业中，因此，易遭人轻视。但如果是这个情形，命运之神也会拿着一根大木棍躲在街头拐角处，耐心地等待着。"

"你属于上面的哪一种人呢？"

如果你想成为一个具备进取心的人，你必须克服拖延的习惯，把它从你的个性中除掉。这种把你应该在上星期、去年甚至于十几年前就要做的事情拖到明天去做的习惯，正在啃噬你意志中的重要部分，除非你革除了这个坏习惯，否则你将难以取得任何成就。

克服拖延的习惯，可以使用下列方法：

每天从事一件明确的工作，而且不必等待别人的指示就要能够主动去完成。

到处去寻找，每天至少要找出一件对其他人有价值的事情来做，而且不要期望一定要获得报酬。

每天要把养成这种主动工作习惯的价值告诉别人，至少要告诉一个人。

为了鼓励你的上进心，有两件事情要做：

每一件事情都要研究如何改善。

每一件事情都要订出更高的标准。

有一家公司的董事长要拿破仑·希尔帮他拿主意。他一手开创了公司，并兼任销售经理，现在他的公司聘用了7个销售员，下一个步骤是要提升一个销售员担任经理职务。他把可能的人选缩减成3个，这3人各方面的成绩都不相上下，拿破仑·希尔的任务就是花一整天的时间来了解每一个人，看看哪一个才是最佳人选。他告诉这3个人，会有一个顾问来拜访他们，目的是讨论公司的整体营销计划。显然他不让他们知道真正的目的。

其中两个人的反应差不多，都有点不自在、不是滋味。他们好像注意到拿破仑·希尔"别有目的",想要"耍什么花招"。这两个人都是顽固的保守派,都想证明"该做的都已经做了"。拿破仑·希尔问他们:"销售责任区是怎么划分的"、"薪水调整计划需不需要修改",以及"如何取得促销资料"等等与营销密切相关的问题,他们的反应都是:"事情都很正常,毋庸过虑。"对某些论点更是振振有词地解释:目前的方法为什么不能也不应当改变,总之,维持现状就够了。其中一个在离开拿破仑·希尔下榻的饭店时说:"我真的不知道你为何要花一整天和我讨论,请你告诉我们的老板,每一件事情都很顺利,不要小题大做。"

第三个人就不同了,他对公司很满意,也以公司的成就为荣,但又不是绝对的满意,还希望力求改进。他一整天大部分的时间都在告诉拿破仑·希尔各式各样的新点子。例如"开拓新市场的做法"、"改善服务质量的做法"、"节约时间的做法"、"对员工鼓励更大的调整薪资做法"等等,都是为他自己和整个公司的长远利益打算,他早就拟好一个想要推出的宣传活动。当他们分手时,他的临别赠言是:"我很高兴有机会把我的构想跟你谈谈。我们已经有了一个相当良好的初步沟通,相信一定可以做得更好。"

当然,拿破仑·希尔最后推荐的正是第三位,跟董事长的想法不谋而合。

他认为第三位推销员确实相信公司会继续成长,更有效率推出更新的产品。

另外一条关键的领导原则抽出一点时间深思熟虑。

看看那些伟大的宗教领袖的生平,就知道他们每一个人都花了许多时间独处深思。摩西经常一个人独居,耶稣也是如此,其他如释迦牟尼、穆罕默德、甘地等等,几乎历史上每一个杰出的宗教领袖,都是在摒除世俗的干扰下,花了无数的时间独居冥思。

领导者最主要的工作就是思考,迈向领导之路的最佳准备也是思考。因此请你每天都要花点儿时间来练习合理的单独思考,并且往成功的方向去想。

第四章

如何使人喜欢你

卡耐基告诉你人性的优点与弱点大全集
ka nai ji gao su ni ren xing de you dian yu ruo dian da quan ji

 牢记他人的名字

我们在跟同事的交往中可能会遇到这样的情况，大家在街上相遇，可是你使劲地怎么想也没有想起对方的名字，没有办法，只好避开。没有记住对方的名字，是件很尴尬的事情，它会使人误解为你不注重对方，从而疏远了对方，加大了你们之间的距离。

那么，卡耐基课程提供的记忆技巧是如何促进演说效果及人际关系的呢？卡耐基认为，他的课程比任何其他的演说技巧或人际关系技巧，都更重视自信问题。他意识到被人们冷落的记忆艺术其实是很有效的方法，能快速地建立起人们的信心。

在前两节课中，特殊的技巧可以收到立竿见影的效果，使学员能更深入地参与课程的教学。为促成这些技能的确立，卡耐基重新采用由希腊人最先教授的记忆技巧。

轨迹记忆法是由诗人塞门纳迪发明，由西塞罗记录下来的。有一次，塞门纳迪应邀参加一次宴会。当他在宴会厅外时，厅内的屋顶突然坍塌，遇难的尸体难以辨认。然而塞门纳迪却能借助于每个来宾的座位分辨出死者是何人。

这件事使得塞门纳迪以视觉记忆而闻名遐迩。此事引发了他的灵感。他认为人们可以借着某种特殊方位或轨迹来分类记忆事物。对多数人而言，视觉记忆胜于语言或身体记忆法，是一种免于使用笔记的简易方法。

记忆在过去时代被看做是不容忽视的力量。西塞罗说："记忆是所有事物和宝藏的守护者。"爱斯奇勒斯说："记忆是智慧之母。"这些说法绝非夸大其词。但是在今天，当代人已经习惯于使用非正式的记忆技能了。

一个仍具相当重要性的记忆技能就是牢记姓名。自卡耐基时代起，许多优秀的商人和人际关系支持者都强调姓名记忆的重要性。

一位纽约大学的教授早在《影响力的本质》一书出版前的数年，就出版发行了一本《加强记忆面孔及姓名》的书，其中归纳提出了记忆姓名的价值：

那是希望该书能帮助更多的人并引起他们的兴趣。商业人士和专业人员在直接与人交往时，倘若能称呼对方的姓名就能获得较友善的反应。若能以一种较软性的、活泼的语调，如"某某先生"来取代诸如"喂！那边的"此类命令方式或商业口吻，便能获得较佳的合作态度。社会工作者、教师团体领袖们发现，他们若能记得身旁人们的姓名，则在引发人们的情感时，具有强烈的影响力。刚刚参与社交活动及初入社会的年轻人发现，记得别人的姓名相当有用，有助于增加与人相处时的自信与自在。

时至今日，理由仍然相同。当你欢迎某人而不记得他（她）的姓名时，谁不感到尴尬？谁不会因为无法记得会上或社交场所中与会者姓名而感到不自在呢？那种不自在使得许多人陷于拼命记忆姓名的努力之中。

不幸的是，这只是一个治标之法，而不是治本之道。卡耐基于1926年首次撰写改善姓名记忆能力的文章时，记载了三则有关记忆的自然法则即印象、反复及联系。他提及的每个记忆系统都根据这些原则而来。无论你是从众多推销技术法则的记忆专家群中选修一门座谈课程，或者是重温享利·洛瑞尼和杰瑞·卢卡斯的《记忆书篇》，还是在众多有关记忆的书刊中阅读其一，你都会发现，卡耐基的原则跟它们相去不远。

卡耐基认为，如果你要别人喜欢你或者想要达成某种意愿，牢记他人的名字，等于给予他一个巧妙而有效的赞美！

在美国总统的专业幕僚群中，有一位幕僚的工作内容，就是专门替总统记住每一个人的名字，然后每当总统在遇见某人之前，这位负责的幕僚就会先一步告诉总统此人的姓名。而那位被总统叫得出名字的人，也就会因总统竟然会记得他，而雀跃不已，进而更坚定对总统的支持。

记住每个人的名字，是尊重一个人的开始，也是创造自己个人魅力的第一步。记忆姓名的能力，在事业上、交际上和政治上是同样重要的。

法国皇帝拿破仑三世，即伟大的拿破仑的侄儿，他曾经自夸自己虽然很忙，可是，他能记住所见过的每一个人的名字。他有什么高招吗？其实很简单，假如他没有听清楚，他就说："对不起，我没有听清楚。"如果是个不常见到的名字，他就这么问："对不起，请告诉我这名字如何拼？"在与别人谈话中，他会不厌其烦地把对方姓名反复地记忆数次，同时在他脑海中把这人的姓名和他的脸孔、神态、外形连贯起来。如果这人对他是重要的，他就更用心了。在他独自一人时，他会把这人的姓名写在纸上，仔细地看着、记住，然后把纸撕了。这样一来，他眼睛看到的印象。就跟他听到的一样了。

这些都很花时间，但很有效。

二战期间美国民主党全国委员会主席、邮务总长吉姆是一位传奇人物。他小时候家里很穷，10岁就辍学去一家砖厂工作，他把沙土倒入模子里，压成砖瓦，再拿到太阳下晒干。吉姆没有机会接受更多的教育，可是他有爱尔兰人达观的性格，使人们自然地喜欢他，愿意跟他接近。在成长过程中，吉姆逐渐养成了一种善于记忆人们名字的特殊才能，这对他后来从政起到了重要的作用。

罗斯福开始竞选总统前的几个月中，吉姆一天要写数百封信，分发给美国西部、西北部各州的熟人、朋友。而后，他乘上火车，在19天的旅途中，走遍美国20个州，行程1.2万里。他除了火车外，还使用其他交通工具，像轻便马车、汽车、轮船等。吉姆每到一个城镇，都去找熟人进行一次极诚恳的谈话，接着再开始一段行程。当他回到东部时，立即给在各城镇的朋友每人一封信，请他们把曾经谈过话的客人名单寄来给他。那些不计其数的名单上的人，他们都得到过吉姆亲密而极礼貌的复函。

吉姆早就发现，一般人对自己的姓名感兴趣。把一个人的姓名记住，很自然地叫出来，你便对他含有很微妙的恭维、赞赏的意味。若反过来讲，把那人的名字忘记，或是叫错了，不但使对方难堪。而且对你自己也是一种很大的损失。

像罗斯福这样的大忙人，都还不忘花时间去记一些与他们来往的市井小民的名字。就连一个工匠，他都肯花时间将对方的名字牢记在心，以求让对方感觉到自己的友善和尊重。

爱默生曾经说："完美的品格，是得由无数的小小牺牲才能换来的。"要达到这个目标，绝非一蹴而就，只有日积月累的修炼才可取得。

名字是人们活动于人世间的一个个符号，作为个体而言，每个人都十分在意、重视自己的名字。记住一个人的长相并不难，但要铭记他人的名字却不是一件轻而易举的事。但是，若能牢记他人的名字并准确地、很自然地叫出口，这是一种最简单、最明显，而又是一种最能获得好感的方法。

 **学会倾听他人讲话**

在宴会上，你是喜欢侃侃而谈，还是喜欢聆听别人讲话，做一个好的听众呢？在大家交谈的时候，要认真听别人讲，不要轻易打断别人讲话，学会静听，就是最好的解决问题的良方。

卡耐基曾经应邀参加一场纸牌会。卡耐基个人不会打纸牌，另有一位美丽的女子也不会打。于是卡耐基与这位女子正好坐下来聊聊天。当他们在沙发上坐下的时候，她提到她同她的丈夫最近刚从非洲旅行回来。"非洲，"卡耐基说，"多么有趣！我总想去看看非洲，但除在爱尔裘上停过24小时外，其他地方还没到过。告诉我，你曾游历过野兽出没的乡间，是吗？多么幸运！我羡慕你！告诉我关于非洲的情形吧。"那次谈话谈了 45 分钟。她不再问卡耐基到过什么地方，看过什么东西了。她不要听卡耐基谈论他的旅行，她所需要的不过是一个专注的静听者，来听她讲述她所到过的地方。

在现实生活中，类似这位女子的人也有很多，他们只希望别人聆听。

卡耐基认为，专心致志地倾听正在和你讲话的人谈话，这是最为重要的。认真倾听对方的谈话，正是我们对他人的一种最高的恭维。至于成功的商业交往，并没有什么神秘的，而且没有别的东西会比这更令人开心的。

卡耐基还认为，喜欢挑剔的人，甚至是最激烈的批评者，也常常会在一个具有忍耐心和同情心的倾听者面前，态度变得软起来——当怒火万丈的寻衅者像一条大毒蛇那样，想要张嘴咬人的时候，倾听者应该保持缄默，而且只是认真地倾听他的谈话。

在美国内战最黑暗的时候，林肯写信给在伊里诺斯春田的一位老朋友，请他到华盛顿来。林肯说，他有些问题要与他讨论。这位老朋友到白宫拜访，林肯同他谈了数小时关于释放黑奴的宣言是否适当。林肯将对赞成及反对此事的理由都加以探究，然后再阅读一些谴责他的信件及报纸的文章，有的怕他不放黑奴，有的却因为怕他释放黑奴。谈论数小时以后，林肯与他的老朋友握手道声晚安，送他回伊里诺斯，竟然没有征求他的意见。整个谈话中所有的话都是林肯说的，那好像是为了使他的心境舒畅，"谈话之后他似乎稍感安适"。这位老朋友说，林肯没有要求得到建议，他只要一位友善的、同情的静听者，使他可以发泄苦闷。那是我们在困难中都需要的。

马克逊曾经这样说过："有许多人之所以不能给别人留下深刻而良好的印象，就是因为他们不注意倾听别人的讲话。他们极其关心的是自己下面要说什么，他们从来都不会认真听别人要说什么……许多大人物曾告诉我，和那些善于谈话的人相比，他们更喜欢那些善于倾听者。但是，我们所具备的善于倾听的能力，好像比任何其他的人都要少。"

多年前，有一个从荷兰移居来美国的贫穷儿童，在学校下课后，为一家面包店擦门窗，每星期赚点儿美元。他家非常贫穷，他平常每天都要到街上用篮子捡拾煤车送煤落在沟渠里的碎煤块给家里用。那个孩子叫宝充，一生仅受过 6 年的学校教育，最后竟使自己成为美国新闻界一个最成功的杂志编辑。他是怎样成功的呢？

他 13 岁离开学校，充任西联的童役，每星期工资 6.25 美元。但他每时每刻也未放弃寻求教育的意念。不但如此，他还自我教育。他把他不坐车、不吃午饭的钱省下积攒起来，直到足够买一部《美国名人传全书》。以后他做了一件从来未曾听说过的事情。他读了名人的传记，写信给他们，请他们寄来有关他们童年时代的补充材料。他是一个善于倾听的人。他鼓励名人讲述自己的故事。他写信给那时正在竞选总统的加菲大将，问他是否确实曾一度在一条运河上做过童工；而加菲给他回复了信。他写信给格莱德将军，询问某一战役，格莱德是否给了一位 14 岁的孩子一张地图并邀请这位孩子吃晚饭，并且和他谈了一整夜。他还写信给爱默生并鼓励爱默生讲述关于他自己的话。这位为西联送信的小孩不久便和全美最著名的人通信：爱默生、夏姆士、浪番洛、林肯夫人、爱尔各德、秀门将军及戴维斯。

他不止与这些名人通信，并且在他们假期的时候还去拜访了他们中间的好多位，成为他们家里受欢迎的一个客人。这种经验，使他产生了一种无价的自信心。这些名人激发了他的理想与志向，改变了他的人生。而所有这一切，就是因为他善于倾听他人的讲话。

所以，如果你希望自己成为一个善于谈话的人，首先就要做一个善于倾听他人说话的人。正如居里夫人所说的："如果你要想使别人对你感兴趣，那么首先就要对别人感兴趣。"

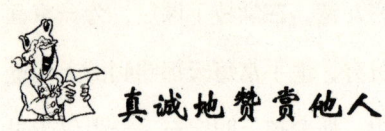

真诚地赞赏他人

我们日常生活中常常忽视的许多美德中的一项，就是对别人表示的欣赏和赞扬不知怎么回敬。当我们的儿子和女儿带回一份好的成绩单的时候，我们常常竟然忽视掉，而没有对他或她加以赞扬；或者是当他们第一次成功地做出一块蛋糕或做好一个鸟笼的时候，我们却没有给他们一番鼓励。没有任何东西比父母对子女的这种关注和赞扬，更能使他们感到快乐了。

卡耐基就曾经经历过一件事，改变了他的一生。

小时候，卡耐基是一个公认的坏男孩。在他9岁的时候，父亲把继母娶进家门。当时他们还是居住在乡下的贫苦人家，而继母则来自富有的家庭。

父亲一边向继母介绍卡耐基，一边说："亲爱的，希望你注意这个全州最坏的男孩，他已经让我无可奈何。说不定明天早晨以前，他就会拿石头扔向你，或者做出你完全想不到的坏事。"

出乎卡耐基意料的是，继母微笑着走到他面前，托起他的头认真地看着他。接着她回来对丈夫说："你错了，他不是全州最坏的男孩，而是全州最聪明最有创造力的男孩。只不过，他还没有找到发挥热情的地方。"

继母的话说得卡耐基心里热乎乎的，眼泪几乎滚落下来。就是凭着这一句话，他和继母开始建立友谊。也就是这一句话，成为激励他一生的动力，使他日后创造了成功的28项黄金法则，帮助千千万万的普通人走上成功和致富的道路。

在继母到来之前，没有一个人称赞过他聪明，他的父亲和邻居认定：他就是坏男孩。但是，继母就只说了一句话，便改变了他一生的命运。

卡耐基 14 岁时，继母给他买了一部二手打字机，并且对他说，相信你会成为一名作家。卡耐基接受了继母的礼物和期望，并开始向当地的一家报纸投稿。他了解继母的热忱，也很欣赏她的那股热忱，他亲眼看到她用自己的热忱，如何改变了他们的家庭。所以，他不愿意辜负她。

来自继母的这股力量，激发了卡耐基的想象力，激励了他的创造力，帮助他和无穷的智慧发生联系，使他成为美国的富豪和著名作家，成为 20 世纪最有影响的人物之一。

你看到，这就是赞赏别人的力量。每当回忆起这件事，卡耐基就向身边的人建议："下一次你在饭店吃到一道好菜时，不要忘记说这道菜做得不错，并且把这句话传给大师傅。而当一位奔波劳累的推销员向你表现出礼貌的态度时，也请你给他赞扬。"

每一位传教士、教师以及演讲的人，都曾经历过掏出肚子里所有的东西却没有得到听众一句赞扬的话的泄气情形。

这些人会碰到这种情形，那些在办公室、商店以及工厂的工作人员，还有我们家里的人和朋友，就更会遭遇这种情形了。

在人际关系方面，我们应当记着所有的人都是平常的人，也都渴望别人的欣赏和赞扬。可以说，欣赏和赞扬他人是增进人际关系的桥梁。

在你每天所到的地方，不妨多说几句感谢的话，留下一些友善的小小火花。你将无法想象，这些小小的火花如何点燃起友谊的火焰，而当你下次再到这个地方的时候，这友谊的火焰就会照亮你。

历史上，戴维和法拉第的合作是一个典范。虽然有一段时间，法拉第的突出成就引起戴维的嫉妒，但其二人的友谊仍被世人所称道。这份情缘的取得少不了法拉第对戴维的真诚赞美这个原因。法拉第未和戴维相识前，就给戴维写信："戴维先生，您的讲演真好，我简直听得入迷了，我热爱化学，我想拜您为师……"收到信后，戴维便约见了法拉第。

后来，法拉第成了近代电磁学的奠基人，名满欧洲，他也总忘不了戴维，说："是他把我领进科学殿堂大门的！"可以说，赞美是友谊的源泉，是一种理想的黏合剂，它不但会把老相识、老朋友团结得更加紧密，而且可以把互不相识的人连在一起。

为什么赞美别人能有如此巨大的作用呢？这是因为，从心理学上讲，赞美能有效地缩短人与人之间的人际心理距离，渴望被人赏识是人最基本的天性。赞美是发自内心深处的对别人的欣赏，然后回馈给对方的过程；赞美是对别人关爱的表示，是人际关系中一种良好的互动过程，是人和人之间相互关爱的体现。

既然渴望赞美是人的一种天性，那我们在生活中就应学习和掌握好这一生活智慧。在现实生活中，有相当多的人不习惯赞美别人，由于不善于赞美别人或得不到他人的赞美，从而使我们的生活缺乏许多美的愉快的情绪体验。

有一天罗斯福进白宫去见塔夫特总统，正值塔夫特总统和夫人出去了。罗斯福是真诚地喜欢那些底下人，他对白宫里所有的佣人，甚至做杂务的女仆，都能叫出名字问好。

罗斯福看到厨房里女佣人爱丽丝的时候，问她是不是还在做玉蜀黍的面包。爱丽丝告诉他，有时候做那种面包，那是为了佣人们吃的，总统他们都不吃了。

罗斯福听了大声说："那是他们没有口福，我见到总统时，把这件事告诉他。"

爱丽丝拿了一块玉蜀黍面包给罗斯福；他边走边吃的走向办公室，经过园丁、工友旁边，向他们每一位打招呼。

罗斯福和他们每一位亲切地招呼谈话，就像他做总统时一样。有个老佣人，眼里含着泪水说："这是我这几年来最快乐的一天。"

哈佛大学校长依利亚博士，对别人的问题，有深刻的关心和兴趣，所以他会受到学校里每一个师生的爱戴。

有一天,大学一年级学生克列顿,来到校长室,向校长提前借用"清寒学生贷款"50元。克列顿拿到钱后,心里非常感激,正要走出办公室时,依利亚校长把克列顿叫住,说:"你请坐一会儿。听说你在宿舍里亲手做饭吃,如果你吃得适宜、充足,我并不以为那对你有不好的地方,我过去在大学时,也这样做过。"克列顿听来感到很意外,校长接着又说:"你有没有做过肉饼,如果把它弄得又烂又熟的话,那是一道很可口的菜,过去我就喜欢吃这个菜。他并详详细细地说出肉饼的做法。"这让克列顿心里感到非常高兴。

这里有一些赞美的原则,你可以应用在生活中,能避免在赞美别人的时候出现错误。

1. 要有真实的情感体验

这种情感体验包括对对方的情感感受和自己的真实情感体验,要有发自内心的真情实感,这样的赞美才不会给人虚假和牵强的感觉。带有情感体验的赞美既能体现人际交往中的互动关系,又能表达出自己内心的美好感受,对方也能够感受你对他真诚地关怀!

2. 注意观察对方

注意观察对方的状态是很重要的一个过程,如果对方恰逢情绪特别低落,或者有其他不顺心的事情,过分的赞美往往让对方觉得不真实,所以一定要注重对方的感受。

3. 凭你自己的感觉

每个人都有灵敏的感觉,也能同时感受到对方的感觉。要相信自己的感觉,恰当地把它运用在赞美中。如果我们既了解自己的内心世界,又经常去赞美别人,相信我们的人际关系会越来越好。

4. 对赞美的话要做好准备

说到这里,我想起有一次,一个同事对另一个同事上电视的表现赞不绝口。"你真是很棒，"他说，"真的、真的、真的很棒！"事实上，那次预定的电视采访已经取消了。

5. 不要在某件事显然已经出错时还去赞美

英国广播公司（BBC）制作人曾有一次特别可怕的"赞美"，在一次明显搞砸的广播录音之后，这位制作人评论说："太棒了，这是你第一次吗?!"然而，此时沉默会更好些。

最后，请记住，随便说几句人云亦云的客套话，赞美一个人或一个集体，并不难，更不可贵。贵在真心诚意，难在确有实效。

如欲采蜜，就不要弄翻蜂房

曾经以为把家人和同事的错误指出来是一种苦口婆心的"帮助"，认为大家关系亲密也没有注意说话的方式和方法，结果发现刚开始时大家还比较乐意接受批评，久而久之，大家就不太愿意接受；大家也会认为老师教育批评学生是天经地义的事情。但是如果我们尝试换一种方法，会如何呢？老师看见学生上课在睡觉，并没有像往常那样大发雷霆，而是轻轻地把他摇醒让其坐正注意听课，下课后与之谈话："是我的课讲得不好，没有引起你的注意，还是昨晚睡得不好以至今天精神不振呢？"结果学生不仅能为自己没认真听课而感到惭愧，又能感受到老师的诚恳。因此，有时用微笑地批评比严厉地批评更有效。

这不禁让我们想起了卡耐基刚从事销售员工作时的一段痛苦经历。

卡耐基当推销员的差事就是推销货车。可是，在工作几个月后，卡耐基依然不懂自己所卖的货车。尽管他工作十分努力，可是那些发动机、车身和部件设计之类的东西仍然无法引起卡耐基的兴趣。

一天中午，卡耐基刚吃完工作餐，正拿着一瓶可口可乐喝的时候，公司的大胡子经理不知不觉地进来了，卡耐基在慌乱之中弄翻了手中的可乐，不知所措地站在一边，但经理并未理他，就忙别的去了。正在这时，来了一对年轻夫妇，男的有一头金发，女的提着个红色手提箱。卡耐基连忙上前招呼客人："女士，先生，欢迎光临！本店销售极为优质的别克自用车和货车，您看这辆车多漂亮！"卡耐基洪亮的声音在宽敞的销售大厅里显得瓮声瓮气。可是这两位顾客满脸不屑一顾的样子，没有理睬卡耐基。但是，卡耐基并未生气，他仍然热情地向他们介绍公司的各种产品，似乎要打动这二位的铁石心肠。可是，那位脸蛋漂亮的女士，几分钟后就不耐烦地拉着自己的丈夫向店外走去，还说道："先生，你并不懂汽车，更不懂机器，我敢肯定，让一个3岁小孩在这里待上一天也会说得像你这么好！谢谢你的热心，我们从不和无知的人讨论，再见了！"

顾客刚出店门，大胡子经理就走了过来："戴尔，你竟然这样不中用！我原以为那些顾客是在捏造事实呢！现在，我警告你，不要再和客人谈那些有关公司创始人密斯特尔斯和威廉·派克尔德的事迹，你只要一心一意地为我卖掉这些汽车，否则你就会像那人一样！"经理一边说，一边用手指头指着那条街上的一位中年乞丐。卡耐基再也说不出什么话来，只有唯唯诺诺地不断点头。

此时，卡耐基心里的郁闷是无法用语言来形容的。他在心里大声对自己说："烦死啦！我都在做些什么呀？我怎么会如此不中用，竟然连一个简单的工作也做不了呢？"

卡耐基人生的转变是从一次偶遇开始的。

一次，卡耐基按经理的吩咐来到"商联会"大厦为其儿子购买自行车。在这里，他认识了一位叫戴尼的年轻人，他发现这位年轻人原来是位残疾人，左手齐腕切断了。他走上前去和戴尼很亲热地寒暄，谈天说地。因为卡耐基觉得应该给予他一份同情和怜悯，更何况自己的左手也是残疾，只有4个指头。

"我是在密苏里乡下农场长大的,小时候很顽皮。一次和小朋友们玩耍时被铁钉钩断了1个指头。我曾经以为自己会死了,现在也常想到自己是个9指人。你呢,兄弟?"很自然地,卡耐基说到自己的故事。

戴尼热心地回答道:"忧郁的兄弟,我去年被轧钢机轧断了手腕。手腕和手是没有了,可我的命还在呀,还能生活呀!"

"但是,你是否会经常感到困扰呢?"卡耐基又问道。

戴尼会心地笑了笑,说道:"不会呀,我几乎已忘了这回事,不过,只有在穿针缝衣服时,才会想到自己少了一只手。"

虽是短短的几句话,却给卡耐基很深的影响,当他回到公寓里时,他还在想这句话。这个叫戴尼的年轻人使他深受启发:是呀!我们的精神态度对肉体能力具有莫大的影响——几乎是难以置信的影响;肉体上的某些障碍完全可以通过精神力量来弥补和克服,一旦习惯下来,肉体上的残疾就会忘却,而与正常人一样。

卡耐基是不幸的,因为他的生活曾经一度黑暗:在小学的时候被同学嘲笑,班里的女生也很少跟他说话;长大了,做推销员,也屡屡遭到失败,还经常被老板训斥,内心充满了痛苦困惑和自责;但是卡耐基又是幸运的,幸运的是他遇到了戴尼,戴尼的鼓励给了他强大的精神力量,使他的人生发生了转折。

因此,卡耐基在日后一直告诫道:"批评是危险的,它常常会伤害一个人宝贵的自尊,伤害他的自重感,并激起他的强烈反抗。由批评引起的嫉恨,只会降低对方的士气和情感,同时批评的事情也得不到任何的改善。"

1908年,罗斯福离开白宫,塔夫特当了总统。当他从非洲回来的时候,矛盾就产生了。他不满意塔夫特守旧,自己想要连任第三任总统,并且组织"勃尔摩斯党",这几乎毁灭了共和党。在那次选举的时候,塔夫特和共和党只获得了两个州的赞助,这是共和党一次最大的失败。为此,罗斯福责备了塔夫特，可是塔夫特并没有责备自己。塔夫特两眼含着泪水，说："我不知道怎么样做，才能和我已所做的不同。"

罗斯福的批评并没有使塔夫特自己觉得不对，相反塔夫特却觉得自己很委屈，一直尽力为自己辩护。我们大家也是一样。做错事只会责备别人，而绝不会责备自己。

卡耐基教给我们的方法是："我们不要去责怪别人，而是试着去了解他们，弄清他们为什么会那么做。这会比批评更加有效，而且这样做还能产生同情、容忍以及仁慈。"

一般来说，表扬要及时，批评要学会冷处理。及时地表扬，可以起到及时的放大效应，使受表扬者产生成就感、满足感、荣誉感，获得前进的动力。大文豪约翰逊博士曾说："即使是上帝，如果不到世界末日，他也不会轻易审判世人。"我们又何必轻易地批评别人呢？

批评是一门艺术，正确的方法非常重要。好的方法能够促进进步，不好的方法会使人们产生抵触情绪。如果通过批评，能够使他们主动认识到错误，这样会有利于他们对批评的认同感和接受度。但是，如果产生逆反心理，就会起到副作用。在任何时候，都要表扬的声音远远大于批评的声音，这样才能够散发出人性的光辉，才能提高业绩。心理学家斯琼纳曾经用实验证明：在训练动物学习掌握某种本领时，学习表现良好时给予奖励，要比学习不好就受到斥责的动物学的更快，而且能更好地记忆所学的东西。进一步研究表明：我们采取批评斥责的方法并不能使人很好的改变错误，相反会引起对方的嫉恨。

批评不顾事实、言过其实，或者过高过低，都难以产生良好的效果。那么我们在日常生活中怎么样进行批评呢？

1. 微笑

用微笑的方式去批评学生，实际是动之以情的批评方法。在企业里，由于员工的过失，或者员工的不尽职等情况下，被领导批评应该来说是家常便饭，我们常常见到一些领导在会议上批评员工。如果我们领导能够在平时多关心一下职工，多去车间转转，发现问题时及时上前微笑地指出，将问题消灭在萌芽之中，又何须大张旗鼓地批评呢？或许许多领导还没有发现微笑的魅力，那就在以后的工作中试着尝试吧。

2. 鼓励

有时候鼓励是一剂良药。鼓励能够使人燃烧起新的激情，能够给人以信心和力量，让人有继续奋斗的决心。某位员工没有按照工作进度完成工作，领导找其谈话说："我对你很是失望。"那么，这位员工听后，第一感觉是领导不重视我了，一定是对我的工作不满意了。如果我们换一种方式来处理，让其了解你的意图和想法，按照你的意图和想法来工作这才是关键。因此，你可以说："你做事向来都是很积极的，从来都是按时完成的，一定有别的原因吧，我很重视这件事情。"

3. 商讨

大家都希望在一种民主的气氛中学习和工作。因此，遇到别人做得不对的时候，不要轻易地批评别人，而要采取商讨的语气，跟同学或者同事、朋友仔细讨论。

4. 提醒

如果大家平时多一句提醒，很多发生的问题就会自然而然地避免。何乐而不为呢？

批评是一把双刃剑。"运用之妙，存乎一心"。对批评艺术的巧妙运用可以使事情变得事半功倍。在日常生活中，我们要尽量避免批评，多从别人角度考虑问题，这样你才能成为一个受欢迎的人。

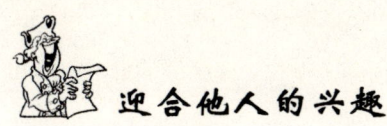

迎合他人的兴趣

当你看见你的同事左右逢源，特别招人喜欢，你是不是特别羡慕啊？你是不是也想受到大家的欢迎呢？要想得到别人的欢迎，首先要赞美他人的爱好，迎合他人的兴趣，佯装和对方的兴趣保持一致，你就能成为一个受欢迎的人，成为一个被人所喜欢的人。

这是卡耐基在青年会试讲前的一段日子。转眼间就到了试教那天。卡耐基那天黄昏时分就来到了青年会的教室里，望着一排一排的座位，他心里涌动着一股说不明道不清的冲动。就在他坐在讲桌后的座位上啃着自带的晚餐——黑面包的一瞬间，他改变了自己准备了很久很久的授课计划和内容。

原先，卡耐基准备给学生们讲授一些有关商业化社会里的社会状况、人群状态的知识，介绍一些社会学、心理学的知识，讲一讲某些人面对人生和社会所作的论断。但是，他一下子改变了。或许正是这一改变，才使得卡耐基有了发挥演讲才能的最佳时机。

人们对这位试讲老师的兴趣非常浓厚，黑压压的人群坐满了大厅里的每一张座位和每一个角落，教室后面还挤满了一些站立着的人们。大家都想来听一听这位经历丰富的年轻老师怎样告诉他们一些特殊知识，以帮助他们超越其他人。

卡耐基在明亮的教室里一声不响地坐着，直到6点半时才站起来，向众人鞠了一躬，扫视了一下全体学生，才开口说话。

他以詹姆斯·怀特坎姆·董利的《徜徉在六月里》这首诗作为开场白：

某人午后，

第四章 如何使人喜欢你

总爱偷偷小憩片刻，

什么也不做。

我宁可待在果园里，

无拘无束！

头顶一片天，脚踏一方土，

有清新的空气供我呼吸，

有如茵的草地供我躺卧，

就好像有客来访时，

母亲在阁楼上布置的，

又软又厚的床！

当卡耐基朗诵完这首诗后，热烈的掌声响了起来！这些都市的平民沉浸在诗的意境中，幻想着乡间生活的优美宁静。卡耐基一下子就吸引住了学生们，人们听课的兴趣被想象的美丽所唤起。

"先生们，女士们，我给你们念这首诗，目的在于向你们讲述一个故事。"卡耐基挥了挥手，让大家静下来，又继续说道，"我要给你们讲一个关于我的故事！"听众不禁一怔，胃口被吊起来了，又满腹狐疑。但是，卡耐基不停地讲完了自己成长的经历，言辞亲切又富有启发性和思辨性，他讲出了自己的困苦和忧虑，谈到了那些不眠的夜晚，涉及各种挫折和打击，还有自己不屈的奋斗。最后，他饱含深情地说道：

"我在农场里看到过这样的事情：我种了几十棵树，最初它们长得非常快，然而一阵风雪，每一根细小的树枝上都挂满了重重的冰。这些树枝却没有因重压弯曲着，相反的，都很骄傲地反抗着、支撑着，终于在沉重的压力下折断了——最后不得不被毁掉。这是悲剧啊！有时，我发现自己就像一棵小树，不同的是我深知在抗拒不可避免的事实和开创新生活之间，我只能在两个中间选择一个！"

"你们呢？你们可以在生活中，在那些无可避免的暴风雨之下弯下身子，或者因为抗拒它们而被摧折。如果每一个人在多难的人生旅途上，也能够承受所有的挫折和颠簸的话，就能够活得更长久，能享受更顺利的旅程。"

"如果我们不吸取教训，而去反抗生命中遇到的挫折的话，我们会碰到什么样的事情呢？答案非常简单，我们就会产生一连串内在的矛盾，我们就会忧虑、紧张、急躁而神经质。如果我们再进一步，抛弃现实世界的不快，退缩到一个我们自己所编织的梦幻世界时，那么我们就会精神错乱。这并不是危言耸听，因为事实将会这样发生，想一想你们的生活经历，难道不曾如此吗？"

教室里冷峻的气氛被卡耐基这番话激活了，学生们充满希望和生机的快活神情让卡耐基感到欣慰。他打开了自己的内心世界，也打开了听众的内心世界，让每一个人都觉得自己的心事被说中了，多年的困惑解开了，从此可以正确地面对自己的生活了。

掌声响起来了，淹没了卡耐基。他的试教相当成功，长达两个半小时的演说结束了，人们都不想离开。有一些人优雅地走过来，和卡耐基握手、拥抱和问候，周围一片赞扬声四起！卡耐基更是满面春风地对待一个又一个前来祝贺的人。

卡耐基做到了，他的试讲赢得了全教室人的掌声。要我们来看看卡耐基先生是如何成功的吧？卡耐基在临上课前改变了原来的教学计划，而以一首甜美的田园诗歌开头，为什么以这首诗歌开头呢？因为他注意到了他的听众都是贫民，这首诗歌描述的生活是他们所向往的。这就引起了大家的兴趣。正所谓万事开头难。卡耐基成功地做好了开头，就等于他成功了一大半。

大家都惊异于罗斯福先生在外交上的成功，那让我们分析一下罗斯福先生成功的要点。其实答案很简单。无论什么时候，罗斯福每接见一位来访者，他就会在这之前的一个晚上阅读有关这一客人所特别感兴趣的东西，以便于工作时找到令人感兴趣的话题。罗斯福同所有的领袖一样，懂得与人沟通的诀窍，谈论他人最以为贵的事情。

卡耐基先生认为，接触对方的内心思想，通达对方心灵深处的妙方，就是和对方谈论他最感兴趣的事情。

但是，我们每个人都有各自不同的兴趣。但是如果你能找到对方的兴趣所在，并以此为突破口，那你的话就不愁说不到他的心坎上。

某房地产公司总裁的公关助理，奉命聘请一位特别著名的园林设计师为本公司的一个大型园林项目做设计顾问。但这位设计师已退休在家多年，且此人性情清高孤傲，很少有人能把他请动，这令总裁助理伤透了脑筋。为了博得老设计师的欢心，公关助理事先做了一番调查，他了解到老设计师平时喜欢作画，便花了几天时间读了几本美术方面的书籍。他来到老设计师家中，刚开始，老设计师对他态度很冷淡，但当公关助理发现老设计师的画案上放着一张刚画完的画时，便边欣赏边赞叹道："老先生的这幅丹青，景象新奇，意境宏深，真是好画啊！"一番话使老先生对他刮目相看，激发了老设计师的谈话兴趣。果然，他的态度转变了，话也多了起来。接着，公关助理对所谈话题着意挖掘，环环相扣。终于，公关助理说服了老设计师，出任其公司的设计顾问。

这是一个典型的迎合他人兴趣的做法。试想，如果不能迎合这个老设计师的兴趣，那么这位总裁助理也会和前面的那些人一样，白白跑一趟。其实，迎合他人兴趣的做法很多人都明白。

这个例子也正好印证了卡耐基说的这样一句话，要仔细研究你交往的对象，找到这个人的兴趣所在，寻找他最关心、最热衷的事业，谈论他最感兴趣的话题；否则，即使你再死磨硬泡，也一无所获！

前耶鲁大学教授、和蔼的费尔普早年也有过这样的经历。在费尔普8岁那年，有一个周末，他去拜望他的姑母林慈莱，并在她家度假。那天晚上，正巧有一个中年人来访，这位中年人与姑母寒暄之后，便将注意力投向了费尔普。当时，费尔普正巧对船很感兴趣，而这位客人谈论的话题似乎特别有趣。他走后，费尔普姑母热烈地称赞这位中年人，说这位中年人是一个多么好的人，对船是多么感兴趣！而费尔普的姑母告诉费尔普说，其实这位中年人是一位纽约的律师，对有关船的知识毫无兴趣。于是，费尔普悟出了一个道理：要想使自己变为一个受欢迎的人，就要谈论让对方感兴趣的话题。

卡耐基认为，和别人谈论他们关注并感兴趣的话题，通过这种方法，你可以使自己成为一个广受欢迎的人。

查尔斯·华特工作在纽约市一家极具声誉的银行里。他被指派调查一家公司业务情况的秘密报告。华特知道有家实业公司的经理，对这情形最清楚，可以提供他所需要的资料，华特就去拜访那位经理。正当查尔斯·华特被引进经理室时，一个年轻女子由门外探头进来，告诉那位经理说，她今天没什么好邮票给他。

经理向那女郎点点头后，接着向华特解释地说："我在替我那12岁的孩子收集邮票。"

华特坐下说明他的来意，就即提出他的问题。可是那位经理却是含糊其辞，不搭边际地应付了一阵，很明显，他不愿意说。华特用尽了办法，也无法使他多说一些，这次谈话简短枯燥，得不到一点要领。

后来华特突然想起他那个女秘书对他说的话，邮票、12岁的小孩，同时又想到自己正好有不少平时少见的外国邮票，现在正可以派到用处。

第二天的下午，华特再去拜访那位经理，同时传话进去，说有很多邮票，特地带来给他的儿子。后来的是事情就不用多讲了。经理紧握住华特的手，脸上满是喜悦的笑容。他看了看邮票，一再地说："我的乔琪一定喜欢这一张。"

他们谈了半个小时的邮票，还看了他儿子的相片。随后，不需要华特再开口了。他用了一个小时以上的时间，提供出各项华特所需要的资料。他说完自己所知道的情形后，又把公司里的职员叫来问，接着还打了几个电话问他的朋友，而且还指出那家公司财产状况的各项报告、函件，使华特得到一个极大的

· 129 ·

收获。

杜佛诺公司是纽约的一家面包公司，杜佛诺先生想方设法将公司的面包卖给纽约一家旅馆。为了达到这个目的，4年以来，他每星期去拜访一次这家旅馆的经理，参加这位经理所举行的交际活动，甚至在这家旅馆中开了房间住在那里，以期得到自己的买卖，但他还是失败了。后来，杜佛诺先生仔细思考了很久，决定改变策略。他首先了解到这家旅馆的经理是美国旅馆招待员协会的会员，而且热心于成为该会的会长，甚至还想成为国际招待员协会的会长。因此不论在什么地方举行大会，他飞过山岭，越过沙漠大海也要到会。所以当杜佛诺先生再次见到他的时候，杜佛诺先生就开始谈论关于招待员协会的事。谁知，这样引起了这家旅馆经理的兴趣，令杜佛诺先生高兴的是，这个旅馆的经理竟然对杜佛诺先生讲了半小时关于招待员协会的事。在这次谈话中，杜佛诺先生根本没有提到任何有关面包的事情。但几天以后，这家旅馆中的一位负责人给杜佛诺先生打来电话，要杜佛诺先生带着货样及价目单去。

4年来，杜佛诺先生费了很大的功夫，却没有感动这家旅馆的经理。而前些天的一段讲话，却成就了杜佛诺先生几年来的梦想。这也充分展示了迎合他人兴趣的魅力。

因此，在交往中，如果我们想要成为受大家欢迎的人，我们在日常生活中就要多多地留意身边的朋友，仔细地揣摩他们的意图，迎合他们的喜好。相反，如果我们只顾自己的爱好，一旦自己的兴趣与他人产生冲突，就会给相互的交往设置一种障碍，影响相互关系的发展。要我们牢记卡耐基先生的这句话吧——"迎合他人的兴趣，做个受大家欢迎的人"。

 ## 让他人感到自己重要

在现实生活中，我们应该怎样让他人感到我们很重要呢？难道只靠我们自己的夸大和吹嘘吗？显然不是。因为这样只会使别人更讨厌我们，还会落个爱吹牛的坏名声。要让他们感到重要，就要让他人感到你存在的意义。

这是卡耐基毕业后的第一次应聘。1908年4月，国际函授学校丹弗分校经销商的办公室里，卡耐基正在应聘销售员工作。

经理约翰·艾兰奇先生看着眼前这位身材瘦弱，脸色苍白的年轻人，忍不住先摇了摇头。从外表看，这个年轻人显示不出特别的销售魅力。他在问了姓名和学历后，又问道：

"干过推销吗？"

"没有！"卡耐基答道。

"那么，现在请回答几个有关销售的问题。"约翰·艾兰奇先生开始提问：

"推销员的目的是什么？"

"让消费者了解产品，从而心甘情愿地购买。"卡耐基不假思索地答道。

艾兰奇先生点点头，接着问：

"你打算对推销对象怎样开始谈话？"

"'今天天气真好'或者'你的生意真不错'。"

艾兰奇先生还是只点点头。

"你有什么办法把打字机推销给农场主？"

卡耐基稍稍思索一番，不紧不慢地回答："抱歉，先生，我没办法把这种产品推销给农场主，因为他们根本就不需要。"

艾兰奇高兴得从椅子上站起来，拍拍卡耐基的肩膀，兴奋地说："年轻人，很好，你通过了，我想你会出类拔萃的！"

艾兰奇心中已认定卡耐基将是一个出色的推销员，因为测试的最后一个问题，只有卡耐基的答案令他满意。

那么卡耐基是怎么赢得了艾兰奇的信任呢？艾兰奇认为卡耐基即诚实又自信，一定能够成为一个出色的推销员，他的公司需要这样的人。

卡耐基认为，人类行为有个极为重要的法则，这一法则就是时时让别人感到重要。如果我们遵从这一法则，大概不会惹来什么麻烦，而且可以得到许多友谊和永恒的快乐。但是，如果我们破坏了这个法则，就难免招致麻烦。

著名哲学家约翰·杜威也说过："人类本质里最深层的驱动力就是希望具有重要性。"哈佛著名心理学家威廉·詹姆士认为："人类本质中最殷切的需求是：渴望得到他人的肯定。"

玫琳凯公司的创始人玫琳凯讲述过她的一段经历。有一次去听一个销售经理的讲演，非常鼓舞，于是她排队等了3个小时要跟那名销售经理握手，但是当那名销售经理跟她握手的时候，他的眼睛却看着队伍的长度，这让玫琳凯感觉自己受到了侮辱。因此她在以后的工作中经常提醒自己要认真地对待每一个人。

其实，在我们每个人的心中，自己都是非常重要的，也都希望得到别人的尊重和认可。同样，我们身边的每一个人也想得到我们的认可。所以要学会认真地对待每一个人，学会像对待自己一样去对待别人。只有这样，别人也才会认真地对待你。

美国前总统林肯，是一位鞋匠的儿子。在他当选总统的那一刻，整个参议院的议员都感到尴尬。因为美国的参议员大部分都出生于名门望族，自认为是上流社会优越的人，他们从未料到要面对的总统是一个卑微的鞋匠的儿子。

但是，林肯却从强大的竞争势力中脱颖而出，赢得了广大人民的信赖，这除了他具有卓越的才能外,与他从平民中来,走平民路线,把自己融于广大百姓之中的平民意识是分不开的。

当林肯站在演讲台上时,有人问他有多少财产。林肯却扳着手指这样回答:"我有一个妻子和一个儿子,都是无价之宝。另外,租了3间办公室,室内有一张桌子、3把椅子,墙角还有一个大书架,架上的书值得每人一读。我本人又高又瘦,脸蛋儿很长,不会发福。我实在没有什么依靠的,唯一可依靠的财产就是——你们!"

"唯一可依靠的财产就是你们。"这正是林肯取得民心的最有效的法宝。

林肯的话让我们觉得我们每个人都很重要。我们每个人需要的就是别人的赞同。林肯给了他的人民最高的评价,他的人民也会真诚地支持他的。

还有一个故事:

鲍勃是一家保险公司的经纪人。他年轻时就凭借其杰出的表现得到了业内人士的认可。有一年,他应邀同其他一些高级经纪人出席全国营销会议,并发表讲话。

在众多的听众之中有一位叫龙尼的人,也是一位具有传奇色彩的经纪人,比鲍勃年长30岁,而且也一直从事保险事业。

可是,就在鲍勃发言的时候,有一件事引起了他的注意,并使他久久不能忘怀。龙尼,这个经验丰富的老经纪人,在他发表讲话时竟一直在认真地做着笔记。他不仅仅是在听鲍勃的讲话,而且是在认真地学习。

这本来是一件小事,但这位高级经纪人的举动竟使鲍勃受到莫大鼓舞,让他感到自己是一个重要的人。这件事给鲍勃增加了自信,令他感到存在的价值。自那天起,龙尼成了鲍勃的良师益友。

再举个例子:

爱姆赛尔的公司,打算在长岛的皇后村,买一栋房子,开设分公司。那房子正好跟铅管技师的房子为邻。所以,这一次爱姆赛尔去见那铅管技师时,就

第四章 如何使人喜欢你

这样说："先生，今天我不是来跟你谈买卖的，我是想请你帮一个小忙。如果你方便的话，那只需要一分钟的时间就够了。"

那铅管匠嘴上叼着一只浑粗的雪茄，一副财大气粗的模样，说："好吧。你有什么话？快说吧！"

爱姆赛尔说："我的公司想在皇后村开一家分公司，你对这里的情形，相信比任何人都清楚，所以我来讨教你一点儿意见，你看这是不是一个很好的计划。"

这是过去从没有发生过的情况！这些年来铅管技师对上百个推销员，都是咆哮怒喝，可是现在，有个大公司的推销员来请教他、征求他的意见，使他获得一种高贵感。

他拉过一把椅子，指了指说："你坐下。"这次，他花了一小时的时间，详细告诉爱姆赛尔，关于皇后村铅业方面的情形。

他不但赞成在这里开设分公司，同时替爱姆赛尔计划出购置地产的程序和购买货物、开业等一切情形，从这方面他获得了高贵感。从公事谈到私事，他变得十分友善，同时还告诉爱姆赛尔关于他家庭中困扰的事和冲突。

那天晚上，爱姆赛尔临走的时候，不但如愿以偿实现了此行的目的，而且还与其建立了巩固的商业友谊的基础。爱姆赛尔现在可以和这个过去曾对他咆哮过的人，一起打高尔夫球，对方过去那种态度已完全改变，这是由于爱姆赛尔请他帮忙，而使他感到自己是重要的。

其实，人类本质里最深层的驱动力就是希望具有重要性。每个人都希望得到别人的关注、赞同和支持。但是，如何才能做到这一点呢？你需要记住一个原则，那就是你要别人怎么待你，就得先怎样待别人。我们只要时时处处这样想，就可以得到自己想要的答案。

激发他人的强烈需求

我们常常会遇到这样的例子。考试要来临了，我们的学习效率就会变得很高；找工作要面试了，我们就会疯狂地温习面试技巧等等，即使以前身边最懒的人也会抓紧行动起来。这是为什么呢？仔细分析一下，是因为只有当事情成为我们努力争取的对象时，才会引起我们的兴趣，激发我们的斗志，使我们为之奋斗。因此，在生活中，我们需要清楚他人的需求，并且要激发他人的需求。

卡耐基说过："世界上能够影响他人的唯一方法，就是谈论他的需要，并告诉他如何去获得、满足他的这种需要。"

在生活中也有很多这样的例子。

有一天，爱默生和儿子想把一头小牛弄进谷仓里。开始时，爱默生用力推，儿子用力拉，可是牛怎么也不动弹，最后还有些生气了的样子，开始对他们产生敌意。这时，有个爱尔兰妇女见了，虽然她不会像爱默生那样写什么散文集，但却比爱默生更懂得"牛性"。她把自己"母性"的手指放进小牛嘴里，一面让它吸吮，一面轻轻地把它推入谷仓里。从这个例子可以看出，刚开始爱默生和他儿子都忽略了牛的需要，只是一味地强迫，反而适得其反。岂不知那只小牛也正好和他们一样，只想到自己所要的，所以两腿拒绝前进，坚持不肯离开牧草地。而爱尔兰妇女能从牛自身的需要考虑，轻松地将牛拉了回去。

这正印证了卡耐基的话："如果说成功有什么秘诀的话，那就是站在对方的立场来看问题，并满足对方的需求。"

第一次世界大战期间,英国前首相劳埃德·乔治正是采用了这种做法,才会使他在人们心目中的地位一直长盛不衰,而不像许多战时领袖——像威尔逊、奥兰多和克里蒙梭——都逐渐在人们心中褪色。当时有位士兵问起时,乔治是这样回答的:"如果一定要归诸一个原因的话,那就是,你要钓到什么样的鱼,就得用什么样的诱饵。"

因此,卡耐基认为:"无论是在商界、家庭、学校中,还是在政治领域,我认为最好的建议,就是首先把握对方最迫切的需求。如果能做到这一点,就可以如鱼得水,否则就办不成任何事情。"

哈利·欧佛瑞在极具启发性的《影响人类行为》一书中写道:"行为乃发自我们的基本欲望,不论在商场、家庭、学校或政治上,对那些自认为'说客'的人,有句话可以算是最好的建议:要首先引起别人的渴望。凡是能这么做的人,他就能左右逢源,永不寂寞。"

亨利·福特对处理人际关系所提出的忠言:成功的人际关系在于你能捕捉对方观点的能力;还有,看一件事需兼顾你和对方的不同角度。

既然了解一个人的需求这么重要,那么我们在日常生活中应该怎样激发他人的需求呢?

1. 要善于观察,做一个细心的人

要想了解一个人的需求,首先要学会做一个有心人。只有善于观察,才能真正了解和清楚他人的喜好,才能做到了解他人内心深处的需求。

2. 要找出合适的方法,激发他人的需求

及时地了解一个人的需求非常必要,一旦我们了解到他的内心需求后,我们要想好办法争取把它激发出来。这里,我们必须要做到及时,因为在不同的时候人的需求或许不同。在以前我们只是追求温饱,但是现在,我们却更加注重生活的品质。另外,需求如果藏在心里,长时间没有发现,那么有可能就会永久埋没。另外,我们要找到合适的方法,要他人内心的这种需求一下子爆发出来，达到一种非常想做迫切想做的程度，这样更加有利于他才能的充分发挥。

总之，我们要善于发现身边的人和事物，善于总结经验。有些需求有些潜力可能他本人也不知道，如果我们能够发现并且及早激发出来，就会更好地帮助到身边的人。

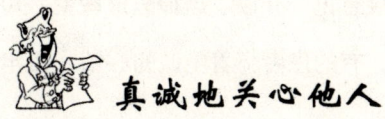
真诚地关心他人

在生活中，我们是否真诚地关心过我们周围的朋友。一位朋友生病了，你是不是抽出时间去看望朋友了呢？你是找了个借口认为自己工作太忙，没有时间，过两天有时间了再去看他而没有了踪影，还是及时地给朋友打电话，问他是否需要你的帮助？前者会使朋友之间的情意越来越淡，后者会拉近大家之间的感情，不仅使朋友体会到你的关心，而且你自己也因为有一个好的人际关系而高兴。事实就是如此，如果我们要想使自己快乐，就去真诚地关心我们身边的每一个人吧。

卡耐基不仅使自己的家庭幸福美满，而且也关心其他人的家庭。他委派他的助理去参观波士顿的一个特殊医疗教室。这位助理发现这个医疗"教室"附设于波士顿医院，每周上课一次，参加的患者必须预先接受定期的健康诊断。实际上，这个医疗教室是实施心理疗法，正式名称是"应用心理学治疗班"。

这里的大多数患者是存在情绪障碍的家庭主妇。

为什么设立这个医疗班呢？

卡耐基的助手了解到，曾受教于奥斯勒爵士门下的约瑟夫·布拉特博士发现，前来波士顿医院就诊的患者中，有许多人在肉体上并无任何异样，然而却出现各种疾病的症状。一般情况下，医生会认为，这是病人的心理或想象所导致的，因而一笑置之。而布拉特博士却深深了解，若例行性的、告慰性地对这些患者说："回家好好休息，忘掉疼痛，就没事了"将是无济于事的。因为，这些妇女并不想生病，而且疾病也不是轻易就可以忘却的，应当采取一些另外的措施。

于是，布拉特博士排除了部分反对和怀疑意见，开设了这种医疗教室。10多年来，成就辉煌，数千名患者在这里痊愈，有的患者怀着虔诚的心情，每年都来这里参加活动，为该班的医疗效果作见证。

卡耐基的助手对一个9年来一直参加课程的妇女进行了访谈。这位妇女表示，她最初来医院就诊时，深信自己患的是心脏病，紧张过度时会两眼昏暗、短暂丧失视力。但是，她如今对健康充满信心，日子过得很愉快。从外表来看，她年纪也就40出头，其实她已做奶奶了。她说以前常被家庭琐事搞得烦透了，心想不如早死算了。但是，自从参加这个医疗班后，她明白了，烦恼于事无补，并学会了解除烦忧的方法，现在过着很平静的生活。

卡耐基非常赞同这个医疗班的顾问洛兹·希弗顿博士的看法。这位博士认为，减轻家庭主妇们烦恼的最佳途径是：在一个值得信赖的人面前，把心中的不快尽情倾吐出来。他说："我们将这种方法称之为洗胃，亦即情绪净化。病人到这里时，我们先让她详详细细地说出她的忧虑，这样才能将它们从心中驱逐出来。倘若独自闷积在心，只能增加神经的紧张。我们必须让别人来分担我们的苦恼和忧虑。我们这个世界上必须有人愿意倾听以及理解自己的苦闷。"

卡耐基的助手当场观察到一个妇女在述说了苦恼之后，心情即转开朗的实例。这位妇女同大多数就诊者一样，她的不快情绪来源于家庭问题。开始叙述时，她显得有些紧张，然后情绪逐渐趋于稳定。当面谈结束时，她脸上竟然浮现出微笑。

那么，她的问题解决了吗？"当然没有，"卡耐基说，"她心境的转变只是因为她将心事倾吐了出来以及得到一些建议和同情而已。这就是说，这种巨大的治疗效果，完全在于把烦恼化为了语言。"

根据助手了解到的这些情况，卡耐基做了认真的分析和研究。然后，他提出了有益于家庭主妇的见解。卡耐基鼓励她用自己的特长，真诚地关心着她身边的人。

卡耐基认为，多为别人着想，不仅能使你不再为自己忧虑，也能帮助你结交很多的朋友，并得到很多的乐趣。

卡耐基说，不管你的处境多么平凡，你每天都会碰到一些人，你对他们怎样呢？你是否只是望一望他们？还是会试着去了解他们的生活？比方说一位邮差，他每年要走几百里的路，把信送到你的家门口，可是你有没有费心去问问他住在哪里？或者看一看他太太和他孩子的照片呢？你有没有问过他的脚会不会酸？他的工作会不会让他觉得很烦呢？或者是杂货店里送货的孩子，卖报的人，在街角上为你擦鞋的那个人。这些人都是人——都有他们的烦恼，他们的梦想和个人的野心，他们也渴望有机会跟其他的人来共享，可是你有没有给他们这种机会呢？你有没有对他们的生活流露出一份兴趣呢？你不一定要做南丁格尔，或是一个社会改革者，才能帮着改善这个世界。你可以从明天早上开始，从你所碰到的那些人做起。

让我们看看耶鲁大学的威廉·李昂·费尔浦教授是怎样做的？

"每次我到旅馆、理发店或者商店的时候，我总会说一些让每一个我所碰到的人高兴的话；也就是把他们当成一个人，而不是一部大机器里面的一个小零件。有时候我会恭维一个在店里招呼我的小姐，说她的眼睛很漂亮——或者说她的头发很美。我会问一位理发师，这样整天站着，会不会觉得累？怎么干上理发这一行的？在这一行干了多久？我发现，你对别人感兴趣的时候，就能使他们非常高兴。我常常和那个帮我搬行李的服务员握手,使他觉得很开心,整天都能打起精神工作。"

真诚地关心他人,会带给你更大的快乐,更多的满足以及你自己心中的满意。亚里士多德称这种态度为"有益于人的自私"。古波斯拜火教的始祖佐罗亚斯特说:"为别人做好事不是一种责任,而是一种快乐,因为这能增加你自己的健康和快乐。"纽约心理治疗中心的负责人亨利·林克说:"现代心理学上最重要的发现就是以科学证明:必须要有自我牺牲或者是约束,才能达到自我了解与快乐。"

总之,每一个人都有自己的烦恼,都有自己的痛苦。假如我们能真诚地关心我们周围的每一个人的话,我们会发现我们能够从中得到很多东西,我们会得到他们的感谢,在我们需要的时候,我们也会得到大家的帮助。从帮助他人中得到的乐趣,是人生最大的乐趣。

微笑待人

当你经过车站前的商店时,如果看到商店的老板娘对你笑了一笑,或许你会随手买一份报纸吧!当你进入郊外的公路餐馆买东西时,即使你已点餐完毕,如果笑容可掬的女服务员亲切地对你说:"你是否还需要些别的?"或许你会因此而再多点一两样餐点。在贩卖场上,亲切的笑容多少都具有提高销售额的魔力,所谓"积沙成塔",以微笑面对顾客与板着一副面孔面对顾客,在销售业绩上其差别是显而易见的。这就是微笑的魅力。

有天下午卡耐基跟莫里斯·雪佛莱在一起。卡耐基感到失望,他怏怏不乐,沉默寡言,跟卡耐基所期望的完全不同,直到他微笑的时候,卡耐基的感受才改变，就好像是太阳冲破了云层。如果不是因为微笑，莫里斯·雪佛莱可能仍然是巴黎的一位家具制造者，跟他的父兄一样。

卡耐基认为行动比言语更具有力量，而微笑所表示的是"我喜欢你。你使我快乐。我很高兴见到你"。

汤姆先生就曾因为某个女性魅力的笑容，迷迷糊糊地从腰包掏出钱来。他非常赞成帮助社会贫苦无助的人，但因其中募金流向不明的欺诈时有所闻，所以对"街头募款"的劝诱通常都不加理睬。一天，在车站遇到一个为了救济外国灾民的募金活动的女性。汤姆先生正打算视若无睹侧身而过时，冷不防她却把个献金箱挪到他面前："谢谢！"虽然他猛摇手"不！"她也不移开。他以不快的强硬语气："我不会捐的！"，她一点儿也没有厌恶的神色。"这样子吗？那，还是谢谢你了！"说着，露出洁白的牙齿亲切地微微一笑。那笑容不仅爽朗而且深具魅力。他追上转身离去的她，掏出百元大钞投入募金箱里。这不就充分地说明了充满魅力的笑容较之能言善道的推销话术更具有说服力吗？

还有一次，汤姆先生诊所的患者中有一位推销保险的女业务员。年纪约三十五六，算得上是个活泼又富行动力的美女。她说由于自知齿形外观不雅，所以无法有足够的自信咧嘴而笑，希望能带给初见面的准客户更好的印象。在齿形治疗的一个月中，他指导她做"微笑训练操"，同时告诉她笑的魅力。3个月后，她以明朗快活的语调打电话到诊所来，想不到营业额竟然增了一倍。对于自己的笑容有了自信，就能带给客户好的印象，而自己也会因此变得更积极更有活力，这绝对不是偶然的侥幸。

此外，汤姆先生还曾被某个推销牙齿百科全书的业务员的笑容所惑，购买了一套近10万元的百科全书。不是他人特别好说话，一打听，其他牙医朋友们也几乎全买了。据说他是贩卖该百科全书的外商公司里的超级业务员。汤姆私下请教，他才带点不好意思地说，他魅力笑脸的秘密在于在准客户的门前，一定先要确认自己有笑容后才敲门拜访。

"笑招好运来"。想要赚更多的钱,亲切的笑容是无上的至宝。

笑能让你变成一个令人欢迎的人。如果一个人每天都是春风满面,笑容可掬,别人对他的感觉和印象肯定会特别深刻。无论你是应聘工作,洽谈业务,还是赶赴约会,出席酒宴,微笑都能使你魅力陡增,收到意想不到的效果。

而"经营之神"松下幸之助说:"如果有人问,在我们卖给顾客的商品中,最重要的是什么,不知各位列举出什么样的商品?当然可以朝很多方面考虑,不过我认为应该是亲切的'笑容'。"美国的百货大王——华纳麦克也强调:"微笑与握手都不需花时间与金钱,但却可以使生意更兴隆。"

不管你是美的、丑的,只要你在工作中笑得时机好,笑得程度佳,那你的笑就会给你带来好的评价,会显露出你的风度与气质,人们会说你是一个有修养、随和而可亲的人。当你得到了周围的人对你这个评价后,你的前程也会跟着灿烂。

"我看过很多到银行来贷款的中小企业的总经理,即使资金周转不灵,但仍充满活力、笑逐颜开,银行放心地把钱借给他们。反之,那些哭丧着脸的人就借不到钱了。"这是在某家大银行的贷款部门有多年职业经验的老行员所说的话。仔细观察那些擅长于拜托别人的女性,她们可能不是美女,但笑容却使她们看起来更讨人喜欢。难以启齿的事,难以进行的事,但又必须拜托别人时,"笑容"可以发挥强大的力量,对于受委托的一方,会因你的笑容,而增加协助你的意愿,放心地与你交换意见。

有人说,笑容是支点,能力是杠杆,有了这两样,能撑起整个地球。在现代社会,竞争愈是激烈,胜负的关键与其说取决于能力,倒不如说取决于能让自己显得更出色,更如虎添翼的魅力——这就是微笑。

有这样一句名言:"人一悲伤就会哭;因为哭就是悲伤。"我们借用这句话，并把它改成："人一高兴就会笑；因为笑就是高兴。"的确，笑容不仅仅表示自己心情的好与坏，那种由衷的快乐也会感染你身边的每个人。让我们尽情地露出你的笑脸吧！

第四章 如何使人喜欢你

第五章

寻找生命的钻石

卡耐基告诉你人性的优点与弱点大全集
ka nai ji gao su ni ren xing de you dian yu ruo dian da quan ji

慎重选择自己的职业

卡耐基认为，选择职业，尤其是第一份职业时，一定要慎重决定。应多方面权衡各种因素，做出理性的决定。

职业或岗位的选择，是否与自身的特点吻合，直接关系到人生事业的成败。那么，如何才能使自身特点与职业或岗位吻合呢？通常应注意以下几点：

其一，性格与职业的匹配。

近年来，国外用人单位在选人时出现一种新观念。他们认为，性格比能力重要。其原因是，如果一个人能力不足，可通过培训提高，总可以开发出来。但一个人的性格与职业不匹配，要改变起来，就困难多了。

所以，在招聘新人时，将性格的测试放在首位，当性格与职业相匹配时，才对其能力进行测试检查。

单位选人重视人的性格，个人选择职业或岗位时更应对性格加以重视。你的事业成功与否，与你的性格与职业的匹配密切相关。简单地说，如果你是一位典型性格内向的人，见人就脸红，说话就紧张，选择营销工作，就难以做成生意，是不会有好业绩的。如果你的情绪易激动，起伏波动较大，控制力较弱，就不能去玩股票。

其二，兴趣与职业的匹配。

在选择职业或岗位时，不仅需要了解自己的性格，还需了解自己的兴趣，有的人对研究自然知识感兴趣，如天文、地理、物理、化学等；有的人兴趣倾向于感性世界，活跃于人际关系领域；有的人则倾向于理性世界，在数学、公式领域内自由翱翔；有的人对智力操作感兴趣，对读书、写作、演算、设计乐而不疲；有的人则对技能感兴趣，对修理、车、钳、刨、洗、摄影、琴、棋、书、画津津乐道。不同的职业也需要不同的兴趣特征，一个擅长技能操作的人，靠他灵活的双手，在技能操作领域得心应手，如果硬把他的兴趣转移到书本理论上来，他就会感到无用武之地。正是这种兴趣上的差异，构成人们选择职业的重要依据。

更为重要的是，如果一个人选择的职业与自己的兴趣吻合，多么枯燥的工作也会觉得丰富多彩、趣味无穷，就会产生一种动力，就如同装有强力电池的电子表一样，自动运转，自动钻研，甚至有时能达到痴迷的程度。痴迷就能深入，深入就能钻透，钻透就有惊人的发现，就会有丰硕的成果，就会有成功的人生。

如果一个人的兴趣与职业不吻合，那么这个人的工作始终就是被动的，领导让干多少，就干多少，一点儿也不会多干。因为他对工作不感兴趣，工作是为了完成任务。一切都是应付的，应付是不会有好业绩的，更不会有成功的人生。

其三，特长与职业的匹配。

在职业选择时，要特别注意特长与职业的匹配。因为不少人往往将兴趣误认为是特长。比如有的人喜欢唱歌，就认为自己的特长是唱歌，其实并非如此。喜欢唱歌，仅是自己的兴趣，而不是特长，你的嗓音、音质才是你的特长，这一点要搞清楚。

否则，你将进入误区，事业难以成功。也就是说，你不辞辛苦地白天唱、晚上唱、拼命地唱，也难以成为歌星。

所以，要想获得事业的成功，还要注意发现你的特长，并将你的特长与职业相匹配。但要注意，一个人的特长，往往具有隐蔽性，不易被发现，这就要求自己在自我分析时，或在日常生活与工作中多加留心。

其四，确定哪些职业能引起自己的兴趣。

职业的兴趣类别表明的是在相应的职业中包含哪些活动或任务。社会上存在着很多种职业，不同的职业包含着不同的活动或任务。哪些职业或者哪些活动会引起你的兴趣呢？你能把哪些任务完成得更好呢？

为了确定哪些种类的职业能引起你的兴趣，可以通过以下方法来进行测试：第一，想象自己去做某种工作，然后确定它是否会引起你的兴趣。例如，想象自己做办公室中的事务性工作，通过考虑自己是否喜欢每天做一些例行事务来确定办公室中的事务性工作是否会引起自己的兴趣；第二，考察自己的兴趣，以设法确定自己感兴趣的事情。例如，在学校期间自己最喜欢的科目是什么？自己在业余时间做什么？有什么特别的爱好或天分？获得过什么样的奖励或证书？等等。这些都可以成为确定引起你的兴趣的职业的依据。第三，如果以往做过其他工作，把它们汇总起来，分析在每一种工作中你特别喜欢及特别不喜欢的事情，把特别喜欢的事情和不喜欢的事情分别列到一起。在各种职业中，哪一种更多地包含你特别喜欢的事情，可能就是能引起你兴趣的职业。相应的，哪种职业更多地包含你特别不喜欢的事情，可能就是不能引起你兴趣的职业；第四，可以在各种职业中先找出自己不喜欢或不能引起自己兴趣的职业，剩下的可能就是能引起自己兴趣的职业，这样做往往更容易一些。

通过运用以上方法来对自我进行测试，能够找出哪些职业会引起自己的兴趣。确定出对哪些职业感兴趣是正确选择职业的一个基础。

最后，看职业的性别种类是否适合自己。

职业的性别种类是指是否相应的职业被视为只适合男性或女性的职业。许多人对适合于男性或女性往往有一个非常确定的想法。在过去，以技术操作或理性分析为基础的工作，以及需要较高技能和带有很大风险的工作，往往被看做适合男子做的工作。而需要提供关爱、帮助和具有主动性的工作往往被看做适合于女性做的工作。当然，这种适合于男性或女性

做的工作种类的想法在不断地发生变化。然而,许多人在选择职业时仍把职业的性别种类作为重要的因素来考虑,即作为男子应该做某些种类的工作,而作为女性则应该做其他一些种类的工作,当然,有些种类的职业被看做男性和女性做都可以。

总而言之,选择职业是一门深奥的学问,切不可轻易做出决定,要结合自身和现实情况,慎重做出选择。

经验与学识助你成功

卡耐基指出,一个人的经验多少,直接影响到他做事的判断力和影响力。学识是一个人积累和发展的原动力,良好的学识基础,能开阔一个人的眼界,提高人的品位和层次,增加胆识。经验与学识对于成功来说,都是必要的因素。

经验,对人们来说,是十分重要的。一个人的进步,一个企业的发展,一个国家的强盛,都离不开从实践中获得的成功经验做指导。

任何人只要做一点有用的事,总会有一点报酬,这种报酬就是经验,这是最有价值的东西,也是人家抢不去的东西。成功者与失败者之间的区别,常在于成功者能由经验中获得益处,并以不同的方式再尝试。

一个人,做一件事能否做得好,能否成功,其中的原因会很多。包括有个人的 IQ,对事情的专注等,当然更重要的就是对事情的熟练程度,其实也就是经验。

如果两个人一起做一件事,一个是做了 10 年这件事而比较愚钝的人,另一个则是在这个领域毫无经验的极为聪明的人,毫无疑问,前者肯定胜过后者。

其实每个人是否聪明，并不在于那个人第一次做一件事是否做得好，而是看他经过第一次之后得到了什么经验，改变的是什么。

人一定会跌倒，但必须总结为什么会跌倒，才能避免下次犯同样的错误。经验是每个人做完一件事之后都会得到的东西，关键是如何去利用得到的经验获得更好的结果。

从前，在一个城市里有两个市民发生了争端：一个是贫穷的人，很有学问；一个是富有的人，很无知。那个富有的人想胜过他的对手，认为凡是明智的人都应该尊敬他。"我的朋友，"富有的市民时常对那位有学问的市民说，"你自以为了不起，可你告诉我，你是不是按时宴请宾客？你孜孜不倦地研读，对你的同辈有什么用处？你们永远住在三层楼的屋顶下，6月天穿的衣服同12月穿的一样，走在路上只有自己的影子相随，国家根本不需要没有钱的人。我认为只有生活豪华，施用许多恩惠的那种人，才是国家需要的人。上帝知道我们是多么阔气呵！我们的享乐养活了技工、商人、做裙子的人，还有穿裙子的人，还有你们。"

这些狂妄无礼的话得到了应有的报应。那位学者没说话，他要说的话太多了。战争替他报了仇，远比一篇讽刺文章来得痛快。战神把这两位市民居住的地方毁灭了，他们都离开了城市。愚昧无知的市民流离失所，到处受到鄙视，另一位则因学识过人儿到处受到新的款待。

所以，学识自有它的价值。拥有了经验和学识两样东西，就等于为你的成功之路增添了砝码。

经商要懂生意经

卡耐基对于经商策略的研究，是非常深刻的，这一领域的研究成果也成为构成他"成功学"理论的基本框架之一。譬如，卡耐基对于避免在商场树敌，有过这样的高论："怎样才能使在商场避免树立仇敌，以免在以后的交往中遭到报复，这是我们所遇到的一个问题。首先要谦虚和自信。虚怀若谷，方能容纳百川。"

对工作的自信固然重要，但必须建立在谦虚的态度上。

在执行自己的任务时，一定要有信心，但唯有建立在谦虚上的信心，才能变成卓越的信念，把你导向成功。做事失败者，大多是不够谦虚，而在不知不觉中陷入固执己见、不谦让的境地。

这种情形，愈是居于高位的人，愈是要小心。一般从业人员有前辈或上司的领导指正，较有机会改正，但身为主管，恐怕很难有人会纠正你，这时你只有自我指导，经常自问是否保持谦虚的胸怀。这么一来，你就会了解，并非自己的地位比别人高，就比别人有更多的能力。当你觉得自己的下属差，你就是没有那一份谦虚的胸襟。另外也有比自己能力差的下属，但只要你用谦虚的眼光去看他，你就会慢慢发掘到他的长处。这样，一旦下属有什么适当的提案，你也能立即接受，迅速做决定，所以做起事来，也能顺畅。

卡耐基认为，经营公司也是一样，看了人家的公司，能觉得"经营得不错"的人，就会吸取对方的经营方法，用来发展自己的公司；也会诚恳地去请教："贵公司的经营很成功，有什么秘诀？能告诉我吗？"对这种虚心求教的人，除非特别机密，对方都会坦诚回答你的。

卡耐基常说，无论做什么事情，"虚心"很重要。当然不能迷失自己，让人牵着鼻子走。要一方面坚持"自主性"，一方面虚心接受人家的意见，才能走向成功的路。

卡耐基刚开始做生意时，几乎什么都不懂。开发了一件新产品，往往不知道该定价多少。那时他的办法是跑到零售商那里去请教，因为他认为如何定恰当的价钱，去问常与消费者接触的零售商最清楚。

到零售商那里，你可以拿出样品，问他们："像这样的东西可以卖多少钱？"他们都会坦诚地告诉你行情是多少，照他们的话去做就没错。不必付学费，也不要伤脑筋，没有比这个更划算的了。

当然，不是什么事情都这么简单。能虚心接受人家的意见，能虚心去请教他人，才能集思广益；比一个人独自暗中摸索要好得多。

能虚心接受他人的意见，虚心向他人学习，这样离"成功"就不远了。但愿我们都能培养这种"虚心"。

下面八条，是你一定要懂的生意经：

第一，与人打交道要有警惕，不要过分的相信人。在生意场上的朋友仅仅是买卖关系的朋友，一旦买卖关系结束，这种朋友的感情也会淡薄。商人下台了（失败），是不会有多少人追随的。胜者为王败者寇，商场如战场。

第二，在没有了解对方之前，不要赊账出去，以免收不到货款"钱货两亏"。

第三，要懂得市场行情，该出手时就出手。

第四，货源要充足，要备好货，客户来了不会因为没有货而扫兴。如果客户来几次没有买上货，以后他可能就不会来了。

第五，要诚实守信，不要卖假货差货，任何顾客都是厌恶短斤少两的。要对顾客说清楚货的规格质量。要热情大方，让利益给客户，不要斤斤计较。

第六，谈生意时，不要让客户感觉到你想把东西卖给他，这时他就会砍你的价。

第七，求买不求卖。要进好货，便宜货，在进货上下苦功夫，找产地找资源。

第八，选择铺面最好选在人气旺的地方。铺面要整洁干净，畅销商品要摆放在显眼的地方。要熟悉店内库存的商品，防止商品变质损坏。

 钻石就在你家后院

卡耐基指出，每一份工作都是一座宝贵的钻石矿。年轻人在展望未来的时候不要浮躁，务必要认识到自己正在拥有的一切。

从前有位名叫阿里·哈法德的波斯人，住在距离印度河不远的地方，他拥有大片的兰花花园、稻谷良田和繁盛的园林。他是一位知足而富有的人。有一天，一位年老的佛教僧侣前来拜访这位老农夫，他坐在阿里·哈法德的火炉边，向这位老农夫讲述钻石是如何形成的。最后，这位僧侣说："如果一个人拥有满满一手的钻石，他就可以买下整个国家的土地。要是他拥有一座钻石矿场，他就可以利用这笔巨额财富，把孩子送至王位。"那天晚上上床时，阿里·哈法德变成了一个穷人——不是因为他失去了一切，而是因为他开始变得不满足。他想："我要拥有一座钻石矿。"他整夜难以入眠，第二天一大早就跑去询问那位僧侣在什么地方可以找到钻石。

"只要你能在高山之间找到一条河流，而这条河流是流淌在白沙之上的，

那么，你就可以在白沙中找到钻石。"僧侣说。

于是他卖掉了农场，将利息收回，把家交给了一位邻居照看，然后就出发去寻找钻石了。

在人们看来，他最初寻找的方向是十分正确的，他先是前往月亮山区寻找，然后来到巴勒斯坦地区，接着又流浪到了欧洲，最后他身上带的钱全部花光了，衣服又脏又破。

在旅途中的最后一站，这位历经沧桑、痛苦万分的可怜人站在西班牙巴塞罗那海湾的岸边，怀揣着那位僧侣所激起的得到庞大财富的诱惑，将自己投入了迎面而来的巨浪中，从此永沉海底。

几十年后的一天，当阿里·哈法德的继承人（继承并居住在阿里·哈法德的庄园）牵着他的骆驼到花园里饮水时，他突然发现，在那浅浅的溪底白沙中闪烁着一道奇异的光芒，他伸手下去，摸起了一块黑石头，石头上有一处闪亮的地方，发出彩虹般的美丽色彩。他把这块怪异的石头拿进屋里，放在壁炉的架子上，继续去忙他的工作，把这件事给完全忘掉了。

几天后，那位曾经告诉阿里·哈法德钻石是如何形成的僧侣，前来拜访阿里·哈法德的继承人。当看到架子上的石头所发出的光芒时，他立即奔上前去，惊奇地叫道："这是一颗钻石！这是一颗钻石！阿里·哈法德已经回来了吗？""没有，还没有，阿里·哈法德还没回来。那块石头是在我家的后花园里发现的。""我只要看一眼，就知道它是不是钻石，"这位僧侣说，"这确实是一颗钻石！"

然后，他们一起奔向花园，用手捧起河底的白沙，发现了许多比第一颗更漂亮更有价值的钻石。

据说这就是印度戈尔康达钻石矿被发现的经过。

你是不是也经常希望别人的草地就是自己的，却很少去整治自家的草地？你仔细看过自己脚下的土地了吗？你注意自己手头的工作了吗？认真分析过手头工作可能给自己带来的机遇和巨大财富了吗?还是每天都在羡慕朋友的工作,甚至感叹成功者的机遇之可遇不可求吗?

"如果一个年轻人在他的工作和生活中不能发现任何机会,而他认为自己可以在其他地方做得更好,那么他会感到非常的灰心失望。"这是著名成功学家奥格森·马登给年轻人的忠告。

大部分年轻人不能清晰地意识到,自己手头的平凡工作就是一座宝贵的钻石矿,只要好好挖掘——全力以赴,尽职尽责地做好目前所做的工作,就能找到属于自己的"钻石"——包括职位的上升和财富的增加。

 **保持充沛的精力**

充沛的精力,是从事任何事情的基础,精力充沛,才有可能在你所从事的事情上自如地发挥。

在思想上,我们应该做到:

1. 自我激励

用生活中的哲理、榜样或明智的思想、观念来激励自己。

(1)相信未来是美好的。

(2)遇事不惊,一旦有意外事件出现,不要被接踵而至的惊慌、焦急等情绪控制,要鼓励自己遇事不惊,开动脑筋,想各种有利对策。

(3)要知足常乐,经常想到自己是幸福而充足的,保持心情舒畅,从而增加获得成功的可能性。

2. 自我暗示

语言暗示对人的情绪及行为有奇妙的影响和调整作用。在遇到挫折时,需要自我暗示。首先，自己不要紧张，相信自己定能闯过难关，自己不慌乱，语言暗示可以通过自言自语，也可将提示语写在本上，贴在墙壁、床头等可以经常看到的地方，以便鞭策自己。

保持精力充沛，还要以身体强壮为基础。因此，加强体育锻炼，也是调整情绪的较佳选择。

多做深呼吸运动。深呼吸不仅可以摄取更多的氧气，同时能刺激副交感神经系统，有助于放松。深呼吸时可以躺下或端坐，一只手放于体侧，另一只手放于腹部，用鼻子吸气，同时排除杂念，想象胸部充分扩展、肺内正充满氧气，然后感觉二氧化碳从体内排出，同时颈肩放松。每次不少于3~5分钟。

健身锻炼。定期锻炼的最大受益者是你的心脏。所以有"完美的体形意味着完美的心脏"之说。另外，积极的锻炼能够提高肌体产生的效率。当快节奏、高强度的工作需要你付出更大能量时，健康的身体能够游刃有余地释放潜能。每隔一段时间到林木茂盛的风景区，可以令人体吐故纳新。在绿色植物密集的公园、森林，空气里的负离子浓度较高，负离子有大气中的"长寿素"的美称，在负离子充沛的地方，人们感到心旷神怡、精神振奋，空气中的负离子不仅能调节神经系统，而且可以促进胃肠消化、加深肺部的呼吸。

此外，在生活中，要保持充沛的精力，我们还应做到：

及时补充能量。即在正常的一日三餐之外每隔2~3小时即少量进餐，目的是使血糖维持在能保证满足身体能量需求的水平。从生理上讲，血糖代谢是人体能量的主要来源，健康成年人每天需1500卡路里的能量，工作量大者则需要2000卡路里的热量。因此不断补充血糖是保持精力充沛的前提，过度节食者难免精疲力竭。所以选择食物时应富含碳水化合物，同时要有适量的纤维素（避免血糖波动）和少量的脂肪（减缓饥饿感）。国外盛行迷你食品适应了这种需要，如一杯脱脂奶和麦片，几片面包或几块甜点心。避免使用肉类，脂肪太多也会使人昏昏欲睡。

补充维生素和矿物质。维生素和矿物质不具有立竿见影的提神醒脑功效，却是肌体正常新陈代谢不可缺的营养物质，其中 B 族维生素、镁、铁尤其重要。

了解自己的生物钟规律。每个人的精力充沛程度在一天中不断变化，有高峰，也有低谷。大多数人在午后达到精力的高峰，但也不乏个人差异。可连续记录自己一天的心理状态、感觉程度、反应速度和所进行的活动，找出自己的精力变化曲线，然后合理安排每日的活动。

如何赢得他人的赞同

卡耐基告诉你人性的优点与弱点大全集

ka nai ji gao su ni ren xing de you dian yu ruo dian da quan ji

从对方的立场看问题

如果你曾三番五次地跟对方争论,他都没有理会你,但你却不以为然,依然我行我素,这只会令你更加烦恼。若想与对方据理力争,不如试着从对方的立场看问题。

卡耐基对艺术非常向往,他希望自己能成为一位出色的演员。在从事两次推销工作的中间一段时间,他决定尝试着去当一名演员。

卡耐基从别人那里得知,要想学习艺术,就得去纽约。于是,他第一次到了这座大都市。

抵达纽约的第二天早上,卡耐基找到了位于西弗尔提斯的美国戏剧艺术学院。

新生的入学评审员富兰克林·沙尔特是一位高大魁梧的中年人,一副宽边眼镜的后面是闪烁着智慧的眼睛。他是当时美国戏剧艺术学院的院长。通过短暂的接触,卡耐基已明白沙尔特是属于那种用行动来证明语言的人。

他给卡耐基出的考试题目是现场模仿一张椅子的形状。

卡耐基不多说话,径直走到表演台上,恰当的弯曲双膝,举直手臂,模仿出一张椅子的样子。

沙尔特满意地点头。

卡耐基没有意料到如此轻松地就通过评审,取得了美国戏剧艺术学院的入学资格。后来,他曾以开玩笑的口吻说及这次评审:

"或许是母亲虔诚的祷告感动了上帝,当我在沙尔特先生面前颤抖时,万能的主便让我跨进了学院的大门。"

美国戏剧艺术学院创立于 1886 年，是当时世界上最好的演艺学校。它造就了一大批享誉世界的戏剧艺术人才，堪称美国当时戏剧艺术家的摇篮。

卡耐基之所以能被戏剧艺术学院录取，是因为他懂得从对方的立场看问题。

卡耐基认为，站在对方的立场看问题，不要表现得比别人聪明，这是成功者立身处事的黄金法则。

汤姆和乔治原来是很好的同事和朋友，可最近却关系十分紧张。不明真相的人以为他们之间肯定是发生了什么天大的事情，否则形影不离的两个人绝不至于搞成这个样子。可事实上远没有想象的那么严重，他们只是为了一粒纽扣，一粒最多价值几分钱的纽扣。事情的起因是这样的：乔治最近买了一套非常满意的高档西服，刚穿不到一周就丢了一粒关键部位的纽扣，惋惜之余偶然发现整日挂在洗手间里的那件不知是哪位清洁工的工作服上的扣子，与自己丢失的纽扣简直如出一辙，遂乘人不备悄悄地扯下了一粒，打算缝到自己的衣服上，并得意地将此"妙计"告诉了汤姆。不料没过几天，多数同事都知道了乔治的这个笑料——汤姆竟然在大庭广众之下拿这件事跟乔治开玩笑，弄得当时在场的人都笑做一团，而乔治也终因太没面子而恼羞成怒，反唇相讥，大揭汤姆的许多很令其丢面子的"底牌"，于是后果也就不难想象了。

本来这是一件小事，但是却让两个好朋友反目成仇。如果汤姆从乔治的方向看问题，就不会把这个笑话告诉大家，而是应该告诉他这样做不对。而乔治因为自己被讥笑，然后转而让汤姆出丑，使汤姆觉得乔治这人就爱记老账。如果两人都从对方的角度来看问题，汤姆想一下，告诉大家后，乔治会怎么样，就不会出现这个闹剧了。

卡耐基认为，失败者的一个重要原因是：他们从来都不懂得站在对方的立场看问题。在各种交往中，要么伸出理解的援手，要么防范对方的恶招，这是你唯一的选择。

戴尼和露丝是一对夫妇。有一天，男人失业了，他没有告诉女人。他仍然按时出门和回家，并不忘编造一些故事欺骗女人。他说新来的主任挺和蔼的……

每天，男人夹了公文包，挤上公交车，三站后下来，坐在公园的长椅上，愁容满面地看广场上成群的鸽子。到了傍晚，男人换一副笑脸回家。他敲敲门，大声喊："我回来啦！"男人就这样坚持了5天。

5天后，他在一家很小的水泥厂找到一份短工。那里环境恶劣，飘扬的粉尘让他的喉咙总是干的。劳动强度很大，干活的时候他累得满身是汗。组长说："你别干了，你这身子骨不行。"男人说："我可以。"他紧咬了牙关，两腿轻轻地颤抖。男人全身沾满厚厚的粉尘。

下班后，男人在工厂匆匆洗个澡，换上笔挺的西装，扮一身轻松回家。他敲敲门，大声喊："我回来啦！"女人就奔过去开门。满屋饭菜的香味，让男人心安。饭桌上女人问他："工作顺心吗？"他说："顺心。"

饭后，女人说："水开了，要洗澡吗？"男人说："洗过了，和同事洗完桑拿回来的。"女人轻哼着歌，开始收拾碗碟。男人想：好险呢，差一点儿被识破。疲惫的男人匆匆洗脸刷牙，然后倒头就睡。

就这样，男人在那个水泥厂干了20多天。快到月底了。他不知道那可怜的一点工资能不能骗过女人。那天晚饭后，女人突然说："你别在那个公司上班了吧，我知道有个公司在招聘，帮你打听了，所有要求你都符合，明天去试试？"男人一阵狂喜，却说："为什么要换呢？"女人说，"换个环境不很好吗？再说这家待遇很不错呢。"于是第二天，男人去应聘，结果被顺利录取。

那天，男人很高兴，也喝了很多酒。他知道，这一切其实都瞒不过女人的。或许从去水泥厂上班那天，或许从他丢掉工作那天，女人就知道了真相。但是女人却没有说，而是默默地鼓励他，帮他找工作。如果女人没有从男人的角度来看问题，而是逼问他为什么把工作搞丢了，工作丢了为什么没有告诉她？这样，不仅会使男人感到疲倦和压力，而且也会使整个家庭蒙上阴影。正是女人的宽容——女人懂得从男人的角度看问题，才使男人有了现在的成功。

人人都有自尊心和虚荣感，我们要学会尝试了解对方的难言之隐，站在对方的立场看问题，才能知己知彼，百战不殆。

 **戏剧化地表达你的想法**

每个人都希望自己能够有个快乐的人生。你要想使自己的生活变得和谐幽默，你在日常生活中就要学会戏剧性地表达自己的看法。这样开玩笑时就不易伤害别人的心，使他人和自己的生活时时刻刻地充满了风趣。

这是发生在喜剧学院的一幕。"忧郁小室"是卡耐基和他的同学们表演的场地。

一天，卡耐基邀请了一名叫黛丝的女生来到忧郁小室，他搬来一把折式椅子，让黛丝坐在上面。然后，卡耐基身着一身剪裁合适的深色西服走到她的跟前。

卡耐基计划与黛丝表演一场关于爱情的激情戏。

卡耐基的双手在空中紧握，叫道："黛丝，黛丝，我只是爱你，黛丝，我要紧紧抱着你而死去。"

忧郁小室的其他几位同学一时都傻了眼，他们并不知道卡耐基为什么要这样做，还以为卡耐基患了精神病，接着便大笑起来。黛丝也显得很窘迫，但卡耐基早已告诉了她自己的计划，所以，尽管如坐针毡，她还是没有站起来离开。

卡耐基听到同学的笑，知道自己的表演还不够逼真，没有令他们进入那种理想的氛围之中。

于是,他站起来回到原地,再快步跑到黛丝跟前,猛然一声跪下:

"黛丝,噢,黛丝,我就是……爱你。黛丝,我可以紧紧……紧紧地抱着你……直到我死去"。

忧郁小室顿时鸦雀无声。

卡耐基还在认真地表演着。他双手紧握着高举着,头埋得很低,而黛丝的头则缓缓地低下来,把深情的目光投在卡耐基身上……

卡耐基凭直觉知道自己的表演实验成功了。当他起身后,忧郁小室里立即爆发出热烈的掌声。

戏剧化地表达自己的观点,有时会让双方更容易接受。卡耐基正是用了这种方法,才使黛丝和自己快速地投入到了角色之中。

卡耐基认为,这是一个富有戏剧色彩的时代,仅仅叙述事实还远远不够,必须使用更容易吸引人的方法,电影如此,广播也是如此。所以,如果你想引起别人的注意,也必须这样做。

大家都知道日本有不少人是世界上著名的谈判专家,被称为谈判高手。他们谈判成功的诀窍之一就是表达问题具有戏剧性。有一次,日本一家航空公司就引进法国飞机的问题与法国的飞机制造厂商进行谈判。为了让日方了解产品的性能,法国方面作了大量的准备工作,各种资料一应俱全。谈判一开始,急于求成的法方代表口若悬河,滔滔不绝地进行讲解,翻译忙得满头大汗。日本人埋头做笔记,仔细聆听,一言不发。法方最后问道:"你们觉得怎样?"日本代表有礼貌地回答说:"我们不明白。""不明白?这是什么意思?"法方代表焦急地问道。日方代表仍然以微笑作答:"不明白,一切都不明白。"法方代表看到一切都要前功尽弃,付之东流,沮丧地说:"那么你们希望我们怎么办?"日方提出:"你们可以把全部资料再为我们重新解释一遍吗?"法方不得已,又重复一遍。这样反复几次的结果,日本人把价格压到了最低点。

日方抓住法方代表急于达成协议的弱点，以"不明白"为借口，不急于表达自己的意见，像演戏一样，仿佛已经知道结果就是他们胜利一样，喜剧性地表达自己的看法。这正像卡耐基先生说的那样，仅仅平铺直叙地讲述事实还不足以打动别人，必须使事实更加生动，更加有趣，并富有戏剧性地表现出来，才能够有效地吸引人们的注意力，才能最终达到自己的目标。

其实，这种戏剧化的手法也适用于家庭生活中。露西夫妇就是经常利用这种方法来说服对方。遇到问题时，他们会把自己装扮成两个小丑，然后开始想象他们若采取了这个措施会有什么后果。在轻松的气氛中，可以让大家思想放松，敞开心扉，有利于问题的解决。

因此，当你的工作和生活中遇到难题的时候，你千万不要钻牛角尖，好像只有一条路才能解决问题，你不妨放松一下，换个方式考虑问题，把相同的问题用戏剧性的方式表达出来，以一种轻松愉快的方式表达出来，让对方乐于接受。

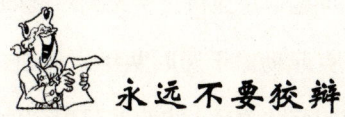

永远不要狡辩

我们周围有很多这样的人。每当别人指出他的错误时，他都会反击一句"我以为……"，而不会说"对不起，我再试一试！"人们往往会为自己做错的事情找到各种理由。其实错了就是错了，我们就要从内心深处主动地想办法解决问题。

卡耐基课程的教学引起了人们的注意。同时也有许多人站出来否定他、攻击他。当然卡耐基自己也清楚地知道自己教学中的弱点，一个人所从事的工作不可能总是完美无缺的。

对卡耐基的刁难首先来自于一些评论家评论卡耐基的教学方法。而正是这个时候，卡耐基总结了一些其他演讲秘诀，如：勿事先写演讲词，切莫逐字背诵，讨论中应穿插解说及范例、著作，与朋友对话时训练你的演说，不必担心你的演说，不要试着模仿他人，要忠于自己等。

不少学员遵循卡耐基的方法，取得了一些成功，但正因如此引起了评论家的争议。

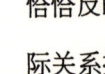

评论家莫卡因认为卡耐基的课程造就了一些社会投机分子，他的毕业生能巧妙地处理事物而爬上那些不曾学习过卡耐基基本方法的伙伴头上，造成社会的不平衡。

卡耐基则反驳说，他的课程是解决一些人处理问题上的方法，而且每个人都有富有的权利，不应该贫穷。社会本来是不平衡的，无须他来制造不平衡。他还邀请许多评论家听听他的教学课程的一节或两节。该课程的目的是让参与者解除戒心。在几节课后，有些人可能认为这像一场精神振奋的集会游行，但若对这种课程做出评价，那就是观察者感受到教室内充满诚挚的气氛。

又有些评论家则批评卡耐基对于有关真诚的问题似乎显得过于天真。例如在《影响力本质》这本书中，他描述约翰·洛克菲勒对于历时两年的流血、痛苦的罢工事件，仍是以善待罢工者的方式取得很好的收场。卡耐基只提到他的友善使罢工者回到工作岗位，而只字未提罢工所提出的加薪问题。

这位评论家说卡耐基把问题的事实作简单化的评价。他提出洛克菲勒的确对工人发表直接且具有信心的演说，但是，他也提出了实际解决之道，游说罢工者支持他，那便是很有威力的一项对新工资、工作生活及训练雇员的特别契约。

对于这种批评，卡耐基承认他对洛克菲勒罢工事件的确赞赏，但这种赞赏恰恰反映出卡耐基的信念——他说他相信洛克菲勒取得优势的原因在于善用人际关系技巧。

卡耐基认为和平地处理罢工问题就是成功。工人们是否获得提高工资可以不问，因为结果不如方法来得重要。如果工人在相同的友善方式下加了两倍的工资而停止罢工，他认为洛克菲勒仍然是赢家。

为了进一步说明自己的观点，卡耐基又举出了许多实例来驳斥这位评论家的观点。

从上面的例子可以看出，卡耐基虽然受到很多抨击，但是他从不狡辩，如果是对方观点有错误，卡耐基会用实例来说服对方，如果真是自己的观点错误，卡耐基也会欣然地接受，自己主动找原因改正错误。

卡耐基认为，如果你争强好胜，喜欢与人争辩，以反驳他人为乐趣，或许能赢得一时的胜利，但这种胜利毫无意义和价值，因为你永远得不到对方的好感。

下面是发生在茶馆里的一件事情。一对夫妻在谈论关于近期自家买什么样的轿车。男的说买本田2.4好，因为适合自家的经济条件，并认为自己应当开本田才有气派。而女的说："买帕萨特1.8好，因为油省、修理费省，并且实用。"就为这个话题，男人谈本田的好处和气派，女人谈帕萨特的实用……反正声调是越来越高，最后女人说了一句："从嫁给你到现在，从来都是你说了算，你从来没听过我一句，你非要买本田和我来说什么？你自己定好了，你就去买，反正又不是我出的钱，我也没想过要坐！"男人一听火气上来了："早知道不和你说了，就知道你会反对，反正跟你说了也白说，不如不说。"为此，夫妻俩真的不说话了！过了一会儿，女人说自己有事，先走了。留下那男的一个人在茶楼……

从上面的例子可以看出，狡辩并不能真正地解决问题，还会使双方变得不愉快。要想真正解决问题，就要避免狡辩。

胡顿在纽纽城的一家百货公司买了一套衣服。这套衣服穿起来实在使人太失望了，上衣会褪色，且把衬衫领子弄黑了。

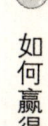

他把这套衣服，拿回那家百货公司，找到那个当时跟他交易的店员，告诉他事情的原委。那店员反驳说："这种衣服，我们卖出去已经有几千套了，这是第一次有人来挑剔。"

正在争论激烈之时，另外一个店员插嘴说："所有黑色的衣服，起初都会褪一点儿颜色的，那是无法避免的。那种价钱的衣服，都有这种情形，那是料子的关系。"

当时，胡顿先生满肚子的火都冒了起来：第一个店员，怀疑他的诚实；第二个店员，暗示他买的是次等货。胡顿先生恼怒起来，正要责骂他们时，那家百货公司的负责人走了过来。

这位负责人使胡顿先生的态度完全改变过来。他把一个恼怒的人，变成了一个满意的顾客。这位负责人从头到尾听胡顿先生讲了经过，没有插进一句话。当胡顿先生讲完那些话后，那负责人，站在胡顿先生的观点考虑问题。认为衬衫领子，很明显的是这套衣服染污的。他坚持表示，这种不能使客人满意的东西，是不应该卖出去的，并承认这套衣服的确存在质量问题。他对胡顿先生说，可以依照胡顿先生的要求去办。

几分钟前，胡顿先生还想把这套讨厌的衣服退掉，可是现在却征求这位负责人的建议。

胡顿先生同意把这套衣服带回去再穿一星期，看看情形如何。

胡顿先生满意地离开那家百货公司，那套衣服经过一星期后，没有任何毛病发现，对那家百货公司的信心，也就恢复过来了。

卡耐基认为，在你与人争辩的时候，或许你是对的，甚至绝对正确；但你若想改变对方的想法，你可能会一无所得，正如你错了一样。

某家公司的财务总监因为一项30万元账目发生了问题，与税务局的一名税收稽查员争论了一个多小时。财务总监认为：这30万元其实是应收账款的一笔呆账，时间已有3年多了，是永远也不可能收上来了，按我国税收免征标准3年以上的呆账可以免征税收,所以不应征税,并拿出一部分国家关于呆账的免征税收政策和税务局的记录。而那个稽查员不同意财务总监的看法,认为这种说法没有依据,这税款必须缴纳。作为一名稽查员,可以通过争论中对方的疑点来分析该公司是否存在着"偷税漏税"的概念。作为财务总监,从公司的目前利益来考虑,有据可争也不是没有道理。就这样,一个人征税,另一个要免征税。最后吵得公司老总也出来了,老总一方面和稽查员的上司沟通情况,一方面和稽查员说到税务局核查档案,再来决定是收还是不收,另一方面又示意财务总监少说几句。

从上面的例子同样可以看出,无谓地争辩丝毫没有解决问题。最后要不是老总出来协调,这个问题可能会发展得越来越严重。

卡耐基认为,你赢不了争论:要是你输了,你当然也就输了;如果你赢了,可你还是输了,真正的推销精神不是争论,人的内心不会因为争论而有所改变。

在生活中,每个人有每个人的做事风格,每个人有每个人的处事习惯,所以我们不能用自己的标准来要求别人。当大家的观点不一致时,我们要多从对方的角度思考问题,这样就可以避免无意义的争辩。狡辩的胜利不是真正的胜利,真正的胜利是让对方心服口服。所以,让我们平时在日常生活中,尽量放下自己的理论,多听听别人的意见,这也正是退一步海阔天空的道理。

千万不要指责他人的错误

当我们发现别人错误的时候,我们会毫不犹豫地指出来。可是,如果有人告诉我们所犯的错误,我们却会感到懊恼和怀恨,我们会固执地反对。并非是我们对那份意念有强烈的偏爱，而是我们自尊受到了损伤。将心比心，当我们能毫不顾忌地去指责别人时，别人也会难受。因此，我们千万不要过分地指责别人的错误。

卡耐基简述了他与其侄女之间的相处经历。几年以前，他的侄女约瑟芬·卡耐基，离开堪萨斯市的老家，到纽约担任卡耐基的秘书。她那时19岁，高中毕业已经3年，但做事经验几乎等于零。而现在，她已是西半球最完美的秘书之一。

不过，在刚刚开始工作的时候，她的身上还存在许多不足。有一天，卡耐基正想开始批评她，但马上又对自己说："等一等，卡耐基。你的年纪比约瑟芬大了一倍，你的生活经验几乎是她的一万倍。你怎么可能希望她有与你一样的观点，你的判断力，你的冲劲——虽然这些都是很平凡的。还有，你19岁时又在干什么呢？还记得你那些愚蠢的错误和举动吗？"

经过诚实而公正地把这些事情仔细想过一遍之后，卡耐基获得结论，约瑟芬19岁时的行为比他当年好多了，而且他很惭愧地承认，他并没有经常称赞约瑟芬。

从那次以后，当卡耐基想指出约瑟芬的错误时，总是说："约瑟芬，你犯了一个错误，但上帝知道，我所犯的许多错误比你更糟糕。你当然不能天生就万事精通，成功只有从经验中才能获得，而且你比我年轻时强多了。我自己曾做过那么多的愚蠢傻事，所以我根本不想批评你或任何人。但难道你不认为，如果你这样做的话，不是比较聪明一点吗？"

如果卡耐基一开始就指责约瑟芬的错误，反而会使她产生抵触情绪，以后相处会变得困难。

卡耐基认为，即使在最温和的情况下也不容易改变别人的主意，那为什么要使它变得更加困难呢？承认自己或许弄错了，就可以避免争论；而且可以使对方和你一样宽宏大度，承认他也可能会出错。

杰克是一位刚毕业的大学生，应聘到了一家贸易公司。他能力很强，也很上进，工作十分努力，但一直干了几年，他还是没有提升的机会，当时与他一起进公司的人有的都做了主管，可他还是一个最底线的员工。周围的同事们都知晓其中的原因，只是他老是想不清楚。有一次，他的主管正和公司老板一起检查工作，当走到他的办公室时，他突然站起来，对自己的主管说："经理，我想提个意见，我发现咱们部门的管理比较混乱，有时连一些客户的订单都找不到。"也许他说的是事实，但此事的后果就可想而知了。

也许你会认为，他这样做是为了公司的利益，想增加公司的工作效率。但是，他却选错了方法，谁也不愿让人当众出丑，也许有些人能做到前仇不计，但忘不掉当众受辱的难堪的凡人更多！这样做不但不能帮助公司改进工作，还得罪了自己的领导，显然是不值得的。如果有意见，一定要找到一种妥善的方式和上司沟通，最好出之以礼，即使内心不服，也不能当众指责，如果你羞辱他人，只说明你显得还不成熟，缺乏理性。

卡耐基认为，如果可能，应该比别人聪明；但绝不能对人说你比他聪明。

上面的例子虽然简单易懂，但是它传递的道理却很深刻，如果想改变别人，那就不要指责他人的错误。

 **勇敢地承认自己的错误**

我们都会遇到这样的情况：当我们发现我们存在的问题的时候，我们还不认为我们已经错了。在冷静思考以后，我们会发现原来是我们的虚荣心和自尊心在作怪。所以当我们发现自己的错误时，我们就要主动承认它，只有改掉了坏习惯，我们每个人才可能进步。

卡耐基写完了最后一页纸，来到窗前，伸伸懒腰，准备出去散步。"好久没有看到这样的阳光了，到公园里去走一走该有多舒服呀！"卡耐基心里对自己说，他决定出去散步。在经过公寓房东的房门时，他看见了一条波士顿斗牛犬，那是房东的宠物。

房东让卡耐基带着这条名叫雷斯的狗出去散步。因为卡耐基没有给狗系上链子，也没有戴上口罩，所以雷斯特别欢，让卡耐基也感到很开心。但是，没想到，竟然招来了祸事。

在公园里，卡耐基碰上了一位骑着马的巡警。警察骑在红棕色的马上，身上的铜扣在阳光下闪闪发光，看上去显得威风凛凛，警察更是一副好像要迫不及待地表现出权威的样子，厉声问道：

"公民，你为什么让你的狗跑来跑去，不给它系上链子或戴上口罩？"

卡耐基不禁一怔，他醒悟到自己的粗心大意，但是无言以对。

警察可不管这么多，他申斥道："难道你不知道这是违法的吗？"

"是的，我知道，"卡耐基赶忙轻柔地回答，"不过，我认为它不至于在这儿咬人。"

"你不认为！你不认为！法律是不管你怎么认为的。它可能在这里咬死松鼠，或咬伤小孩。这次我不追究，但假如下回我看到这条狗没有系上链子或套上口罩在公园里的话，你就必须去跟法官解释啦。"

卡耐基客气地答应遵命照办，但他等警察一走，就带着雷斯跑到附近的另外一个森林公园。小狗在小山坡上撒欢的时候，又给另一位警官碰上了。这一下，卡耐基知道自己栽定了。卡耐基知道自己逃脱不了，未等警察开口，就首先认错："我有罪，我没有托词，没有借口了。刚才有位警官先生警告过我，若是再带小狗出来而不给它戴口罩他就要罚我。"

"好说，好说，"警官回答的声调很温和，"我知道在人少的时候，谁都忍不住要带这么一条小狗出来玩玩。"

"的确是忍不住，"卡耐基回答，"但这是违法的。"

"像这样的小狗大概不会咬伤别人吧。"警官反而为他开脱。

"不，它可能会咬死松鼠。"卡耐基连忙补充。

"哦，先生，你把事情看得太严重了，"警官告诉卡耐基，"我们这样办吧。你只要让你的狗跑过小山坡我看不见的地方——事情就算结束了。"

卡耐基在这场语言交流中，抓住了警察的心理，他认为警察也是一个人，"他要的是一种重要人物的感觉，因此当我责怪自己的时候，唯一能增强他自尊心的方法就是以宽容的态度表现慈悲。"但是，"如果我有意为自己辩护，就像刚才那样的话，结果是很明显的了。"

卡耐基告诉我们，即使傻瓜也会为自己的错误辩护，但能承认自己错误的人，就会获得他人的尊重，而使他人有一种高贵怡然的感觉。如我们是对的，就要说服别人同意。而我们错了，就应很快地承认。

费丁南·华伦，一位商业艺术家。有一次任务的审查者是一位喜欢鸡蛋里挑骨头的艺术组长。费丁南每次离开他的办公室时，总觉得心里不舒服，不是因为他的批评，而是因为他攻击费丁南的方法。最近这个组长交了一件很急的稿子给他，后来又打电话给费丁南，要费丁南立刻到他办公室去，说是出了问题。当费丁南到组长办公室之后，麻烦就来了。组长满怀敌意，终于有了挑剔的机会。在组长恶意地责备费丁南一顿之后，费丁南说："组长，如果你的话不错，我的失误一定不可原谅。我为您工作了这么多年，实在该知道怎么做才对。我觉得惭愧。""我应该更小心一点才对，"费丁南继续说："您给我的工作很多，照理应该使你满意，因此我打算重新再来。""不！不！"他反对起来，"我不想那样麻烦你。"他告诉费丁南只需要稍微修改一点儿就行了，又说一点儿小错不会花他公司多少钱，不值得担心。

结果组长邀费丁南同进午餐，分手之前组长开给费丁南一张支票，又交代费丁南另一件工作。费丁南成功地使用这个技巧，圆满的解决了问题。

从上面的例子可以看出,只要一个人主动承认错误,那么谈判的结局就会比较愉快。而且,主动承认错误的一方并不一定就是谈判中失败的那方。

新墨西哥州阿布库克市的布鲁士·哈威,错误地给一位请病假的员工发了全薪。在他发现这项错误之后,就告诉这位员工,必须纠正这项错误,他要在下次薪水支票中减去多付给的薪水金额。这位员工说这样做会给他带来严重的财务问题,因此请求分期扣回他多领的薪水。但这样做,布鲁士必须先获得他上级的核准。"我知道这样做,"布鲁士说,"一定会使老板大为不满。在我考虑如何以更好的方式来处理这种状况的时候,我知道这一切混乱都是我的错误,我必须在老板面前承认。"

布鲁士走进老板的办公室,告诉老板他犯了一个错误,然后把整个情形告诉了老板。老板大发脾气地说这应该是人事部门的错误,但布鲁士重复地说这是他的错误,老板又大声地指责会计部门的疏忽,布鲁士又解释说这是他的错误。最后老板看着布鲁士说:"好吧,这是你的错误。现在把这个问题解决掉吧。"他的老板就更加看重布鲁士了。

布鲁士解决了问题,而且并没有给其他人带来麻烦。老板正是看中他的这一点。

E·H·李特是 CPP 肥皂公司的董事长,他常常请别人来批评他。当他刚开始为柯盖公司推销肥皂的时候,订单来得非常慢,他很担心会失去他的工作。他知道肥皂和价钱都没有什么问题,问题一定出在他自己的身上。每次生意没有做成的时候,他就在街上走来走去,想弄清楚问题到底出在那里。是不是他说的话太含糊?是不是他的态度不够热诚?有时候他会回到客户面前说:"我之所以回来,不是想再向您推销肥皂。我回来是希望能得到您的忠告和批评,可不可以麻烦您告诉我,几分钟以前我向您推销肥皂的时候有什么地方做得不对?您的经验比我多,也比我成功,请您给我批评,请您很坦诚地、不加掩饰地告诉我。"

这种态度使他赢得了很多朋友和很多无价的忠告。经过一系列的挫折之后，今天他已是 CPP 肥皂公司的董事长——这是全世界最大的肥皂公司。

批评我们自己，因为我们不可能做到完美的程度，让别人给我们很坦白的、有用的、建设性的批评。

天空能容纳每一片云彩，不论其美丑，所以天空广阔无比；高山能容纳每一块岩石，不论其大小，所以高山雄壮无比；大海能容纳每一朵浪花，不论其清浊，所以大海浩瀚无边。我们也要敢于承认自己的错误，做一个心胸宽广的人。

 **把你的意见变成对方的**

卡耐基抵达南达克达后，就去拜访当地各家零售商。他与零售商们攀谈，从天气到农作物收成，接着再把话题绕到阿摩尔公司及其所提供的瘦腊肉等各种产品上。

卡耐基总是设法让对方相信他所推销的产品。"为什么你该选择阿摩尔的产品呢？"当卡耐基的话题吸引了店主的兴趣后，就会采取问答的方式向他们赞赏阿摩尔公司超级优良的服务态度和产品的高质量，并且，他还非常肯定地告诉店主，公司的货品在任何情况下都能准时送到。如此的反复说明和推销，令顾客完全满意。

在整个商品宣传的过程中，卡耐基大量地运用了父亲养猪和养牛的经验。并且，所有的演说，卡耐基都以带有鼻音及充满密苏里口音的语言发表。这使他深受南达克达商人的信赖，而不把他当作一名偶尔行经此处的棋子。

卡耐基就是凭着热心的态度和真诚的笑容，凭着坚韧不拔的意志和随机应变的能力，在南达克达取得了一连串的成功。

卡耐基认为，不论你用什么方式指责别人，如用一个眼神，一种说话的声调，一个手势等等，或者你告诉他错了，你以为他会同意你吗？绝不会！因为你直接打击了他的智慧、判断力、荣耀和自尊心，这反而会使他想着反击你，绝不会使他改变主意。即使你搬出所有柏拉图或康德的逻辑，也改变不了他的己见，因为你伤了他的感情。

韦伯先生正在宾夕法尼亚一个富裕的荷兰移民区进行农业考察。"为什么这些人不用电器呢？"他经过一家管理良好的农场时，问该区的代表。"他们是守财奴。你无法卖给他们任何东西，"那位区域代表厌恶地回答说，"此外，他们还对公司很不友好，我已经试过了，没有任何希望。"

也许是没有任何希望，但韦伯决定无论如何也要尝试一下，他敲响了一户农家的门。只见门打开了一道小缝，屈根堡夫人探出头来。"当她一看见是公司的代表，"韦伯先生讲述道，"就重重地把门一摔。韦伯先生再次敲门，她再一次把门打开。这次，她开始毫无保留地告诉韦伯先生，她不需要这些东西。"

"屈根堡夫人，"韦伯先生说，"很抱歉打搅了你。但我不是来向你推销电器的。我只想买些鸡蛋。"

屈根堡夫人把门再打开了些，探出头来，用怀疑的目光望着韦伯先生。

"我很想买一打新鲜鸡蛋，你那是多明尼克鸡吧。"韦伯先生说。

此时，门又打开了一点。"你怎么知道我的鸡是多明尼克鸡？"屈根堡夫人好奇地问。

"我自己也养鸡，但我必须承认，我从来都没有见过比这更好的多明尼克鸡。"

"那么你为什么不吃你自己的鸡蛋？"屈根堡夫人仍带着怀疑地问着。

"因为我的鸡下的是白壳蛋。你是一位烹调高手，当然会知道做蛋糕时，白壳蛋不如棕壳蛋好。我妻子一向对她做的蛋糕感到骄傲。"

到这时候,屈根堡夫人放心地走了出来,到了走廊上。这时她已温和多了。

"屈根堡夫人,我敢打赌,事实上,你养鸡赚的钱比你丈夫养奶牛赚的钱还多。"

这时,屈根堡夫人高兴极了!确实是她赚得多!她很高兴地向韦伯肯定了这一点,可惜她不能使她那位老顽固承认这一事实。后来,屈根堡夫人又请韦伯先生参观了她的鸡房。在参观的时候,韦伯先生留意到她制造的各种小器械,她又向韦伯先生介绍了有关鸡食料及温度方面的情况,片刻之间,他们很高兴地交换了许多经验。

过了一会儿,屈根堡夫人说她的几位邻居在他们的鸡房中装了电灯,据说效果很好。屈根堡夫人问韦伯先生是否值得采取同样的方法。

过了两个星期以后,屈根堡夫人的多明尼克鸡就在电灯的光照下满足地叫唤着、活动着。韦伯先生也拿到了订单。

从上面的例子可以看出,我们不能强迫别人接受我们的建议。如果我们一开始就摆出自己的观点,反而会使别人的逆反心理,排斥我们。所以,我们要学着把自己的观点变成对方的观点。

毛里斯·高柏莱是个演说家。有天我们一起围在午餐桌旁,他安详地开始演说了,他首先感谢我们对他的邀请。他说他想谈一件严肃的事,如果打扰了我们,要请我们原谅。接着,他倾身向前,双眼将我们牢牢地盯住。他说:"你们瞧瞧四周,彼此互瞧一下。你们可知道,现在坐在这房间里的人,有多少将死于癌症?55岁以上的人4人中就有一人。"

他停了一下又说:"这是件平常严酷的事实,我们其实可以想出办法,这个办法即是谋求进步的癌症治疗方法。你们愿意协助朝向进步努力吗?"在我们每个人的脑海中,这时除了"愿意"之外,还会有别的回答吗?别人也有

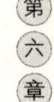

同我一样的感受。不到一分钟,毛里斯·高柏莱就赢得了我们的心。

演讲人也有演讲人的技巧。他要获得听众的掌声,就要捕获听众的心,而不能把自己的思想强加给听众。我们处理日常生活中的问题,跟演讲一样,只有将自己的意见变成对方的,我们才可以取得对方的赞同。我们只有掌握了这个技巧,才可能与他人和睦相处。

向对方提出有意义的挑战

现在我们都有这样的经验,仅仅靠高工资是很难留住员工的,还需要让他的工作具有挑战性。因为我们每个人内心都有一种求知欲,一种挑战欲,一种满足欲。只有当我们的这三种愿望得到满足时,我们的生活才会快乐。

随着卡耐基事业的蓬勃发展,他的书籍也被越来越多的人购买,他因此而变得十分的富有。卡耐基多年的教学实践使他有充分理由让人相信,他使那些曾经不幸的人改变了命运,使得他们的生活更加美好。他们也因接受自己的课程和教育而在社会中一展身手,去追求人生的目标。但是卡耐基也有自己的烦恼,面对一些诘难卡耐基做出了反驳,但他还是处于深深的困惑之中。

这种困惑可以从他的一篇文章中体现出来。1938年,他为《矿工》杂志撰写的启发性文稿中,有一篇标题非常的简单,叫《拉你的鞋带》。从这篇文章中让人体会到一种愉悦感,这种愉悦感是因为在他的生命中融入了成功,从而荡涤了他原先的抑郁生活。

他在这篇文章中以亲身经验证明,任何人都能超越贫困和精神沮丧,倘若失败了,那只能说是他们自己的过失。

也就是因为有这些反对的声音,才使卡耐基不停地反省自己,使自己在演讲方面以及人际关系方面的才能更加突出。这种直面困难的勇气不仅是他自己成功的基础和生活的信心，同时也是他鼓舞别人的方法。因此，有时候挑战并不是一件坏事。

卡耐基认为，每个人都有害怕的时候，但是勇敢者会将畏惧放置一边。继续勇往直前，结果或许会走向死亡，但更多的则是通向胜利，还有什么东西比克服困难更具有挑战性的呢？

查尔斯·史考伯手下的一名工厂经理由于他手下的员工一直无法完成他们分内的工作而异常苦恼。有一天，卡耐基给他出了一个主意。

当日班已经结束，夜班正要开始时，史考伯说："给我一根粉笔。"然后，他转身面对最靠近他的一名工人，问道："你们这一班今天制造了几部暖气机？"

"6部。"

史考伯不说一句话，在地板上用粉笔写下一个大大的阿拉伯数字："6"，然后走开。

夜班工人进来时，他们看到了那个"6"字，就问这是什么意思。

"大老板今天到这儿来了，"那位日班工人说，"他问我们制造了几部暖气机，我们说6部。他就把它写在地板上。"

第二天早上，史考伯又来到工厂。夜班工人已把"6"擦掉，写上一个更大的"7"。

日班工人早上来上班时，当然看到了那个很大的"7"字。

原来夜班工人认为他们比日班工人强，他们当然要向夜班工人挑战。他们加紧工作，那晚他们下班之后，留下一个颇具威胁性的大"10"字。情况显然逐渐好转。

不久之后，这家产量一直很低的工厂，终于比其他的工厂生产得产品更多了。

其实，在现实生活中，大家都有一种永不服输的精神。可以说你所遇见的每一个人——甚至你在镜子中看见的那个人——总是把自己看得很高，在作自我评价时，总认为自己是个很能干和很有才能的人，这是人的本性。因此，我们要想调动他们的积极性，就要从这一点出发，给他们具有挑战性的工作，让他们来施展自身的潜能。

法里尔先生有一个对房子很不满意并且威胁要搬家的房客。这位房客的租约还有4个月才到期，每月房租是55美元；尽管租约尚未到期，他却通知法里尔先生，他马上就要搬出去。但是，这个人已在法里尔先生的房子内度过了整个冬天——也就是一年当中，房租最贵的一段时间。法里尔先生不想让那位房客离开，因为以后的房子并不好出租。法里尔先生本来也可以对房客指出，如果他搬家，他房租的余款将立刻到期，法里尔先生可以把那些款项全部收回。但是，法里尔先生并没有那样激动而大闹一场，反而决定试试其他战略。法里尔先生一开始就这么说："先生，我已经听过你的话了，我仍然不相信你打算搬走。从事租赁业多年，已使我学会了观察人们的本性，一开始，我就仔细把你打量了，我认为你是一个信守诺言的人，对于这一点我深信不疑，因此，我很情愿来冒个险。现在，我有一个建议，把你搬家的事先放几天，再仔细想一想，如果你在月初房租到期之前来见我，并告诉我你仍然打算搬家，我向你保证，我一定接受你这项决定。我会给你搬家的权利，并承认我的判断错了。但是，我仍然相信你是一个遵守诺言的人，你一定会住到租期届满为止。毕竟，这项选择全在我们自己！"法里尔先生向这个房客提出了挑战，因为他认为这位房客是位守信用的人。那么他又怎么能不接受这个挑战呢？当新月份来到时，这位房客亲自付清了房租。

卡耐基认为，超越对方的欲望！挑战！这才是激励人的精神的绝对好的方法。

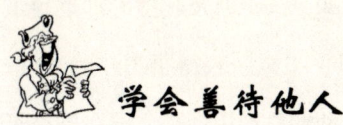 学会善待他人

当我们走到路上,看见一位老人正在费力推一辆车子上坡,我们会主动走上前去帮助老人吗?当我们看见一位腿脚不方便的人走在泥泞的路上,我们会主动上前搀扶吗?如果我们做到了,我们就学会了善待他人。每个人都需要关心,如果我们想得到别人的关心,那就让我们学会关心别人,善待别人。

1919年汤姆斯返回纽约市时,带回了许多战时在中东历险和旅行的照片。这时,有一个很好的计划在汤姆斯心中形成。

汤姆斯在电报中希望卡耐基能帮他准备一些相关的文稿,他雄心勃勃地想以一种兴奋、乐观、激动的第一手资料为表达方式,发表题为"与爱伦拜在巴勒斯坦及阿拉伯的劳伦斯"的演说。他的想法非常宏大也非常有成功的可能。

汤姆斯打算利用骆驼队、开罗、印第安人品兵及伯特印人的非正规军、耶路撒冷等栩栩如生的照片来开展演说。不过,汤姆斯虽拥有丰富的资料,但他仍需要一名能为他整理资料的人。

在汤姆斯脑海中涌现出的第一个人便是戴尔·卡耐基,这个曾经帮助他获得巨大成功的真正朋友。

汤姆斯在电报里说离演讲日只剩两周时,卡耐基内心相当激动,他也非常想摆脱一下周围的沉闷空气和内心存在的丝丝忧郁。

接到电报后,卡耐基略一思考后,便匆匆地收拾行装。他什么也没有注意,凡是他认为有用的东西通通塞进旅行包里,整个人和整个行动处在一种狂乱之中,到达伦敦时,他发觉他把床单和塞进床单里的臭袜子一同带来而遗忘

第六章 如何赢得他人的赞同

了他最喜欢用的那个烟斗。

整个演说的第一场准备工作非常繁琐。卡耐基、汤姆斯及其摄影师足足忙了几个昼夜，辛勤地劳动着。特别是卡耐基，似乎又重新获得了工作的热忱，对生活更加充满了信心。他忘我地工作着，以前抽烟喜欢用烟斗，现在把香烟点燃往嘴里一塞，猛吸几口，精神便又恢复过来了。

汤姆斯在回忆当时的工作情形时说："整天，甚至整夜，戴尔、蔡斯（摄影师）和我都在投影机及文稿前商议。在开始前两周，我们一直处在极度的压力下工作。"

第一场演出由卡耐基全权负责。前前后后的事务使卡耐基度过了几个不眠之夜，终于把一切都准备好了。

工夫不负有心人，第一场演说取得了很大成功，伦敦的新闻界对此作了大量的报道。

这是卡耐基生活中的一次新的尝试。他心甘情愿做朋友的助手，帮助朋友的事业取得成功。

当然这种成功也离不开卡耐基在技术上与艺术上的处理，他把演讲效果处理得相当好。尤其吸引人的是汤姆斯的声音，人们为他的声音所吸引，初次的成功带给了他们极度的喜悦。

他们开了一个小小的庆功会，汤姆斯端着一杯酒对卡耐基说："为我们的友谊而干杯，为我的事业成功而干杯！"卡耐基举杯回祝。

第一场演说就获得成功，效果非常好，这种情形像是罗威尔·汤姆斯以雷霆万钧之势冲击着英国的戏剧市场——伦敦戏剧界甚至顺延6周，以使汤姆斯能够继续演出。

这给卡耐基带来更多的繁忙工作，他边工作边改进，不断完善此次演出的艺术水平。

以后的演说更是吸引了观众，情况越来越好，汤姆斯吸引了许多群众前往皇家阿柏尔特大厅，由于演讲的轰动而引起伦敦许多市民前往观看，甚至从英国其他城市也有不少人赶来观看演出。卡耐基后来回忆说：

"我看到伦敦的群众站着队等候数小时，就是为了买票听汤姆斯的演说，那种情形一夜接着一夜，一个月接着一个月地发生了。"

演出任务完成后，卡耐基满怀喜悦地返回了纽约。

在演说数月后，汤姆斯又电传卡耐基让他返回英国，并请他为爱伦拜·劳伦斯组织两个巡回表演公司。此时罗威尔·汤姆斯表演公司应邀在全美、全英及加拿大巡回演出。

汤姆斯不想亲自演出，他想与其子一起去澳大利亚度假，但他希望卡耐基能担任他巡回演出公司的经理人。

卡耐基毫不推却朋友的盛情，他把友谊看得极为重要。他自己也似乎投入到汤姆斯的事业中去了。他积极调动着内心的积极性，以使得自己能够完成工作。

他答应了汤姆斯的要求，便着力于征募足以能代替汤姆斯舞台演出的人。这件事情非常棘手，因为像汤姆斯那么杰出的人才在美国暂时还很难找到，但经历千辛万苦后终于找着一位替代者。

尽管卡耐基努力工作，希望这一演出能继续下去并获得比以前更好的效果，但是，卡耐基失败了。这使得卡耐基的精神受到了沉重的打击。

对于这次失败的情况，罗威尔·汤姆斯的解释可能是正确的。他说："卡耐基雇用了能干的人并给予良好的训练，但是该场演出全以罗威尔·汤姆斯为号召，没有了汤姆斯就没有办法吸引群众。"

有些报道中说卡耐基已精神崩溃，可能过分夸大了卡耐基的健康状况。卡耐基在当时尚未出现那么严重的后果，他乐观的情绪一直在支持着他，但无论怎样，他对不成功的演出感到烦恼。

汤姆斯回忆道："我们损失了很多的钱。可怜的戴尔，生病了还在责备自己，当时我能做到的只是自10000万里外以电报表达我有绝对的信心，相信他已做了所有人所期待的事情。"

虽然事业遭到挫折，两人之间的友谊却没有削减。数年后，汤姆斯再度邀请卡耐基撰写演出中罗斯·史密斯先生的台词。

汤姆斯和卡耐基都彼此善待对方。当汤姆斯需要卡耐基为其准备稿子时，卡耐基义不容辞地答应了。当卡耐基把演出搞砸了，汤姆斯也没有责怪卡耐基，而是替他辩护。这两个人互相谅解，互相善待，才能成为好朋友。

卡耐基认为："一滴蜂蜜比一加仑胆汁，能捕捉到更多的苍蝇。"与人相处也同样如此，用一滴蜂蜜赢得了别人的心，你就会使他走向通达明理的道路。

下面是一个关于林肯的例子。有一次，爱德华·史丹顿称林肯是"一个笨蛋"。史丹顿之所以生气是因为林肯干涉了他的业务。为了要取悦一个很自私的政客，林肯签发了一项命令，调动了某些军队。史丹顿不仅拒绝执行林肯的命令，而且大骂林肯签发这种命令是笨蛋的行为。结果怎么样呢？当林肯听到史丹顿说的话之后，他很平静地回答说："如果史丹顿说我是个笨蛋，那我一定就是个笨蛋，因为他几乎从来没有出过错。我得亲自过去看一看。"

林肯果然去见史丹顿，他知道自己签发了错误的命令，于是收回了成命。只要是诚意的批评，是以知识为根据而有建设性的批评，林肯都非常欢迎。

林肯做到了对史丹顿地善待，同样也得到了大家的爱戴。

卡耐基认为，如果你要让别人同意你的观点，你就要友善地对待他，先使他相信你是他真正的朋友。

我们大家都不愿改变自己的想法，我们不能强迫别人改变想法，因为这样反而更糟糕。但如果我们温柔友善，我们就能引导他们和我们走向一致。

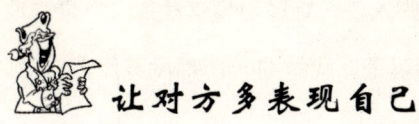 让对方多表现自己

我们每个人都希望得到他人的认可。我们每个人都希望在工作上多多表现自己。但是如果所有风头都被一个人占尽，那么大家肯定会很不高兴。知道这一点，那就给别人一次表现的机会，让别人多表现自己吧。

卡耐基在"青年会"取得了试教的成功，有一份安稳而固定的收入。从此，他白天写作、读书和备课，晚上在青年会里授课。只要他一站上讲台，他就可以启发他的学生，尽管他的学生中很多是商人。许多商人都精于赚钱，却不能侃侃而谈，他们急切地想获得演讲的技巧。卡耐基就成了众望所归，他的课程被冠名为"卡耐基课程"，他的教室被称为"卡耐基教室"。

最初，卡耐基每周上两次课，对人们讲授一点演讲的方式方法。所有的人都十分感兴趣，因为他们不仅可学到自己所缺的演讲技巧，而且能够在卡耐基课程里看到这个青年教师的成长经历。因此，他不得不每个晚上都上课，学生太多了，几乎每次都要挤破教室。

但是，卡耐基在有一天晚上发现自己的授课陷入了一种十分尴尬的境地。每一次都是他在台上讲得天花乱坠，学生们在下面听得津津有味；一旦他要求某位同学站起来讲一点点的时候，那个人准会说："对不起，先生，我怕我还没准备好。"或者"我怕我说不好"、"我实在没法运用这些原则。"

"怎么办呢？"卡耐基忧心忡忡地想，"在瓦伦斯堡有效地指导同学的方法对这些成人一点都起不了作用！教他们学习爱德华·柏克，对于他们事业上的成长并无益处。我要如何启发学生呢？怎样才能唤醒他们呢？"

卡耐基在自己公寓内踱来踱去，双手不停地搓动，满腹忧思："我的学生

大多数是商人,是各种管理者,是成年人。他们要的是成果,我要教给他们一种站立的姿势,一种谈话的方式,使得这些人在一场展示会或者会议中有效地表达自己的观点和想法。"卡耐基心想:"可是,我做的一切都没有什么成效,怎么办呢?"

一瞬间灵感爆发了,也决定了卡耐基的课程安排。

通过自我暴露内心的方式,卡耐基发掘出人们演讲的潜能。就连那些拙于言词的人仿佛也一夜之间变得口齿伶俐起来。

卡耐基在第一个月的授课中,摸索出一套使学生开口说话的经验来,他让每一个人都谈一些关于自己的事。有一天,青年会的主任问他:

"戴尔,你是用什么方法促使人们开始演讲的?听你讲课的人越来越多了。"

卡耐基说:"我也没有特殊的方法,我只是让他们谈一些最简单的话题,诸如孩提时代的经历、令人生气的事情以及一生中最悲伤的事等等。由此,我引出话题,让他们自由地倾诉心中的感慨。事实上,很多人不善于表达,是因为他们内心深处有一种惧怕——惧怕表现自我。"

卡耐基的解释是很有道理的:"恐惧是造成不能有效演讲的基本因素。"卡耐基的方式也是别出心裁又相当有效的,一旦人们谈到自己内心深层的感受就会滔滔不绝,那时的人们说话全是在跟着感觉走。卡耐基也发现自己的课程受到空前的欢迎,一批又一批的人来听他讲课,有时人们甚至驱车100多英里前来,只是为了听一次。一班接一班,一夜又一夜的课程,使卡耐基赚取了大量的薪金。

卡耐基认为,如果你想结下仇人,就要比你的朋友表现得更加出色;但如果你想结交朋友,就要让你的朋友表现得比你更出色。

美国最大的汽车制造公司之一,正在洽谈订购下一年度所需要的汽车坐垫布。三个重要的厂家已经做好了垫布的样品。这些样布都已经得到汽车公司高级职员的检验,并发通告给各厂家,说各厂家的代表可以以同等条件参与竞争,以便公司最终确定申请方。

其中一个厂家的业务代表史密斯先生在抵达时,正患着严重的喉炎。这本来对于谈判是一件极糟糕的事情,因为谈判就是用嘴来说话。史密斯先生被领到一个房间,与纺织工程师、采购经理、推销经理以及该公司的总经理当面会晤了。他站起来想尽力说话,但只能发出嘶哑的声音。史密斯先生在纸上写道:各位,我的嗓子哑了,我不能说话。为了公平起见,对方总经理只能帮他展示史密斯先生所在公司的样品,并根据他们先前所给的材料做了简要说明,列举了它们的优点。由于那位总经理现在代替史密斯先生代表说话,因此在这场讨论中,总经理一直站在史密斯先生这一边,而史密斯先生在整个过程中只是微笑、点头以及做几个简单的手势。令人惊讶的是,会议的结果竟然是史密斯先生得到了这份合同,和对方签订了50万码的坐垫布,总价值为160万美元。如果史密斯先生的嗓子没有哑,或许他就会失掉那份合同。可见让别人多表现自己是多么有益!

其实,我们每个人都有每个人的长处和优点。让别人表现,给别人一次锻炼的机会,你会发现许多没有发现的问题。让对方自己说话,不仅有利于在商业方面赢得订单,而且有助于处理家庭当中的一些纠纷。

芭芭拉·威尔逊和她的女儿洛瑞的关系一直很糟糕。洛瑞以前是个乖巧、快乐的小孩,但到了十几岁时,反叛心理越来越严重,犯了错误从不承认,还每次都为自己辩护。威尔逊夫人曾用各种办法教训她,但无济于事。后来有一次,她决定和女儿调换角色,她说你当一天妈妈,我当一天女儿,你要大胆地表现自己啊。那天,洛瑞并没有让威尔逊扫地、擦玻璃,做很多家务事,相反,都是她在做。从此,洛瑞改变了,不跟威尔逊对抗了。

因此,让别人多表现并不是一件坏事情。你要自己多从别人那里总结经验,以一颗平常心对待就好了。不要太计较个人的得与失。

使对方一开始就说"是"

我们与对方矛盾的激化往往是第一次就形成了,结果大家都不肯彼此让步,于是关系越来越糟糕。假如我们能让对方一开始就说"是",一开始就认可我们,对我们有个好印象,那么以后的相处就容易多了。

这是卡耐基毕业后的第一份推销员工作。但经过艰辛的劳作,卡耐基终于取得了初步成功,卖出了一套教学课程。

一天,卡耐基吃过早餐后,在回到住处的路上,刚好有一位架线工人在电线杆上作业,忽然他的钢丝钳掉到了地上。卡耐基把它捡起来,抛给这位工人。

"先生,干这个可真不容易。"卡耐基找机会与架线工人搭讪。

"那还用说,既艰苦又危险!"架线工人漫不经心地应道。

"我有个朋友也干这行,但他却觉得很轻松!"

"他觉得轻松?!"

"是的,不过他以前也同你的看法一样,轻松地转变只是近期的事!"

卡耐基继续说:"有一门课程,他学了以后,工作起来就容易多了。"

卡耐基终于说服那名架线工答应购买一套电机工课程。

我们可能都有这样的感受,在经历了数次失败后,一次小小成功的滋味也显得妙不可言,卡耐基也是如此。他兴高采烈地回到分公司办公室报告成果,并收取佣金。

"年轻人,不错!继续努力。"艾兰奇先生笑容可掬地夸奖着卡耐基。

卡耐基这时才想起自己已经经历了一连串失败后才取得一个小小成功,如此艰辛的工作成绩还能算是不错?

其实,艾兰奇的赞扬是由衷的,因为分公司派出的10名推销员中,只有卡耐基在这周内推销出一套课程。但此时的卡耐基并不满足于这一点小小的成功。卡耐基觉得在这家公司混不出名堂了。因为少得可怜的成功与太多的失败相比较,显得是太不成比例了。

虽然最后卡耐基还是决定离开这家公司,但是卡耐基在这家公司的表现是优秀的。卡耐基的成功,也使他明白了一个道理,一开始就要让对方说"是"。

卡耐基认为,在与人交谈时,千万不要一开始就讨论你们意见有分歧的事。刚开始时应先强调你们都同意的事。继而强调你们双方都在追求的同一目标,你们之间的唯一差别只是在方法上,而不是在目标上。

卡耐基认为,善于讲话的人,常常会在谈话一开始时,就使对方说"是",从而将对方的心理导向肯定的方向。你应该问一个温和的问题——一个能得到"是,是"的反应的问题。

艾伯森先生在银行工作。有天,有位年轻人来开户,于是,艾伯森先生就给了他一些平常表格让他填。有些问题他心甘情愿地填写了,但有些他则根本拒绝填写。那天,艾伯森先生决定采取一点实用的普通常识。他决定不谈论银行所要的,而谈论对方所要的。艾伯森先生对他说:"你拒绝透露的那些资料,并不是绝对必要的。""是的,当然,"他回答。"你难道不认为,把你最亲近的亲属名字告诉我们,是一种很好的方法,万一你去世了,我们就能正确并不耽搁地实现你的愿望吗?""是的"。那位年轻人的态度软化下来,当他发现我们需要那些资料不是为了我们,而是为了他的时候,改变了态度。在离开银行之前,那位年轻人不只告诉艾伯森先生所有关于他自己的资料,而且还在艾伯森先生的建议下,开了一个信托户头,指定他母亲为受益人,而且很乐意地填写了所有关于他母亲的资料。

第六章 如何赢得他人的赞同

所以，一开始很多人心理都有警惕性，不愿意更多的将一些信息透漏给我们。但是当他们发现我们是为他们着想时，他们的态度就会发生很大的变化。因此，让我们记住这个原则，一开始就让他们说"是，是"，他们就会忘掉我们所争执的事情，而乐意去做我们所建议的事情。

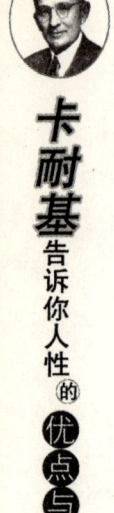

第七章

有钱人的理财守则

卡耐基告诉你人性的优点与弱点大全集

ka nai ji gao su ni ren xing de you dian yu ruo dian da quan ji

寻找获利性的投资

卡耐基指出，寻找一门获利性的投资，是有钱人最基本的理财守则。投资是一门很深奥的学问，如何独具慧眼，寻找到获利性的投资并获取利润呢？

凭良心生财。君子爱财，取之有道。获得多少利益，也要付出多少耕耘，取之于大众，用之于大众，一切可观的利益，都由良心换得，生财之道不违背良心，则所生之财自然持久。争取利益时，勿违背良心。

世界上每个人的利益与社会的利益牢不可分，所以每个人在追求自己的利益时，都要有"利他"的良心，这样才会得到"人助"及"天助"。

不贪一时之财。做生意的人眼光要远大，不可贪图一时的利益而失去长久的顾客，用诚实的信誉，出售优良的货物，自然会吸引众多的客户，生意自然好做，自然会红火。贪小便宜吃大亏的事千万别去做。

老板用财之道，经商者在筹集资金后，最终是要用财并达到生财的目的。用财的合理与否直接决定了生财的多少，决策正确，合理用财，就能生财。反之，决策失误，用财不当，就会造成损失。因此，生财的关键是合理正确地用财。

一个商户在筹集了10万元资金后，准备用于服装生产，他把10万元资金全部用于厂房、设备和原材料的投资。结果，生产是很顺利，但由于没有重视销售，产品积压，资金不能收回，导致了经营困难。而另一个商户同样筹集了10万元资金用于服装生产，但他只把8万元资金用于厂房、设备和原材料投资，其余2万元资金则用于推销和广告，虽然生产规模小了点儿，但是他的产品销售顺利，资金回收快，结果获利很多。从这里我们看到，合理用财就是把资金投入到有效益的地方去,实现资金的增值。为此,我们必须认真分析市场环境和自身能力,明确哪些地方不要花钱,哪些地方要花钱,花多少钱。

不断投资。看上去某人很有钱,其实他只不过勤于周转而已。总是让钱在银行、股票市场等地方不断流动,以赚取利息和红利,这样资本就在这个周转不息的境况下,逐渐增加。很多保守派人士,都喜欢把钱存在那里不动,他们总觉得存款的数目多能给人带来一种安全感。事实上,这种做法白白失去了许多赚钱的良机。

下面,我们再来看看巴菲特的例子。

作为一家拥有2800亿美元总资产的公司主席,拥有超过350亿美元的现金的沃伦·巴菲特的投资,自然与其他绝大多数投资者有些小小的不同。

由于其投资的资产规模及金额庞大,巴菲特的伯克希尔·哈撒韦公司一般来说关注非常大的公司:可口可乐(市值1340亿美元)、美国运通(市值560亿美元)、强生公司(市值1880亿美元)以及富国银行(市值940亿美元)这些公司是他们主要持股对象中的一部分。

但是如果他不受伯克希尔规模的限制?如果他在与我们绝大多数人一样的投资环境中工作,他会买些什么股票呢?

巴菲特方法的关键所在是他一直都是稳妥派,喜欢那些盈利可以预期的公司,而连续10年的每股盈利增长已经是最可以预期的股票。

巴菲特瞄准优秀而稳妥的目标股票的另外一个方法是观察债务。巴菲特偏爱那些能够产出足够盈利,并且在需要的情况下可以在两年之内还清所有债务的公司。比如陆星公司的总债务是1.242亿美元,而每年度的盈利是1.092亿美元。它实际上可以在不到两年的时间里用自己的盈利偿清所有的债务,这是个不错的信号。

大家都知道巴菲特寻找他称为拥有针对竞争对手的"可持续竞争优势"的公司,强大的品牌、最低的价格,这令其他公司很难与之竞争。有这样优势的公司的一个标志就是拥有高净资产回报率。

另外一个巴菲特式的品质是强大的管理。他衡量的办法之一就是检视管理层使用公司的未分配利润成效如何。在过去的10年当中,陆星公司在每股收益中已经存下10.38美元的未分配利润,而它的盈利在这段时间里每股增加了1.60美元。这意味着公司为持股人的留存利润赚取了15.4%的年度回报。任何超过15%的回报率都将进入巴菲特模型的最佳个例视野,所以看起来陆星的管理层完成了伟大的工作。

寻找获利性的投资,要求你的眼光独到、具有创造力和相当的胆识,这是作为一个商人最起码的理财能力,在不断的实践和训练中,相信你寻找获利性投资的能力会不断提高。

保障未来生活无忧

卡耐基理财基本理念中,很重要的一条是为未来的生活提供保障。他说:"你可以买一些医疗、意外保险,对于各种意外不幸都有小额的保险可供投保,否则,万一出事,那可是令人烦恼的事情。而这些保险的费用都很便宜。"

但是,买保险也是一门学问,其中有很多误区。

误区一:买保险先看投资回报率有多高,是不是还本。

其实,买保险的首要目的应当是取得风险保障,投资增值是第二位的。风险保障程度高的保险是不能返还保险费的,具有返还保险费功能的保险,风险保障程度会比较低。

万能险、投资连结类保险投资功能较强,但缴纳的保险费也比较高,投资收益以及分红保险的分红收益,随保险资金运用成果而定,有时高有时低,也是不固定的。因此,比较好的办法是根据自己的缴费能力,先安排保障,再考虑投资,将两类保险组合购买。

误区二:买了保险,只要发生事故,保险公司都管。

其实,各种保险都有明确的保障责任范围,超出责任范围的事情,保险公司是不负责赔偿的。需要特别注意,有些保险责任范围内的特殊情况,保险公司也不承担赔偿或给付保险金责任。

误区三:买了几年保险没出事,保险费白交了。

其实,买保险是防万一,不出事最好。有了保险,随时都处在保险保障之下。不出事,我为人人;出了事,人人为我,这才是保险的作用。

误区四:只要给孩子买上保险就行了。

实际上,大人孩子都需要保险,但是买保险应遵循"先大人后孩子"的原则,先把"家庭支柱"保障好,这其中也包含有对孩子的保障。

误区五:保险与储蓄没啥区别,只要存了钱,没必要再买保险。

保险和储蓄虽然都是应对风险的办法,但是它们之间的区别还是很大:储蓄可随时存取,灵活性很大,保险的保险费是不能随意取回的。储蓄是一种自救行为,没有把风险转移出去,"万一"的事来了,钱还没攒够,难免陷入困境。而保险是一种集体互助行为,能把风险转移给保险公司,利用获得的保险金有助于渡过难关。

误区六:有了社保就不用再买保险。

社会保险是由政府主办的一种基本生活保障,覆盖面比较广,应当积极推行。但社保注重平等,保障水平比较低,而商业保险的保障范围比较广泛,保障程度可以由投保人与保险公司协商确定,能够满足各种人的不同需要。因此,有了社会保险也还需要商业保险做补充。

另外,买保险就是买未来生活的保障。下面六要六不要的准则,看看能否对你有帮助:

要放下成见，不要偏听偏信。保险公司是经营风险的金融企业，《保险法》规定保险公司可以采取股份有限公司和国有独资公司两种形式，除了分立、合并外，都不允许解散，所以，大可放下门第之见入保险，要比较险种，不要盲目购买，每个人在购买贵重商品时，都会货比三家，买保险也应如此。尽管各家保险公司的条款和费率都是经过中国人民银行批准的，但比较一下却有所不同，如大病医疗保险，有的是包括 28 种大病，有的只防 10 种。

要研究条款，不要光听介绍。保险不是无所不保，对于投保人来说，应该先研究条款中的保险责任和责任免除这两部分，以明确这些保险单能为您提供什么样的保障，再和您的保险需求相对照，要严防个别营销员的误导。没根没据的承诺或解释是没有任何法律效力的。

要确定需要，不要心血来潮买保险。首先考虑自己或家庭的需求是什么，比如担心患病时医疗费负担太重而难以承受的人，可以考虑购买医疗保险，为年老退休后生活担忧的人可以选择养老金保险。所以，弄清保险需要再去投保是非常重要的。

要考虑保障，不要考虑人情。保险是一种特殊商品。一件衣服或一套家具买来了，如不喜欢可以不穿不用，也可以送人，而保险则不能转送。有些人买保险，只因营销员是熟人或亲友，本不想买，但出于情面，还没搞清条款，就硬着头皮买下，以后发现买到的是不完全适合自己需要的保险险种，结果是不退难受，退了经济受损失也难受。

要考虑责任，不要只图便宜。俗话说："一分钱一分货。"保险也是如此，不能光看买一份保险花了多少钱，而要搞清楚这一份保险的保险金是多少，保障范围有多大，要全方位地考虑保险责任。

适当而明智地买一些保险，能够在一定程度上保证你和你的子女未来的生活无忧。同时，保险在一定程度上起到理财的作用，帮你为明天存住今天的钱。

 ## 保住和增加财富的价值

一个人的财富不在于他钱包的铜板有多少,而在于他所累积的收入,源源不绝流入口袋的财源,并常保口袋饱满。动用每一分钱,让它辗转生出利息,帮你带来收入,使财富源源不断流入你的口袋。

所以,学会保住你手上财富的价值,并想办法让它增值,才是恰当的理财之道。

有人说,30岁以前要靠体力智力赚钱,30岁以后要靠钱赚钱。不过说着容易做起来难,很多人在30岁时有了一笔可观的财富积累,甚至有人会使财富积累达到人生的顶峰,但并不是所有的人都会让钱为自己赚钱。家有积蓄,手中有钱,但总是舍不得花,节衣缩食,生活拮据,不能用钱享受美好的人生,即使有再多的钱也是枉然。钱本身只是一个价值符号,只有使用才能体现其价值,不去使用等于没有价值。赚同样的钱,生活可能千差万别。

资本市场并不都是"大鳄","朝闻田舍郎,暮登天子堂"的毕竟属于极少数,更多人默默无闻,但他们是组成资本这个市场的基本力量,市场的神经也牵动着他们的喜怒哀乐。

保住和增加财富的价值,也就是用钱赚钱。用钱赚钱并不是要你一次性地投资一大笔金钱,而是让你理解到:这个现代发达的社会里用体力赚钱永远都不会实现你的梦想,而且辛辛苦苦的最终结果只可能换来三餐温饱。只有学会怎样用钱赚钱的道理用滚雪球的方法积少成多,才能迟早可以滚出一座"雪山"。用钱赚钱的技巧在于以下几点:遇乱不惊、冷静面对、胆大心细、不贪不躁。

如何"遇乱不惊"呢？通常投资市场中越乱的时候机会越多。不要随便相信小道消息，道听途说往往会害己不浅。以静应乱是投资的基本功。

"冷静面对"是人生中的一堂必修之课。投资中亏大钱的人多数是不够冷静，一听到什么不利的消息就大量抛售，结果风平浪静后只好眼巴巴地看着已抛售了的投资节节高升。

"胆大心细"也是投资中的重要一环。当你做足功课看准目标就不要害怕，三心二意或举棋不定往往错失良机。

"不贪不躁"是投资中最考人的一课。投资过程中当你达到你定下的目标后就应放手，不要因小失大。很多人往往想再赚多一些，结果连原来已赚到的那部分都拿不到，这就告诉你——不可贪。何为"不躁"呢？当你赚了钱卖了一支股票后它还继续上升，你也不要因此而急躁——因为你已经赚到了。做到"不贪不燥"是你将来成功的必修课。

不要让财富流失

卡耐基认为，应该学会聪明地花钱，不要让财富白白流失。如何使你花出去的金钱得到最高价值？这是每个人都应该学习的东西。就像大公司的那些专门的采购人员一样，他们总是设法替公司买到最合理的东西。你也应该这样做。

学会聪明地花钱同时，不让财富白白流失的另一个好的办法，是学会节俭。

一个人若想获得财富，首先要善于克制自己的欲望，自我克制的力量必不可少。我们经营的事业、资本往往有赖于自己往日的积蓄，举债创业总是一件比较危险的事情。

通常，人们习惯把吝啬看成节俭的孪生兄弟，这其实是一个很大的错误。实际上，节俭的真正含义是：当用则用，当省则省，也就是说，花费一定要恰到好处。但吝啬的含义就不同了，它是指当用时不用，不当省时也要省。

美国著名文学家罗斯金说过："通常人们认为，节俭这两个字的含义应该是'省钱的方法'。其实应该解释为'用钱的方法'。也就是说，我们应该怎样去购置必要的家具；怎样把钱花在最恰当的用途上；怎样安排自己的衣、食、住、行，以及生育和娱乐等等方面的花费。总而言之，我们应该把钱用在最为恰当，最为有效的地方，这才是真正的节俭。"

托马斯·利普顿爵士说："有许多人来向我请教成功的诀窍，我告诉他们，最重要的就是节俭。成功者大都有节俭的好习惯，任何好朋友对他们的援助，鼓励，都比不上一个薄薄的小存折。唯有储蓄，才是一个人成功的基础，才具有使人自立的力量。储蓄能够使一个青年人站稳脚跟，能使他鼓起巨大的勇气，振作全副的精神，拿出完全的力量，来达到成功的目标。"

约翰·阿斯特先生在晚年说，如今他赚10万美元并不比以前赚1000美元难。但是，如果没有当初的1000美元，他也许早已饿死在贫民窟里了。

很多人只因为用钱没有计划性，所以，在不知不觉中使大量的钱财无意中从指缝里流走。如果养成了记账的良好习惯，能把每次的花费都记入账薄，能够仔细核算，好好筹划。这样，对于一个人未来的事业发展，会有巨大的帮助。这样不但能学会记账的方法，还可以熟悉金钱往来的各种手续，从而获得宝贵的经验。账本能够清清楚楚地告诉你，过去的钱都用到哪里去了，什么地方是完全可以省的，什么地方是一定要用的。

富兰克林这样说："致富的唯一方法就是赚的多花的少。"他还说："如果你不想因有人讨债而气恼，想不受饥饿和寒冷的痛苦，那么你最好和忠、信、勤、苦四个字交朋友。同时，不要让你赚得的任何一分钱从你的手中轻易地流走。"

以前有一个年轻人到印刷厂里去学习技术，其实他的经济状况很好，他父亲要求他每晚必须住在自己家里，但要每月付家里一笔住宿费。一开始，那个年轻人觉得这样太苛刻了，因为他当时每月的收入，就刚够支付这笔住宿费。几年以后，当这个年轻人自己准备开设印刷厂的时候，他的父亲把他叫到跟前，对他说："好孩子，现在你可以把每年陆续付给家里的住宿费拿回去了。我这样做的目的，是为了让你积蓄这笔钱，并非真的向你要住宿费。好啊，现在你可以拿这笔钱去发展你的事业了。"那年轻人至此才明白父亲的一番苦心，对父亲的圣明感谢不尽。如今，那青年已经成了美国一家著名印刷厂的老板，而他当年的同伴们却因自小就挥霍无度，如今仍然穷苦不堪。

以上所述是一个富有教育意义的真实故事。它给你的启示是：唯有养成储蓄的习惯，将来才有希望享受成功与财富。

你需明白一个道理：节俭其实是一件很简单，极容易的事，谁都可以立即去实行。你愿意处在穷困的境地吗？你愿意让债主时时来逼你还钱吗？你愿意因负债而坐牢吃苦吗？你愿意一生屈居人下，不得翻身吗？你当然不愿意，那么你就一定要养成这个简单易行的节俭习惯。

一部著名小说里有一段话说得很有意思："宁愿因饥饿而倒地，也不要去向人借钱！"暂时忍受一下饥饿，寒冷和贫困，牺牲暂时的一些快乐和幸福，为了心中的那个目标。千万不能为了图一时的享受，而抛弃了光明的前途，把廉耻踩在脚下，使信用丧失殆尽，使志气消磨，使名誉败坏，使人格断送，这就会使你的生命像驶入漫无边际海洋的一叶孤舟，失去方向。

所以，轻易不要让财富从你的手边轻轻流走，养成节俭的习惯，并清楚你手中每一分钱的去向，是非常重要的。

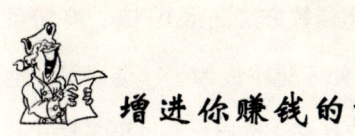 增进你赚钱的能力

卡耐基说，假如你在拟好开支预算后，仍发现入不敷出。这时你可以有两种选择：你可以咒骂、埋怨、发愁、担心或者是你想办法赚一点钱。所以，还是增进你赚钱的能力吧。

卡耐基曾经这样教育学员们：

"今天我要告诉各位的，是一个解决贫困最直接有效的方法。但是我谈的不是关于黄金，而是关于在座各位本身的问题。我将告诉你们一些在工作上取得成功或遭遇失败的人，以及他们各自的所思所行。

不久以前，有个年轻人跑来向我借钱。我问他借钱做什么用，他抱怨说自己总是入不敷出。我便告诉他，这种情况显示他是一个偿债能力很差的借款人，因为他可能永远都没有余钱可以偿还贷款。

我告诉他：'年轻人，你所需要的是去赚取更多的钱。你想如何提高自己的赚钱能力呢？'他回答说：'我所能做的，只是两个月内六度要求老板给我加薪，但是一直没有成功。我觉得没有人像我那样勤快地向老板要求加薪了。'

我们可能会嘲笑他把事情弄得过于简单了。但是，他确实拥有一个增加收入的关键条件，那就是他内心里强烈渴望赚取更多的钱，这种愿望是完全正当而且可取的。

要想成功致富，必须首先拥有这样的渴望。而且，你的渴望必须是非常强烈和明确的。普普通通的愿望不过是虚弱的念头罢了。一个人若只是巴望着但愿能成为富翁，那这个目标就太过虚弱和模糊了。假如他内心真正具体地渴望

拥有5块黄金，我相信他可以实现这愿望。在他想得到的5块黄金如愿以偿，而且坚守住这些金子之后，接下来他便能找到类似的方法获得10块、20块黄金，终至1000块黄金，看啊！这样他已经在不知不觉中成为了一名富翁。他在学习达成每一个小小的明确的愿望过程里，已逐渐训练自己获得更多财富的能力了。这便是积累财富的真实路径。先由小额收入开始，赚回来一些，最后才能赚得更多。

所以，你的任何欲望都必须简单明了。如果欲望太繁多、太杂乱或者超乎个人的能力所及，必然就无法实现。

当一个人能够辛勤工作，不断提升自己的职业水平时，他赚钱的能力也就会跟着提高。从前有一个泥板刻写员，每天只赚进几个铜钱时，他就观察到许多同事的确刻得既比他多又比他好，薪水也比他高。因此，他决心要超越其他所有的同事，而且他很快就发现那些人比较成功的原因。于是，他投入了更多的兴趣、专心和毅力在刻泥板上面，最后果然很少有人刻写泥板的数量和质量能够超过他。当他因工作技巧变得敏捷娴熟，而获得较高报酬时，他再也不用六度要求老板确定他的工作能力，以便给他加薪了。

我们获得的智慧和技能越多，能赚的钱财也就越多。在自己的工作技能上多多学习和钻研的人，他所获得的报偿也就会超越他人。假如他是一个工匠，他可以向同行中那些技艺最精湛的前辈学到许多技巧和方法；假如他是一名律师或者医生，他可以向其他同行咨询、交换心得，以提高自己的专业水平；假如他是一个商人，他就应该不断研究更好的方法去寻求成本低廉的好货。

其实，各行各业的人都在不断改变和追求进步，因为热心而辛勤工作的人总是在追求更出色的技能，以便为他们赖以为生的雇主做出更好的服务和贡献。因此，我敦促各位一定要走在进步的前端，绝不要停滞不前，以免落伍而被淘汰。

显然，有许多环节是有成功理财经验者富裕的关键。这些事情如下所述，一个人若能够自尊自重的话，就至少应该做到以下几件事：

尽一切可能偿还自己的债务，不要购买自己钱财力不能及的物品；

有能力照料好家人，让家人一想到或提到他的时候，净是赞赏和夸耀；

预先立好遗嘱，以防万一，他的财产能做恰当而合理的分配；

对遭受厄运打击的困苦之人具有怜悯之心，适度帮助他们，也为自己的亲人设想周到。

因此，这便是治愈贫穷最后一个重要的妙方：培养你自身的赚钱能力，通过勤奋学习和努力，成为一名富有智慧的人，一名更加多才多艺，能够自尊自重的人。

以上就是我根据自己长久以来成功的理财经验，所整理出来的治愈贫穷的妙方，我敦促所有渴望致富的人们都能遵照执行。如此，你将充满自信，早日实现你梦寐以求的致富愿望。

最重要的还是，你能够发现机会并把握机会，这就是赚钱的能力。

皮尔夫人的丈夫去世后，她自己一个人住在纽约市郊区的一栋公寓里。有一天，她去一家餐馆的柜台买冰激凌时发现那儿同时也卖水果饼，不过那些水果饼做得实在是太差了。她问老板愿不愿意向她买一些真正的手工制作的水果饼。老板向她订了两块水果饼。虽然皮尔认为自己是一个很好的厨师，但以前这些都是由女佣来干的，自己亲手烘制饼干，也仅仅几次而已。在那家餐馆的老板向他预订了两个水果饼之后，她向一位邻居认真学习了制作水果的方法。结果，餐厅的顾客对她做的那两份水果饼赞不绝口。于是，餐厅又订制了5块，不久，其他餐馆又来向她订货。在接下来的两年之中，来订饼的人越来越多，她每年必须烘制出5000块饼——这些都是她一人在自家的厨房中完成的。现在皮尔夫人一年的收入可以达到10000元，除了购买了一些制饼的原料之外，一分钱也没有多花。

随着需求量的不断攀升，皮尔夫人不得不把她的工作间从厨房里搬出去——她租了一间店铺，还雇佣了两个人帮忙。

皮尔夫人认为，其他的家庭主妇也可以以同样的方式赚钱。从自家的厨房开始，积极进取，不为金钱而烦恼——没有租金、没有广告费。在这种情况下，开始她的创业并取得辉煌的成果。

仔细观察你的周围，你将会发现有许多尚未达到饱和的行业，不管男人还是女人，都有很多工作机会。"

 合理运用你的金钱

在本章第二节我们讲过，控制你自己的支出，应该把花钱的事记在纸上，做一份适合自己的预算并把每年收入的10%储蓄起来。除此之外，卡耐基认为，合理运用你的金钱，还应该做到：

不要让保险公司将人寿保险金一次性给付你的受益人。如果买人寿保险，是为了在你死后，让你的家人得到照顾，那么也绝不能让保险公司一次将大笔钞票付给你指定的受益人。丽温·爱莱明夫人是纽约人寿保险研究所的主任，她指出让寡妇一次性领取人寿保险金不如改为让她领取终身收入。

卡耐基建议每个家庭在买人寿保险时应该先弄明白以下这些问题：

你的家庭成员买人寿保险，能够满足什么基本需要？你是否知道，关于付款的方法有多种选择？你知道一次性付款和分期付款的区别在哪里吗？你是否知道，人寿保险具有双重目的？假如家中的男人很早就去世了，保险就可以保护他的家庭；如果他能够安享晚年，人寿保险可以给他生活的保障。

此外还有许多类似的问题，对于你的家庭都是非常重要的。家庭中男人和女人都必须知道有关人寿保险的知识，特别是如何支取保险金，值得每一个家庭重视。

让子女养成对金钱负责的态度。有一本杂志上刊登过这样一篇文章，内容是关于如何教导子女养成对金钱的责任感。下面就是文章中所载的方法：

作者库特从银行取得一本特别储金簿，送给她9岁的女儿。每次女儿在得到每周的零花钱的时候，就把钱存进那本储金簿中，母亲则充当银行的角色。在那个星期内，女儿每使用一分钱，都从账簿中提取，然后把余款详细记录下来。母亲用这种方法让女儿学会了如何处理对金钱的责任感，这是一个很好的办法。如果你是一位未成年子女的父母，你不妨用上述的方法，培养他们对金钱的责任，这对你们来说是非常有益的。

千万别赌博。对那些妄想从赌博中发家致富的人，人们除了轻视之外，别无同情。

要学会宽恕自己。如果我们不能改变我们的经济状况，那么我们可以改变心理态度。你要知道，大部分人都会有财务烦恼——林肯和华盛顿都还需要向别人借钱，才能启程前往首都就任总统。

虽然我们得不到我们想要的东西，但是不要让忧虑和悔恨跑到我们的生活中来。让我们宽恕自己，心胸豁达一些。按照古希腊哲学家爱科林蒂塔的观点，哲学的精华就是：一个人生活上的快乐，应该来自尽可能减少对未来事物的倚赖。

有人总结了运用黄金的五大定律，对于我们理财很有帮助：

凡把所得的1/10或更多的黄金储存起来，用在自己和家庭之未来的人，黄金将乐意进他家门，且快速增加。

凡发现了以黄金为获利工具且善加利用的聪明主人，黄金将殷勤且甘心地为他工作，而且获利的速度甚至比田地的产出高好几倍。

凡谨慎保护黄金，且依聪明人的意见好好使用黄金的人，黄金会乖乖待在他手里。

在自己不熟悉的行业上投资，或是在投资老手所不赞成的用途上进行投资的人，都将使黄金溜走。

凡将黄金运用在不可能的利益上，以及凡听从骗子诱人的建议，或凭自己毫无经验和天真的投资概念而付出黄金的人，将使黄金一去不回。

切记：要想让自己不为金钱问题而苦恼，那就永远握住对金钱的主动权。这样，你的快乐就增加了一个稳定而充足的理由。

先让你的口袋鼓起来

理财的首要条件是先让自己的口袋鼓起来，有了钱才能涉及下面要提到的一些理财问题。

卡耐基说过：有件事你需要考虑，当牵涉到你的金钱时，你就等于是在为自己经营事业。而你如何处理你的金钱，实际上也确实是你"自家"的事，别人无法帮忙。

但是，"处理"金钱的基础，是你应该拥有相当数量的钱。所以，想办法在工作或经商中，首先积累起一定的财富。一定数量的金钱，是生活和继续奋斗最基本的保证。

另外，增加你的收入的方法还有：

第二职业。选择你喜欢做的任何事情，当作你的第二职业。例如，你喜欢钓鱼，那么你可以试着去渔具商店找个兼职。

网络营销。你可以在网上代理销售一些大公司的产品，从中提取提成。你也可以在周末的跳蚤市场卖这些产品。

给自己的博客或者网站挂广告——把你觉得有趣的事情记录到你的博客，

利用浏览点击率来赚取广告收入。

网上开店。把你不用的东西放在网上拍卖。记住：对于你来说，某些东西可能是垃圾，但对于别人就可能是宝贝。

做做自由撰稿人。可以给杂志，报社，甚至某些活动撰写文章，投稿来获得收入。

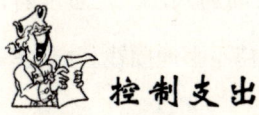

控制支出

对于怎样管理我们的金钱，卡耐基有一条最首要的建议，那就是：把花钱的事记在纸上。

我们只有知道自己错在哪里的时候，才能知道需要改正什么，否则我们无法进行任何改变。如果我们不知道哪些钱是必须要花的，哪些钱是不必要花的，那么节约就是一件毫无意义的事情了。因此，我们应该在一段时间内，记下自己的开销。比如，记录3个月看看。当然你不用记录一辈子，财务专家们建议，至少做3个月的记录，要把花的每一分钱做准确的记录。使我们知道钱都花到哪去了，然后我们就可依次做一份预算出来。

另外，你还要做一份适合自己的预算。

通过记录，你可以准确地算出你每一年的固定的开销：房费、食物、水电费、保险费。然后在计算出其他必要的开支：服装费、交通费、医药费、教育费等等。

当然有一点需要指出的是，预算的意义，并不是剥夺生活的乐趣。它真正的意义在于物质安全感，在很多情形下，安全感就等于精神安全和不会忧虑。专家们说过，依据预算来生活的人，他们都活得比较快乐。

再次，应该把每年收入的 10% 储蓄起来。

在预算中必须有这样一笔开支，至少把每年收入的 1/10 存入银行，或者拿去投资。这样你可以建立一笔额外资金，用做特殊用途，譬如买房子或汽车。

下面再提供一些实际可行的控制支出的方法：

1. 想一下，你为什么想要攒钱

把你为什么要攒钱的原因都写下来。你的原因可能有：上学，买房，旅行，买车等等。其他一些原因，比如：入不敷出，想帮助别人，只是想理财，或者其他一些不太明确的目的。明确那些原因能让你坚持不懈地攒钱。把这些原因写下来，时刻提醒自己。

2. 了解自己的收入来源

了解自己每月准确的纯收入。有时我们只愿意想当然地认为自己每月会拿多少钱，因为这可能会让你感觉良好。但是我们需要了解扣除了税和福利以外的纯收入。

3. 做一个支出账单

把你每月的开支记下来，或者借助 Excel 表格工具。观察几个月，计算每月平均支出多少钱。

4. 计算每月的净收入或亏损

用你每月的纯收入减去每月的纯花费，这个值反映了你是攒了钱还是亏了钱。知道了这个数，你就可以做下面的事情了。

5. 做一个开支预算

网上有很多可以生成开支预算及个人财务管理的软件，例如：Microsoft Money。或者如果你使用 Excel 熟练的话，可以用 Excel 表格。这样做的目的是为了分配每月的支出上限和你要攒钱的收入下限。

6. 缩减开支

仔细看看你的每项支出账单，哪些地方是可以缩减的？例如，你的手机费，网费等。你会发觉每月下来真的能缩减一部分开支。

7. 先还信用卡

如果你使用信用卡，并且通过信用卡支付比例超过使用储蓄账户的支付比例，那么最好的决定是每月先还信用卡的账务。即使不能全部还清，至少要还清每月最低的还款额度。如果你依旧不能很好控制你的花费，还是建议你把信用卡销户，使用你的储蓄账户进行支出。

让你的家庭幸福快乐

卡耐基告诉你人性的优点与弱点大全集
ka nai ji gao su ni ren xing de you dian yu ruo dian da quan ji

对家人关心而有礼貌

我们每个人都有自己的家人：父母和兄弟姐妹。我们希望我们的父母受到别人的尊重，那我们就要先尊重他的家人和朋友，对他们殷勤而有礼貌。

面对现实的无情和生活的混乱，卡耐基决定把妻子带回老家过一段日子。

乘着隆隆的火车，卡耐基夫妇回到了家乡。卡耐基原想在家乡能够和洛莉塔好好生活一段时间，看看能否弥补两人之间的裂痕。但有一件事使卡耐基决定了自己一定要离婚。

在家里，当女佣送上菜时，洛莉塔觉得菜是那么难吃，便破口大骂，骂了女佣，还骂卡耐基的亲人，这使卡耐基感到相当难堪。在保守的农民生活中，这种事极不为人所容忍。卡耐基非常不高兴地训斥了洛莉塔几句，洛莉塔将手中的盘子向卡耐基砸去，弄得卡耐基满脸是伤。而洛莉塔对此事似乎无所谓，毫无歉意地离开了玛丽维尔。

卡耐基对洛莉塔十分失望，认为她是一个没有教养的女人。

卡耐基认为，对于婚姻而言。殷勤有礼就像机油对于发动机一样重要。希望做妻子的对待他们的丈夫就像对待陌生人那样有礼。要想婚姻幸福除了谨慎地挑选伴侣之外，婚后的殷勤是最重要的。女人如果泼辣蛮横，任何男人都会被吓跑。

丹姆洛契夫人曾这样说："我们选择自己的伴侣时，必须审慎小心，其次就是婚后注意彼此的礼貌。"年轻的妻子们，不妨就像对待一位客人一样，温婉有礼地对待自己的丈夫。任何丈夫，都怕自己妻子是个骂街的泼妇。

卡耐基认为，礼貌是一种内在的品质，它可以弥补服饰和外表的缺陷，使那些比你优越的人也不敢小瞧你。

世界那么大,国家那么大,但是对于我们来说,家庭只有一个。世界上的孩子千千万万,对于我们来说,亲生骨肉只有一个或者两个;世界上的男女千千万万,对于你来说,丈夫或者妻子只有一个。

因此我们要学会善待家人。如果我们不会善待家人,我们就不配成家;假如我们不会善待孩子,我们就不配做父母;假如我们不会善待老人,我们就不配做儿女。

自从结婚后,有了孩子,开销日渐增多,比尔就感觉压力倍增,平时除了忙于工作,还不断地给自己充电,希望有朝一日能换份高薪的工作,来缓解家里的经济支出。终有一日,比尔的努力换来了满意的工作,但是他却感觉不到丝毫的快乐,新的工作让比尔更忙,压力更大,还担心被炒鱿鱼。比尔发现自己变了,居然没有了生活的快乐,感觉自己只是赚钱的工具,只是为赚钱而活着;繁忙的工作让比尔的生活空间变得越来越小,更没有时间去交朋友,就连个诉说的对象都找不到,在工作中遇到不开心的事,回到家里便会大发雷霆,一阵暴风雨过后,心里才会慢慢舒坦过来,而老婆则在一旁抹着眼泪默默地承受,没有半句怨言。那天无缘无故又被老板狠狠地训了一顿,虽然事后澄清并不是比尔的失误,但比尔心里却很不是滋味,憋着一股闷气。回到家里见到刚过周岁的女儿哭个不停,比尔心里更加烦躁,终于点燃了心中的那把闷火,比尔把女儿往沙发上一扔,大声吼道:"哭哭哭,你就知道哭,都这么大了还哭!你就不会笑吗?"没想到女儿哭得更厉害了,老婆从厨房闻讯出来,狠狠地瞪了比尔一眼,赶紧抱起女儿,一向温柔似水的老婆突然变得凶悍起来:"你太过分了,居然对女儿发脾气,你平时对我发发牢骚我忍了,可你绝不可以吼女儿!"说着老婆就哭了起来。见到老婆伤心欲绝的样子,比尔才猛然惊醒:我怎么可以这样对待自己的亲人呢,那可是我的爱人和女儿啊,我要阻止自己!坚决不可以这样下去!在老婆的帮助下,比尔翻阅了大量心理学方面的书籍，找到了自己的原因，还知道了运动是最好的发泄方式，从此他每天早上起来晨练，不仅锻炼身体，而且修身养性，人也精神多了，从而又找到了生活的快乐。

我们身边的每一个人都非常关心我们，因此，我们也要对他们有礼貌，不能把自己的怒气发泄到亲人身上，那样只会使我们的亲人伤心。

试想，在单位里，上司当众狠狠地训斥了你，你还得点头称是，但下班回家后，你的爱人轻声问你为什么晚归，你却火冒三丈；好久不见的老友询问你的终身大事，你心里会觉得很温暖，但同样的话出自老爸老妈的口中，却成了干涉你的生活。仔细想想，上述这种情形对我们来说，并不陌生，似乎我们家人欠我们什么，我们就应该对他们不客气。

细究其原因，人们的压力越来越大，在外面劳累了一天，心中可能会积聚许多不满，但见到我们的家人时，只要有一个发泄的机会，其结果可想而知——他们立刻成了我们的出气筒。静下来想想，这种厚他人而薄家人的做法，实在是非常不明智的。其实，家人对我们来说是非常重要的，工作可以再找，但自己的家人却是一辈子的牵挂，是不能取代的。气头上对家人的一句重话比外人的辱骂更容易造成难以弥补的伤害。所以我们更应该妥善处理好与家人的关系，避免伤害到家人！

比利和汤姆结婚10周年那天，一位移居加拿大的朋友寄来一份礼物，一张游戏光盘，名字叫"别让那只鸟飞了"。比利没有玩游戏的习惯，因此就把它当做一份纪念品收藏了起来。

直到一天，8岁的儿子在书房里乱翻，发现这张游戏光盘。玩过之后，儿子对比利说："妈，这里面有一只鸟，弄不好就会从窗口里飞走，一飞走，游戏就砸了。"

在儿子的提醒下，比利打开了计算机，打开了那张光盘。

这时比利才知道，原来这是一张针对成人而开发的大型游戏软件，总投资

8500万美元。

游戏打开之后,映入眼帘的是一栋具有皇家风范的豪宅。豪宅里各项生活设施应有尽有。游戏者进去之后,可以以主人的身份在这里生活。你想打高尔夫,可以去高尔夫球场;你想看书,可以走进书房;想喝咖啡,可以让仆人给你送去;想举行舞会,可以邀请包括马丹娜在内的100位世界级影视明星;想去旅行,车子就在门口;上了车,沿着门口的路,你可以去埃及、法国、中国等世界任何一个地方;假若你有一位情人,还可以秘密地约他出去,到附近的海滨或南美的哥伦比亚大草原。总之,在这里,你可以随心所欲地生活,可以按照自己的意愿想怎样就怎样。但与现实不同的是,这栋豪宅里有一只鸟在飞。它嘴巴上叼着一只篮子,从客厅飞向卧室,又从卧室飞向书房,飞向餐厅,飞向豪宅的每一房间。

这只鸟有一个特点:不论你是外出旅行,还是在家读书,或是在公司处理商务,你都不能忘记往这只鸟的篮子里放东西。

假如你忘了,到了一定的时间,它就会从某个窗口飞出去,一旦出现这种情况,屏幕上就会出现这样一个画面:豪宅倒塌,野草丛生;夕阳下,一个孤独的身影慢慢地消失在黑暗中。

那么,该向那只篮子里面放些什么东西,才不会使鸟儿飞走、豪宅倒塌呢?

游戏里有一份菜单,那上面有包括金钱、花朵、微笑、哭泣、亲吻在内的152种日常用品和日常行为。

这部游戏是赫利克斯公司耗时3年,从全球50万对金婚老人那里征集的,每一件东西,每一个行为都按照这50万对金婚老人选票的多少,被赋予了不同的时间价值,有的代表一个月,有的只代表3分钟。至于哪种代表一个月,哪种代表3分钟,上面没有明说,得完全由游戏者根据自己对它们的认知来判定。

比利自从打开了这个游戏，就被它迷住了。只要有空，就要玩上一阵。

起初，由于不知该往鸟儿的篮子里放些什么，所以那栋豪宅经常被比利弄得从屏幕上消失。

有一次，比利实在是不知该怎样伺候它，就随便挑了一个吻放在篮子里。结果大出意外，它让比利在大书房里看了整整一下午的书，有几次它甚至还把篮子放在比利的书桌上，然后自己跳到里面打一个盹。

还有一次，比利送给它一个亲密的拥抱和惜别，就去了墨西哥的古玛雅城市遗址奇琴伊察。

这次更出乎比利的意料，半个月后，比利回来了，鸟儿不仅没有飞走，当比利到达家门口时，它还热情地迎接了比利。

这到底是怎样的一只鸟儿呢？

比利送给它金钱，它只在家里待3分钟，比利送它一枝花朵，它竟可以待上3个小时。

后来比利终于发现，这是一只婚姻鸟，并且它有许多不起眼的救星。一个轻吻，一个微笑，一个拥抱，一句关切的话语，一份小小的礼物，一段短暂的离别，都可以把它留下。

现在比利已能非常熟练地玩这个游戏，并且越玩越觉得它不再是一个游戏，而是50万对金婚老人在婚姻生活中的感悟和发现。

这个游戏告诉我们，一句微不足道的赞许，一杯顺手递去的热茶，一枝5元钱的玫瑰，这些在日常生活中微不足道的东西，具有滋养婚姻的神奇力量。

我们每个人都希望得到他人的理解，虽然我们的家人是我们最亲近的人，那也不代表我们可以任意对他们发脾气，大声的吵闹只会使我们的亲人伤心，因此，让我们珍惜我们身边的每一个人，给他们以关心和疼爱，对他们殷勤而有礼貌。

 **不要做婚姻的"文盲"**

我们经常听到许多人都说婚姻就是坟墓,结了婚,一切的甜蜜、美好、激情都荡然无存了,留给自己的只有抱怨、生活的枯燥和已死的激情。但是面对这种无奈时,我们又有谁想到我们应该怎么样去挽回呢?我们想到的只有结束。其实所有的事情都可以让你去改变的。

下面是卡耐基与洛莉塔刚见面的情景和双方又是怎么样坠入爱河的经历:

在柯蒂尼家中,卡耐基受到了热情的款待。吃完饭后。柯蒂尼对卡耐基说:"亲爱的卡耐基先生,你来到这里的消息使我们非常高兴,这是我给你准备的在伯尔尼的旅行计划,但其中有个小小的要求,就是请你给我们开一个小规模的演讲会,我们瑞士各界爱好你教学课程的群众组织,希望能亲耳聆听你的演讲。"卡耐基接过计划表愉快地答应了。

经过几天的游玩,卡耐基的心境比原先来的时候好多了,按照计划他将在这儿举行一个小规模的演讲会。

演讲会如期举行。当地的很多人慕卡耐基之名纷纷前来,卡耐基心中有些许高兴之感,这是他病后的第一次演讲,而且是在国外,对他是一次很大的挑战。

他发表了约 10 分钟的演说,然后就开始回答人们的问题。他的 10 分钟演讲效果极好,引起人们的阵阵掌声。卡耐基在瑞士向人们展示了他的风采。

这时,从会场站起一位身材苗条一头金发的美丽女子提问道:"卡耐基先生,听说你的课程在美国取得了很大效果,为何你为别人经营巡回表演公司反而遭到失败了,这是因为你的能力不够还是其他原因呢?"

第八章 让你的家庭幸福快乐

显然这个问题对初到瑞士的卡耐基有些不尊重，但面对这个不友善的问题，卡耐基还是微笑着回答："上帝是万能的，上帝会让每个人有失败和成功的时候，而我却不是万能，在我没有朋友参与的情况下安排演出只能证明事情的仓促，关于这些我亲爱的朋友罗威尔·汤姆斯已经回答了一切。"

演讲结束后，卡耐基和柯蒂尼走出礼堂时，发现那位提问的女子正站在一边微笑着注视他们，她的微笑真的美极了，两只漂亮的眼睛仿佛会说话，她的微笑似乎在说明些什么。

卡耐基这时似乎被什么东西迷住了似的，他立刻明白，许多年来他一直等待的是什么了。他不由自主地向她走去，他发觉这个女孩很美很美。

这个女子自我介绍道："我叫洛莉塔·包卡瑞，法国人，是包卡瑞伯爵的女儿，人们都叫我女伯爵。认识你真高兴，卡耐基先生。"

卡耐基对这位女孩的第一印象很好，他感觉这位女孩与美国女孩有着迥然不同的文化修养，那种贵族式的气质和现代妇女的进取心深深地吸引着他的注意力。

卡耐基与洛莉塔相约，请她做导游。洛莉塔愉快地答应了，并留下了她的地址。

回到柯蒂尼的家，卡耐基的神情仍恍恍惚惚。

第二天，卡耐基独自一人按洛莉塔留的地址前去找她。

原来洛莉塔并不是居住在瑞士的法国贵族，而是居住在德法边境上的一个贵族后裔，这次来瑞士的主要目的也是观光旅游，她也喜欢瑞士的风光。昨晚，她也对那位英俊、洒脱、开朗、睿智、戴着一副淡色眼镜的美国青年产生了一丝好感。她觉得他聪明的背后肯定很富有。对卡耐基的这种认识，显然对日后的感情培养不利。因为当她把是否富有看作为一个重要条件时，就多少削弱了情感的因素。

经过一番打扮后的洛莉塔比昨晚多了几分妩媚，看得出，她对卡耐基怀着很大的好感。洛莉塔将卡耐基介绍给她的舅舅全家后，两人便告辞出来参观伯尔尼的名胜。

洛莉塔告诉卡耐基她小时候曾经来过瑞士，所以对伯尔尼的景观记忆犹新，因此带着卡耐基四处观光，同时也给他介绍一些自己知道的历史知识和地理趣闻。

在一起观光的日子里，他们俩谈了许多各自的情况和双方感兴趣的话题。洛莉塔从这几天和卡耐基的接触中，发现卡耐基是个谈话的好手，他的勇敢、热忱时时冲击着曾受过贵族式教育的她，而且，她觉得美国一定是个很奇妙的国家。

而卡耐基这几天也似乎生活在一片愉悦之中，瑞士宜人的风光和身边这位美丽高贵的女子带给自己失败后不曾有过的欢乐。他仿佛觉得他等待多年的爱情已经到来，上帝安排了他来欧洲，也安排洛莉塔来到瑞士。

在伯尔尼参观结束后，卡耐基建议去日内瓦游玩，洛莉塔毫不犹豫地答应了。

他们参加了当地举行的一个欢迎卡耐基的晚会，晚会的气氛相当好，柔和的灯光，悦耳的音乐，使他们陶醉在舞步中，他们配合得非常好，舞步相当默契，第一次跳舞便似多年的老舞伴似的。

舞会结束后，卡耐基深情地吻了洛莉塔，这个吻很长也很动人，他们心中都有一种相见恨晚的感觉，似乎命中注定他们应当相恋。

渐渐地，俩人就谈论起婚姻问题。卡耐基和洛莉塔开始忙碌了，为结婚做准备。他们已经和一家教堂里的神父联系，安排了他们的结婚日期，这是在1912年的8月。

1912年8月16日，卡耐基挽着拖着长长的洁白婚纱的洛莉塔缓缓地走进了那家教堂，此刻，他的心中涌起一阵幸福感和神圣感。他觉得他的精神从此有了寄托，家庭生活比事业更加重要。

第八章 让你的家庭幸福快乐

然而，婚姻并没有带给卡耐基幸福，他的妻子揭开婚纱后的第一句话不是祝福他也不是说"我爱你！"而是质问他："你有没有给清洁工小费？"

他内心的幸福感一下被冲淡了，有一种苦涩爬上他的心头，他有一种预感：这是一场不愉快的婚姻。

结婚以后，卡耐基就隐约感到了这场婚姻的危机。

其实，最初卡耐基和洛莉塔在一起时，两人的性格并不合适。但是由于两人相处的时间短，而且卡耐基和洛莉塔被当时的幸福和甜蜜冲昏了头脑，所以造成了结婚之前双方并没有真正地了解对方。在结婚后，大家并没有彼此迁就，而是双方都发现以前自己不曾发现过的对方的缺点，尤其是洛莉塔，对于卡耐基的缺点不仅不包容，而且还讽刺讥笑，这是导致最后婚姻失败的导火线。

卡耐基从他失败的婚姻中总结出了以下几点：婚姻的幸福和快乐很少是靠机遇获得的，它们是靠人营造出来的，而且还要有理智的、审慎的计划；性，是婚姻生活中最重要的事情，而且也是导致大部分男女婚姻失败的根本原因；性，只是婚姻生活中需要满足的诸多事情中的一种，但只有把这层关系理顺了，其他方面才会顺利，不能因为情面而不好意思说，必须用心改变。

露西是一个节目主持人，人长得漂亮，又有口才，很多男人都喜欢她。

而他就是一个普通的男人，骑着自行车上下班，能淹没在上下班的人群中，没有出众的才华，也没有奇特的思维，但他是她的老公。

他们结婚3年了，她越来越红，他还是从前的样子。

他知道她是靠嗓子吃饭的，在她去上班的时候，他一个人在家，就给她剥莲子，把莲子里小小的心抽出来，然后煮成茶给她喝。

而她的应酬总是特别多，甚至回家和他吃饭的时候都很少。后来，她有了隐情，和一个老总好了，老总出手大方，先给了她一辆车，再给了她一套房子，她于是常常夜不归宿。

他没有和她争吵，还是默默为她剥莲子心，把细细长长的心剥出来，已经剥了一包，放在茶几上。

有一次她回家拿东西，看到他在屋里坐着，没有开灯。她开了灯问："你在干什么？"

他在剥莲子，黑着灯也能熟练地剥！她的心软软一动，喉咙有些哽咽，但刹那间就掩盖了过去，只是淡淡地说："你能再给我煮一杯莲子茶吗？"

他欣喜若狂，赶紧煮来一杯。望着升起的白烟，她眼睛湿了。但她还是走了。下楼的时候他追过来，她停住，皱着眉头，以为他要骂她。

但他只递给她一包东西——是他剥好的莲子心，他说："不要忘了，多喝对你嗓子才好，你还指着嗓子吃饭呢。"

此时的她已经泪流满面，但不愿回头让他看到，毅然地离开了。

那天晚上，她孤独地待在老总给买来的大房子里，老总有应酬没有回来，她拿出那包剥好的莲子心，用滚烫的水为自己沏了一杯。

喝一口，苦而涩。

再喝一口，已然清香，但那淡淡的苦依然在唇齿之间。

从上面的例子可以看出，我们不能做婚姻的文盲。那个老总虽然有钱，但是他并不能像露西的丈夫那样爱露西，他或许只是图一时之快，而想娶露西。但是，露西的丈夫却不同，他对露西的爱是不能用言语表达的，他爱露西胜过爱自己。作为故事的主人公露西，此时应该想清楚，她究竟想得到什么？是一个温暖的家庭还是从表面看来很风光但是其实并不幸福的一段婚姻。

婚姻的幸福决定着我们一生的幸福。只有有了幸福的家庭，我们才能有更多的精力投入我们的工作。

英国大政治家狄斯瑞利的妻子在对婚姻这件最重要的事情上，是一位伟大的天才。

她从不让自己所想到的，跟丈夫的意见对峙、相反。狄斯瑞利常常要跟那

第八章 让你的家庭幸福快乐

些反应敏锐的贵夫人们对答谈话,每当精疲力竭的狄斯瑞利回到家里时,她立刻使他有个安静的休息的地方。在这个愉快日增的家庭里,在相敬如宾的气氛中,他有个静心休息的地方。

狄斯瑞利跟她在一起的时候,是他一生最愉快的时候。她是他的贤内助,他的亲信,他的顾问。每天晚上,他从众议院匆匆地回家来,他告诉她白天所看到、所听到的新闻。而最重要的是,凡是他努力去做的事,她绝不相信他是会失败的。

我们不能对男性的爱好存在偏见,因为都非常有害,坚决要将它抛弃,而应该去发现属于自己的那个男人真正喜欢的东西。如果一开始你不能满足他的全部需求,不要认为自己的婚姻已经失败了,因为没有人能做到完全令别人满意。同样地,如果丈夫没有满足你的全部要求,你也不能因此就认为他不配做丈夫。但是如果丈夫提出无理的、完全不现实的要求,你应该立即表明自己的观点,维护自己的尊严,没必要成为一个忍气吞声的可怜虫,因为丈夫的需求要靠你热烈的爱去满足,而不是用软弱或其他的东西去"收买"。

我们都希望我们的婚姻是幸福的,都希望我们的家人对我们是永远支持的。那我们在关心自己的同时,就要更多地去想想对方,为对方着想,这样婚姻生活才和睦、美满!

 真诚地欣赏对方

我们每个人都想得到他人的欣赏和赞美。男性对于女性追求美观及装束得体的努力应该表示欣赏。如果男人能够及时地发现妻子衣着的变化而及时称赞的话,会给妻子带来无穷的乐趣。同样,如果妻子能够及时鼓励男人在事业上

的成功的话,也会给他们带来更大的动力。

下面是卡耐基与桃乐丝之间的爱情交往。频繁而热烈的书信来往,使卡耐基与桃乐丝之间的情感基础在相互的理解和爱恋中越来越牢固。

对于一个女孩子来说,卡耐基是一位十分卓越的人物。他睿智的思辨、美妙的逻辑、精辟的论述,无不使桃乐丝折服。这是一个女孩子可以终生托付的人。桃乐丝认为,他是她有生以来认识的所有男人中最优秀的。卡耐基真诚执著的情感,温柔细腻的心灵,怎能不打动桃乐丝的芳心呢?

卡耐基是个聪明的男人。而桃乐丝同样也是一位聪明的女人。

生活中聪明男人和聪明女人并不多,而聪明男人和聪明女人的结合更少。不过卡耐基这样的聪明男人,对聪明的桃乐丝是真正地爱恋,而桃乐丝对卡耐基也是情真意切的。

1943年10月,卡耐基致函桃乐丝,邀请她前来纽约担任他的秘书。桃乐丝稍作考虑,就同意了卡耐基的意见。

这样,一对恋人得以天天见面了。但是,由于工作的因素,他们很少有闲情逸致在一起谈情说爱。只有在假日里,他们才能一起逛逛商场、公园,到郊外散散步。

1944年的一个春天的黄昏,在纽约河畔的一片小树林边,卡耐基和桃乐丝并肩坐在树下。他们的心情都非常快乐,在一起享受着爱的甜蜜。

"《圣经》上说,上帝把人分成了两半,一半是男人,一半是女人,让这两个人来到世界上相互寻找。"卡耐基对桃乐丝娓娓而谈。

"他们一直在找。找呀,找呀,有人找了一辈子还没找着,于是打了一辈子的光棍。有人自以为找着了,结合了,怎么也合不到一块去,结果发现两个人之间无法相互吸引,日子过得既平淡又乏味,自然不能真正顺心,只是凑合着过日子,这就是没有色彩,没有爱情的苍白婚姻。当然,也有互相找着了的,他们的心灵、他们的精神、他们的肉体就会成为一个人,幸福美满地度过

第八章 让你的家庭幸福快乐

一生。这就是完美的婚姻。可是真要找到那一半实在是不容易的。"

卡耐基和桃乐丝经过一段时间的相爱，于1944年11月5日，正式结婚了。

卡耐基认为，无论男人还是女人，都渴望得到赞赏和热爱。如果能够衷心地表示赞赏和热爱，就会得到幸福和快乐。对于女性在追求美丽方面所花的时间和心思，男人应该表示赞赏，作为丈夫，更不应该忘记这点，因为女人非常在意自己的衣着打扮。

如果你的妻子有什么值得赞赏的地方，一定要记住"大大地夸奖那个小女人，"你不妨让她知道，她对于你的幸福和快乐是何等的重要。

一位大企业家曾说过："我们想提升某人时，一定会先调查他的妻子。并非调查他们的太太是否长得很漂亮，或者很会做菜。而是她是否能让她的丈夫充满自信。""做妻子要接受丈夫的一切。要让丈夫生活愉快，拥有满足感。当丈夫回到家里时，要替他装上自信的弹丸。这样做丈夫的就会想：她这样喜欢我，可见我在她心中有一定的位置。做妻子的若能爱丈夫，信任他，他就会拥有一定能做好一切的自信。所以，当他第二天出门时，就会不怕任何苦难的考验，会充满自信地接受挑战。"

生命需要懂得欣赏，也只有懂得欣赏，我们才能领悟到美丽世界的种种奇观；只有懂得欣赏，我们才能包容对方的缺点。拥有一颗包容的心，去领悟一份人间的真爱。在相互的包容和理解之中，你才会发现生活原来是如此的美好。

纽约州汉普斯特市的山姆·道格拉斯，过去常常说他太太花了太多的时间在整修他们家的草地、拔除杂草、施肥和剪草上。他批评她说，一个星期她只需要这样做两次，因为草地看起来并不比4年前他们搬来的时候更好看。他这种话当然使她大为不快，因此每次他这样说的时候，那天晚上的和睦气氛就给破坏无遗了。

道格拉斯先生从来没有想到她整修草地的时候自有她的乐趣，以及她可能渴望别人为她的勤劳而夸赞她几句。后来在道格拉斯先生和同事聊天时，才发现懂得欣赏妻子是多么重要。于是，他改变了自己的看法。

一天吃完晚饭以后，她太太要去除草，并且想要他陪她一起去。他先拒绝了，但是稍后他又想了一下，便跟她出去了，帮她除草。她显然极为高兴，两个人一同辛勤地工作了一个小时，同时也愉快地谈了一个小时的话。

自那以后，他常常帮她整理草地花圃，并且赞扬她，说她把草地花圃整理得很好看，把院子中的泥土弄得好像水泥地一样平坦。结果两个人都更加快乐了。

一位心理学博士曾指出，如果每对夫妻都能牢记结婚仪式上的誓言："我不计较这个男人的一切，我接受对方所有的行为。"就会挽回许多家庭的不和睦。

夫妻之间需要相互理解，相互宽容，这样才能使大家在愉悦的气氛下生活。其实不仅夫妻之间需要真诚地欣赏对方，家人之间需要相互欣赏，而且同事之间也需要彼此欣赏。

学会欣赏别人吧！欣赏你的同事，会使你和同事之间合作得更加亲密。欣赏你的下属，会使下属工作得更加努力。欣赏你的爱人，会使你们的爱情更加甜蜜。欣赏你的孩子，会使他更加健康地成长。学会欣赏你周围的一切，你周围的世界就会变得更加美丽。

第八章 让你的家庭幸福快乐

多从小事上关注她

女人都是敏感的,有时会把细节的问题看得很重。她们会埋怨说,别的丈夫出差都会给他的妻子买礼物,为什么你没有想着我呢?其实从这件小事上并不能看出男人对她爱还是不爱。我们心里也知道,夫妻在一起生活,就是为了更好的生活,患难见真情。可是女人还是会为这些小事不停地计较。因此作为男人,让我们多从小事上关注她吧。

与洛莉塔离婚后,卡耐基把全部精力都放在自己的事业上,取得了很大的进展。但卡耐基并没有放弃对美好婚姻生活的追求,而是在等待着爱神的光临。上帝是公正的,上帝没有忘记卡耐基的感情生活,桃乐丝的出现给卡耐基一个巨大的惊喜,也为他开辟了婚姻生活的新天地。

1939年的一天,一个极为平常的日子。

卡耐基收到一封信,这是依弗瑞特·波柏—俄克拉何马商学院、会计法律及财政学院的经营者波柏写来的。波柏在信中表示,他期待卡耐基为他的毕业生们提供重点阅读《影响力的本质》一书的方法,从而帮助他们顺利地找到理想的工作。

不久,波柏亲赴纽约同卡耐基会谈。经过磋商,两人达成了基本一致的共识,开课已成为可能。接着,波柏又同卡耐基举行了几轮会谈。

仿佛是命中注定,也许是卡耐基的机遇特别好,在波柏的卡耐基课程上,卡耐基结识了一位日后成为他爱妻的姑娘,她的名字叫桃乐丝。

自从卡耐基和桃乐丝初识以后,他们就保持了联络,经常书信往来。他们两人都喜欢写信的交往方式。而桃乐丝在信中向卡耐基诉说她在现实生活中碰到的种种不愉快以及心绪的波动和烦闷时，这正好让卡耐基找到了展示自我的机会。

一次，桃乐丝陷入了不能摆脱的坏情绪，卡耐基对桃乐丝寄予了深切地关怀。他当即给她回复了一封信，详细地提出了帮助桃乐丝摆脱情绪不快的意见。

"读过你的信，我对你的情况非常关切。根据我个人的见解，我向你提出一些参考性的事例和观点，但愿能对你有所帮助。"卡耐基写道，"如果我以下的话能达到这个效果，我将非常高兴。"

卡耐基不厌其详地给桃乐丝摆事实，讲道理，他的目的只有一个，就是让桃乐丝尽快恢复好心情。最后，卡耐基写道："亲爱的桃乐丝，我衷心地希望我们每天都能忘掉烦恼，生活在快乐之中，享受人生赋予我们的莫大乐趣。"

这是一封特别的情书，信中并没有那些烫人的充满爱的字眼，但是，这封富有哲理和启发性意义的情书却使桃乐丝感受到了卡耐基的爱心。

桃乐丝读了卡耐基的这封信后，心情顿时好了许多。她十分感激卡耐基给她写了这么好的一封长信，使她获益匪浅。

频繁而热烈的书信来往，使卡耐基与桃乐丝之间的情感基础在相互的理解和爱恋中越来越牢固。

卡耐基认为，大多数男人总是不注意从日常小事方面来表现对女人的体贴，因为他们不知道，爱的远逝，往往都是从小地方开始的。为什么要等你的妻子生病住院了才给她买花呢？为什么不明天晚上就买一束玫瑰花送给她？如果你愿意，不妨立即去做，看看结果如何。向你所爱的人表达你的思念，你要让她幸福快乐，而她的幸福快乐对你来说，同样也是非常宝贵和重要的。

自古到现在，鲜花是代表爱情的语言。其实不需要花多少钱，尤其是在花季的时候，在街口、路口，都可以看到卖花的人。可是，有没有一个做丈夫的，经常不忘记带一束鲜花，回家给太太？其实妻子看重的并不是价钱，而是

第八章 让你的家庭幸福快乐

看重做丈夫的有没有一颗关心她和疼爱她、处处想着她的心。

柯恩是一个百老汇最忙的人，每天习以为常地给他母亲两次电话，直到她老人家去世的时候。你以为每次柯恩打电话给母亲，是有什么重要新闻要告诉这位老人家？不，不是的。

注意小地方的意思是：对你所敬爱的人，表示你常想念着她，你希望她愉快。而她的欢愉、快乐，也会使你有同样的感受。

一般男人，都把应该记住的日子，忘记得干干净净，比如妻子或者女友的生日，或者结婚纪念日。尤其是结婚纪念日，男人是千万不能忘记的。

芝加哥一位叫塞巴司的法官，曾处理过4万件起于婚姻争执的案件，同时调解了两千对夫妇。他曾这样说过："一桩细微的小事，就会成为婚姻不快乐的根源。就拿一桩很简单的事来说，如果一个做妻子的，每天早晨对上班去的丈夫，挥挥手，说一声再见，就会避免很多触上离婚暗礁的危险。"

勃洛宁和他夫人的生活，恐怕是史册上最可歌颂的事了。他们永远注意到对方细节的地方，彼此间细微的体谅，使他们的爱情永恒。勃洛宁对他那个有病的太太，体贴得无微不至。她太太有一次写信给她的姐妹说："我现在开始有些怀疑，我是不是像天使一样的快乐。"

有一位农家妇女，经过一天的辛苦后，在她的男人面前放下一堆草。男人恼怒地问她是怎么回事，她回答说："啊，我怎么知道你注意了？我为你做了20年的饭，在那么长的时间里，我从未听见一句话使我知道你吃的不是草！"

为什么不体恤一下你的妻子，下次她烧菜烧得会很香。你就这样告诉她：你的手艺真棒。"

生活就是这样，女人要求的并不多，只是一点小事儿，哪怕是一个眼神儿，一个微笑，一个拥抱，都会让女人感动一生。

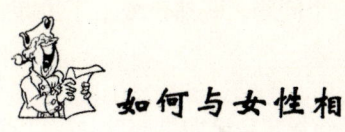 ## 如何与女性相处

爱一个女人，绝不仅仅是只有火热的感情就够了，并不是只要告诉她你是多么的爱她就够了，此外，它还应该包含许多内容，例如理解，殷勤，敏感和尊重。可是那些不懂得如何经营爱情的男人总是喜欢寻找借口，认为这世界上没有人能真正了解女人。

当卡耐基面对他的第一个爱人时，当时的他还不知道怎么样去处理这份感情，结果以失败的结局而告终。

与卡耐基同在州立师范学院上学的贝茜，长得很美，卡耐基第一次见到她时，就爱上她了。贝茜对卡耐基似乎也很友善，有时卡耐基骑马上学碰见她，她会向他挥挥手，并附上一句："早上好，卡耐基！"

卡耐基与贝茜的真正交往是在他获得勒伯第青年演说家奖以后。在那次演讲赛中，卡耐基战胜的对手正是贝茜，由于此次胜利，卡耐基成为全学院建校以来第一个在演讲赛上胜过女生的男孩。

庆祝晚会上，贝茜特地给卡耐基送了一大束鲜花，并附有一张卡片，上面写着：

"真为你的成功而高兴，亲爱的卡耐基。"

此时的卡耐基已经觉得自己陷入爱河不能自拔了，在以后的日子里，他的脑海中整天闪着贝茜的影子，贝茜美丽的形象总在眼前回荡。

"贝茜会爱我吗？"卡耐基整天思索着这个问题，他不敢说贝茜一定会爱自己，所以，无数次否定，而后又重新肯定，如此反复地责问自己。

尽管如此，卡耐基也会时常沉浸在一片假想的幸福之中，他幻想着他们相

爱的情景，但更多的时候他却忧郁不堪。

那时的卡耐基还相当羞怯，他不断地思考一个问题，既然已爱上了贝茜，但怎么向贝茜表达呢？

虽然卡耐基的演说能力已蜚声全学院，但是他肯定自己如果一旦站在贝茜面前，会连一个恰当的词汇也想不起来。

经过一个月痛苦与欢乐的循环往复，卡耐基想起了母亲那个精致的梳妆盒。他决定用一种特殊的方式向贝茜表达自己的爱。

当他有一天经过女生宿舍与教室的必经之路时，停住了脚步，急切地等待贝茜的出现。

贝茜依旧像往常一样与卡耐基打着招呼。

"贝茜，我可以送你一件礼物吗？并且……并且，我想……想邀请你周末与我一起去102号河畔野炊。"卡耐基说完这几句话，脸已经涨得通红了。

"圣诞节还早着呢，为什么要送我礼物呢？卡耐基。"贝茜满脸迷惑。

"因为，因为……你收下吧，给！"卡耐基把那个梳妆盒用一种精美的纸包着，塞到迷惑不解的贝茜手中，自己却先逃开了。

未等贝茜答应他的约会，卡耐基已走出了老远，他实在是难以控制自己激动的心情。

贝茜接受了卡耐基的邀请，他们约定周末上午9点校门口见面。

贝茜一边走向教室，一边打开卡耐基送给她的礼物。原来是一个漂亮的旧梳妆盒，打开盒盖后，贝茜看到里面有一张用拉丁文写的小纸条：

"亲爱的贝茜，我真不知道该怎么办，向上帝发誓，我爱上了一位美丽的女孩，你看看这面镜子吧，她正对着你微笑。戴尔·卡耐基。"

面对这样直白的爱情表示，贝茜一时感到手足无措。没有防备之际，梳妆盒掉到地上，那面镜子被摔得粉碎，令人惊奇的，又有一张纸条飞出来，那是另一种笔迹：

"卡耐基,你该不会把我的梳妆盒也拿去输掉吧!"

原来,卡耐基曾经误入赌途,他的母亲詹姆斯太太采取宗教式的劝诫方法,在镜子里装了一张纸条。没想到就是这张纸条却使得这两个少年心中的爱情之火犹如浇上了一盆凉水。

贝茜绝对想象不到会看到这样的文字,她顿时面色煞白,那双美丽的灰褐色眼中闪过了一丝失望。

卡耐基回家后,把拿走梳妆盒的事告诉了詹姆斯太太,这位虔诚的基督教徒虽然有些气愤,却没有对儿子发作,谁叫自己的家庭贫穷得不能给卡耐基买礼物的钱呢?

周末上午7点钟,卡耐基赶着四轮马车在瓦伦斯堡州立师范学院的校门口等待着贝茜的赴约。

在等待的时间里,卡耐基的心扑扑跳个不停,他不知道他们的第一次约会该是怎样的情景。

8点,贝茜乘坐一辆汽车来到了校门口。

看到贝茜,卡耐基地心跳加剧了。

但非常奇怪的是,今天贝茜脸上没有笑容,也没有向卡耐基挥手道早安。

他正在惊疑不定时,贝茜已经站在了四轮马车前,开口说道:

"卡耐基,我不得不告诉你,我的确钦佩你的演讲才华,但是,我不可能爱你,我的父亲可以容忍一切,但赌徒除外,再见!"贝茜把梳妆盒还给卡耐基,上车急驶而去。

年轻的卡耐基面对此景,似乎想解释什么,但贝茜不容他多说什么,就坐车走了。

卡耐基的初恋就以这样的方式结束了。

卡耐基当时还小,初恋的热情已使他心神不定,他似乎还不能理智地处理好这件事。

第八章 让你的家庭幸福快乐

要是这件事发生在 10 年以后，卡耐基一定会把这场误会解释得清清楚楚，他后来的著作《写给女孩的信》中就有不少诠释这种误会的办法。可是 16 岁的卡耐基却只能怅然地望着贝茜从身边离去。

卡耐基认为：婚姻的成功与否，取决于夫妻双方的"分享"和"合作"。当两人在处理家庭问题时，必须事前先把"你"和"我"转变成"我们"。

杰克的妻子在厨房里煮饭，杰克在外面整理草地，突然有朋友从路上驾车经过，看完杰克的车子后说："杰克！谁把汽车的挡泥板撞坏啦！"

杰克把刈草机倾斜着放在草地上，他的妻子远远地站在一旁，手里还拿着盛水的盘子。她听到他说："喔！是这样的，那天我倒车驶进车房时，不太小心，把车停放得太靠近门柱了，但我没有再移动。第二天早上，珍要驶出来时，连人带车撞在门柱上，我想是我们两人弄坏的。"假如男人与妻子共同塑造对外界一致的反应时，那么他们的婚姻一定是无懈可击的。

康奈尔大学文理学院院长雷纳·克瑞尔曾提到有关美满婚姻的蓝图。他说道："今日看婚姻是否美满，要看双方的心理是否成熟。也就是说，他们是否了解自己、了解自己与对方的关系，并且愿意彼此分担责任，以增进对方的快乐与福利。"克瑞尔院长又进一步提到了家庭关系的维持，是"凭借内在价值的满足，如感情、友谊、价值观等，而且不能用强求的方式取得。"

有一天吃午饭时，坐在我对面的是一个妇人及一位 13 岁光景的小女孩。那女人想从衣袋里掏出手帕，却拿出一封信来。"妈，那是什么？"小女孩问道。"嗯，我也不知道。"妇人一面说，一面拆开来看。突然，一对银白色的耳坠子掉在她手上，顿时笑容如春花般的从那位妇人脸上绽放开来。"喔！南丝，你看！"她说着。"你的父亲多体贴啊！今天不就是我的生日吗？"

于是一片愉悦与骄傲从母女两人的心头流过——竟然有这种男人披着幸福愉快的彩衣，环绕左右。

假如你有时候必须缩衣节食，也千万别缺少了对太太的配粮。如此，她会心甘情愿为你卖命。

罗伯·普洛先生是纽约的一位专栏作家，他还写过书。他是许多人欣赏的目标，因为他娶了一位美丽聪慧的太太。珍妮是许多男人心目中的贤妻，但珍妮却认为罗伯才是世界上最好的丈夫。大家都想知道他如何让珍妮有这种感觉的？原来每当罗伯·普洛先生有什么新书要出版时，他总不会忘记在首上写上"献给珍妮——我的妻子、我生命的全部"诸如此类动人的言辞。

巴德雷斯是一位闻名的音乐家。有一天，在大学附属礼拜堂里面看见一位女人坐在后排的坐椅上。"你在想什么啊！"他问道。"我只想着我拥有着无限的幸福，这是从来没有的感觉。""成熟的女人啊！你是说，你比学生时代快乐吗？""当然！""亲爱的太太，"他礼貌地问，"我真想看看你的丈夫呢！"

有许多聪明的男士就是不明白这一点对女性的重要。他们总以为，光是娶她为妻这个理由，就足以说明自己是如何爱她，足够她受用一辈子了。但是，太太们却偏不如此。她们是有点痴狂，喜欢有人不时肯定她们的行为。她需要知道他永远与她站在一起，不论是碰到小危机或是大变故。

那么，在日常生活中男性朋友究竟应该如何和女性相处呢？

第一，说话要谨慎。

既然女人小心眼，你跟女人说话就要小心，不要说话刺激她。打个比方，假设对方比较矮，你就不要谈到某某明星的时候说她太矮了，不如另外一个明星个子高挑。

第二，不要与女人争辩。

既然女人逻辑性比较差，你就不要跟她讲理，讲道理反倒会伤害她，糊涂一下子，时间长了，你并不吃亏。

第三，让女性多表现。

既然女人比较自我，说话的时候多把话头留给她，让她能多表现，平时适当夸夸她，让她觉得你心里是高看她的。

 **如何与男性相处**

在这个世界上,约有一半的人口是男性,因此,如何与男性相处,便成了女性最头痛的问题。男女双方要想和睦相处,我们就应该首先了解彼此的相同和不同。对女性来说,最好是多认识一下男性,以便知道如何才能"取悦"他们。

卡耐基认为,既然男人和女人之间存在差异,我们也不得不接受这个事实,那么作为女人,多考虑一下如何与男人相处应该不是一件坏事。许多女人错误地认为,听男人说话就是默不作声地坐在那里,耐心地听男人说个没完。其实,听人说话也要表现出积极的态度,如果你是一个善于倾听的人,就会在适当的时刻加入到谈话当中去。女人一旦掌握了倾听的艺术,就会与男人相处地更加愉快,进而与其他人相处得更融洽,而这也将会促进女人的面熟——这正是获得成熟的途径之一。

一把钥匙开一把锁。女人要知道如何与男人相处,首先需要了解男人的类型。视觉型男人宁可面对面聊天,也不愿在电话中诉情。当他生气时往往采取冷战的方式。

与视觉型男人交往,你必须下一番苦功,训练自己去假想一幅幅的景象以配合对方的习性。视觉型男人十分注重衣着的修饰,凡事详加记录、一丝不苟。所以与之相处也要注重自己的装扮来吸引对方。

其次,除了要注意这点以外,我们还要遵循一些其他的规律,现在要我们来看两个夫妻之间和谐相处的例子。

第一个是关于美国高尔夫公开赛冠军杰克的故事。杰克的妻子是林恩。杰克比赛时，林恩就在场外照顾他们的儿子。

对杰克来说，高尔夫球既是他的兴趣，又是他的生意。作为他的太太，林恩并没有参与他的比赛，但是她却一直站在场外，关注着他，为他喝彩，她是一个好伴侣。

詹姆斯太太是一个典型的中产阶级的太太，住在纽约北部的一个小城里。在她结婚后的前16年里，詹姆斯太太细心照顾家人，但是总觉得缺少了些什么东西。后来，她终于明白了缺少的是什么。原来，詹姆斯太太和先生没有一点共同的爱好。

詹姆斯先生最感兴趣的是曲棍球比赛。于是詹姆斯太太开始培养自己对球赛的兴趣。后来，她竟然发现自己也被曲棍球比赛迷住了，她像詹姆斯先生一样盼望着比赛，而且她不会像以前那样，先生看比赛的时候，她自己只能孤零零地坐着。

作为一个人，不论是男人还是女人，都有自己的生理特点、心理特点和年龄特点。也正是因为有这种差别，才使得你就是你，我就是我，也才有了这丰富多彩的世界。但是，不管男人还是女人，还是有很多东西是相通的，有很多东西是值得相互学习和借鉴的。那么作为一个女人，如何与自己的男人相处呢？

1. 要善解人意

男人找太太的第一个条件是好性情。聪明的女人一切都不需要男人明说，一个眼色、一个面部的微小变化都会使她立刻明白自己的处境和对方的意图。她从不执拗他人，也不使人为难，总是很温顺很平和，和她相处让人感到很松弛。

2. 要做一个好伴侣

要做一个好女人，就必须注意培养自己与丈夫共同的兴趣，努力使自己成为丈夫的一个好伴侣。大家都知道，成功的男人背后肯定有个成功的女人。这并不等于说这个女人在他的事业上帮过多少忙、出过多少力，而是告诉你要多利用时间去照顾家人、整理房间，晚上回来的时候准备好丰盛的晚餐，早上出门的时候整理好衣服。要让他没有什么后顾之忧。也只有这样，你的丈夫才能幸福，你也才能更幸福。

3. 努力做一个好听众

几乎所有的男人都认为女人话太多，意思是他们没有机会多说话。维系感情的主要方式是常常表达。女人要学会做一个好听众。你积累的修养和学识可以在他困惑的时候支持他，给他提供一些有价值的建议，这样会帮助女人与男人处得更好。

4. 要有适应力

当一个男人想到一个主意时，他会马上将它化为行动。女人对于男人的这种冲动要有一定的适应力。如果你无法融合到他们的行动中，就会令他们感到气恼。要知道，适应男人的心情，是赢得他的心的一个最万无一失的方法。

5. 要有行动力

有人苦口婆心地教导女人，认为女人的幸福是等来的，要静静祈求，好事儿自然会到来。男人天生具有控制欲，如果女人们都闭上眼睛过日子，做老爸的或是做老公的于是事事代为做主，那个权威感也自然是好得不得了，但是如果事事都要让男人提醒后再做，就会让他感觉到你很没有思想。所以女人要为自己的幸福负责，在合法的前提下将个人主动性发挥到极致，不要等待别人来赐予你幸福。

总之，不管是男人还是女人，他们都在这个社会中担任着一个特殊角色。我们每个人都要快乐地接受自己的性别。男人和女人并不是天生的敌人，互相对抗，而是手牵手，心连心，在友谊和爱情中一起工作，一起游乐，相亲相爱。

 ## 不要自掘婚姻的坟墓

家是心灵的港湾。每个人都希望有个幸福美满的家庭。作为家庭中的一位成员，我们每个人都必须为之做出贡献，都要为家庭的和睦而努力。我们切忌不可自掘婚姻的坟墓。

卡耐基的第一次婚姻是十分不幸的。卡纳基回到纽约时，心中非常懊悔。然而还有更不幸的事情的等待着他。

一天晚上，卡耐基决定和洛莉塔进行一次长谈，但他发觉洛莉塔不在。于是便驱车寻找洛莉塔。

他在一家酒店门前停了下来，走了进去，发觉洛莉塔正在和一名穿着较好的男子谈话，他认出了那名男子是纽约上流社会的猎艳高手杜马恩曾·佩。他很震惊，仿佛遭到重击似的。但他不想上去和那人决斗，他觉得为这样的女人而与人拼命不值得。

尤其令人气愤的是，当他向洛莉塔质问这件事时，洛莉塔竟扬着头说："是啊！我愿意当他的情妇，与你这个没用的家伙一起生活实在没意思，你不是要离婚吗？那么我们现在就离婚，离婚，离婚！"

这时卡耐基像一头雄狮，也大叫大嚷起来："离婚就离婚，你这个不知羞耻的女人，我再也不能忍受你了！"

说完，他抱着头，心中的伤感一阵阵袭来。10年光阴，仿佛是在噩梦中度过，而与洛莉塔生活在一起的所有一切都是噩梦。

他的朋友们知道了这件事，纷纷写信或者向他提建议，有的劝他离婚，有的则劝他不要操之过急。但他此时已经铁下心来，只有一个想法，那便是

离婚。

没多久,他们就走向法院,要求离婚。自此,卡耐基总算获得了解脱,仿佛被解放了似的,重新得到了自由的生活。

与洛莉塔10年的婚姻终于结束了,幻想10年的一个美丽的玫瑰梦便这么地给破灭了。

但是卡耐基只是失去了一个不愉快的家庭,他还有事业,等待他的是更多的创业机会。

洛莉塔无休止的争吵使卡耐基忍无可忍。她对卡耐基的嘲笑给卡耐基很大的打击。她的无理取闹使卡耐基对她失去了信心,最后走上了离婚的道路。

卡耐基认为,在爱情魔鬼发明的所有恶毒办法中,唠叨是最厉害的,它给婚姻生活带来的,除了悲剧什么都没有。

当丈夫为工作在外面劳累了一天、筋疲力尽地回家时,最好的方式是,你赶紧去门口迎接他,为他倒上饮料或冰镇酒,要么就打水洗脸,切记不要发脾气。当他面对这样一位可爱的天使。其实,你的目的并不是想当天使,只不过是想方设法地使自己免遭责骂。记住,这个办法是非常有效的。不管你和哪一个男性在一起生活,都需要去操纵他。但是,对一个指责抱怨你的男性,一定要坚持自己的原则,一旦你放弃原则去取悦他,最后的结果只会让他更加抱怨。

家庭生活中产生复杂的纠纷并不稀奇,但是不要听取陌生人的意见,因为他的想法往往不着边际又很容易引起误会。如果你和丈夫意见不合,最好尽量内部解决问题,不要让局外人掺和进来。

一般来说,一个局外人掺和夫妻间的内部矛盾是非常不合适的,因为一个外人绝不可能知道矛盾的关键在哪里,以及谁应该承担更大的责任。有时候也许根本就是鸡毛蒜皮的小事,夫妻双方都没有什么责任,尽管他们都是非常可爱的人,但是组合在一起仍然有可能成为一个容易爆炸的混合体。出现这种情况，局外人通常会觉得脾气暴躁的一方要负主要责任。但是，有时候恰恰相反，在外人眼里看来既能干又老实，简直没有毛病的人，在家里却是个魔鬼。解铃还需系铃人。让外人来解决家庭矛盾非常不合适——不管是亲朋还是好友，有时反而越帮越忙。甚至在不明真相的情况下袒护了引起争吵的人，冤枉了无过错的一方。

其实我们每个人都讨厌别人无休止地反复地重复同一件事情，这样会使我们感到厌烦和疲倦，这不仅仅对于男人。因此，不停的唠叨会使我们的婚姻走向灭亡。

法国皇帝拿破仑三世，就是拿破仑。庞纳派德的侄儿，他和世界上最美丽的女人依琴尼·迪芭女伯爵，坠入情网……接着，他们结婚了。他的那些大臣们纷纷指出，迪芭仅是西班牙一个并不重要的伯爵的女儿，他们两个地位有所悬殊。可是，当时的拿破仑回答说，这又有什么关系呢？

是的，迪芭的优雅、青春、美丽，深深地迷倒了拿破仑。拿破仑在一次哗然激烈的言论中，向全国宣布说："我已挑选了一位我所敬爱的女人，做我的妻子，我不想娶一个我素不相识的女人。"

拿破仑和他的新夫人，他们具有健康、权力、声望、美貌、爱情，一对美满婚姻所完全具备的条件点燃婚姻的圣火，从来没有人像他们这样光亮，这样炽热。

可是，好景不长，这股炽烈、辉煌的光芒，渐渐冷却了下来！终于成了一堆尘灰。拿破仑可以使迪芭小姐成为皇后，可是他爱情的力量、国王的权威，却无法制止她对他无理的喋喋不休。

迪芭内心受嫉妒所困扰，遭恐惧所折磨，使她抵抗他的命令，甚至不许拿破仑有任何秘密。她会突然闯进拿破仑正在处理国家大事的办公室，她捣毁了拿破仑与大臣们之间的重要会议。她不允许他单独一个人与其他女人见面，总怕拿破仑会跟其他的女人相好。她还会闯进拿破仑的书房，暴跳如雷、恶言谩

第八章 让你的家庭幸福快乐

骂，纵使拿破仑拥有许多富丽的宫室，身为一国的元首，却找不到一间小屋子，能使他宁静安居下来。

她还常常会去找她姐姐，抱怨她的丈夫，诉苦、哭泣、喋喋不休！

迪芭小姐的那些吵闹，所获得的是些什么？

事实上，迪芭小姐高居法国王后宝座，有着倾国倾城的美貌和令人羡慕的皇后之尊，却不能使爱情在吵闹的气氛下存在。迪芭小姐曾放声哭诉说："我所最怕的事，终于临到我身上。"

其实这一切的到来都是她咎由自取的结果。这个可怜的女人，完全是错在她的嫉妒，和喋喋不休的吵闹。嫉妒和唠叨是很多女人共同的毛病，抱怨自己的丈夫不如别人，抱怨自己的家庭条件不如同事，抱怨自己的孩子不够聪明，这些抱怨都会给婚姻带来隐患。

林肯夫妇也是一个很好的例子。林肯夫妇结婚后不久，和欧莉夫人住在一起。欧莉夫人是春田镇上一个医生的寡妇，或许为了贴补家里一份收入，不得不让人进来寄住。

有一天早晨，林肯夫妇两人正在吃早餐时，林肯不知为了什么原因，激起他妻子的暴怒，林肯夫人在盛怒下，端起一杯热咖啡，朝丈夫的脸上泼去。她是当着许多住客面前这样做的。

林肯不说一句话，就忍着气坐在那里，这时欧莉夫人过来，用一块毛巾，把林肯脸上和衣衫上的咖啡拭去。

林肯夫人的嫉妒，几乎达到已使人无法相信的程度，她是那样的凶狠、激烈。她最后精神失常了。

夫妻吵架时有一点非常重要，就是必须注意自己使用的语言。类似"你不懂！""你狡辩"这样的话都不可以说，而应当说"我不赞同你的说法，我的想法就是这样。"要记住，不管使用什么语言吵架，都不能没完没了，必须有结束的时候。有人说，吵架时家里就会变成硝烟弥漫的战场，所以你应当尽量避免争吵升级。

吵架结束后,你应该主动而真诚地向他道歉,哪怕吵架的原因是你的那位平日"沉默寡言"的丈夫引起的。当然在道歉之前,你必须确定自己没有任何过错,但是你应该有自己也不对的想法,否则他不会这样生气——你仍然可以坚持自己是对的,只要你不说出来。然后你就应该和丈夫讨论一下如何避免吵架,这一次你们之间的"互相沟通"没有成功,但你希望以后能够得到改善。

万一你的婚姻失败,再婚的可能性很小,因为不可能有一大批好男人预备着让你挑选;更何况和你同一年龄阶层的男性,很少有人是单身。而你的丈夫则不然,会有很多供他选择的女性,他结婚的可能性更大。而且你丈夫很有魅力,品行高尚,他随时都可以找到比你更年轻、更漂亮、更温柔的妻子。如果你有这种想法,你可能会控制自己的脾气。

世界上没有完美的人,所以毫无疑问,完美的婚姻也不存在。年轻人常常对婚姻怀着不现实的期望,将它想象得非常理想。尽管现实生活中也有少数非常理想的婚姻,但是必须明白这是夫妻双方多年来共同完善的结果。

婚姻生活像一个新的生活旅程,你必须从现在起就做好长时间辛苦的心理准备,才有可能赢得美满和谐的婚姻。结婚后,你渐渐发现了那位年轻的伴侣恋爱时没有显露的毛病——当然,他也发现了你的一些未知缺点。他和你想象中的并不是一个人,你也不是他想象中的妻子。你们之间开始出现分歧、矛盾,也开始相互争吵赌气。但是如果你愿意付出精力,那你一定可以"培养"出良好的婚姻关系。

因此,要我们收起内心的嫉妒,停止口中的唠叨,真正地关心我们的爱人,在他难过时,及时地安慰他,在他得意时,及时地赞美他,在他灰心失望时,及时地鼓励他,这样我们的家庭才能长久,我们的生活才会幸福美满。

 **不要改变你的伴侣**

我们每个人有每个人的性格,每个人有每个人的做事风格,即使是生活在一起的老夫妻,一个人也无法迫使我们完全按照对方的意愿去做事。因此,我们在生活中,不要试图去改变对方,而是要在慢慢相处的过程中,慢慢地去磨合。

卡耐基渐渐感到了与洛莉塔在许多事情上的差异,而且婚后一段时间,洛莉塔似乎变成了另外一个人,卡耐基原先欣赏的她的贵族气质却是她坏习惯的起因,她自视为贵族,看不起别人,她时常嘲讽卡耐基的各种行为。这对卡耐基的自尊和信心是一种打击。

卡耐基开始并不把这些放在眼里,他认为这只不过是洛莉塔的小姐脾气,过一段时间会慢慢地好起来的。

卡耐基没有放弃对事业的追求,婚姻后不久,他就恢复了写小说的信心,致力于《暴风雨》的写作。但这时他的文章似乎显得没有灵气。他经常写不下去,写一段东西得花上很多时间,因此他感到很沮丧。有时他在改写文章中某段时要反复40次,这一情形表明这段时间卡耐基显得有些力不从心。

而洛莉塔又爱喝酒,如果和卡耐基出去喝酒的话,也许她还会克制。如果卡耐基推辞说要写小说,她独自一人去喝酒时,一定会喝得酩酊大醉。回来后还会撒酒疯,破口大骂,全无一点贵族气派,她会骂:"卡耐基,你这个混蛋,为什么不陪我喝酒,只知道写你的小说,见鬼去吧!"

卡耐基这时只好默不作声,任洛莉塔辱骂和摔打东西,或者干脆走出家门,到凡尔赛附近的公园和花园里写作,唯有写作才是他真正的心灵寄托。

这时,卡耐基的心是孤独的,他无法领略家庭的温暖。原本期望的家庭生活并没有展现在他的眼前,由此,他更加怀念他的故乡。

家乡的人们并没有忘记卡耐基,当故乡的玛丽维尔民主报向他邀稿时,他立刻就答应了。他用他的笔写下他想成为小说家的沉浮史并赞美故乡的美丽。

卡耐基对巴黎有点漠然的感觉,虽然巴黎的风景很美丽,而且他的住所也非常之好,但他都没有心情欣赏。他在当时写道:"我几乎每天花一小时走过可能是全世界最著名的公园及花园。可是我都漠然视之,因为那些是极端压抑人性、实行苛政的国王的大皇宫。"

此时的洛莉塔似乎变得更加坏了,她的脾气几乎到了令卡耐基无法忍受的地步。她可以用尖锐的语言讽刺嘲笑卡耐基,有一次她嘲笑卡耐基的鼻梁太矮了。这几乎要把卡耐基逼疯了。

卡耐基面对着生活的挑战。心情恶劣,家庭的不和谐使他的作品在困境中完成。当他完成《暴风雨》时,心中长长地松了一口气。

然而,《暴风雨》是一本失败的作品,而且是彻底的失败。他试着给许多出版商推荐他的作品,但出版商往往都拒绝出版《暴风雨》这部作品。

这给卡耐基的打击太大了。这时卡耐基的经纪人劝他放弃《暴风雨》,继续尝试去写别的作品。

卡耐基当时的心情可以用他自己的话来说:"如果有人在那个时候用棒子打在我的头上,我都不会吃惊。我茫然若失,发觉我正面临人生道路的抉择时刻,那个时候,我的心情真是非常痛苦。我该怎么办?我该转向何方?"

成立了家庭,并没有给卡耐基带来好运。相反,为了逃避洛莉塔的粗暴和嘲讽,卡耐基不愿意再在这个家中度日如年,他决定外出旅行。

洛莉塔无法改变卡耐基的思想,让他从事一份更有钱的职业,而卡耐基也改变不了洛莉塔那高傲的性格和内心无比强烈的虚荣心,最终这段婚姻走到了尽头。在生活中,我们不要尝试去改变对方,任何尝试都是错误的,不可行

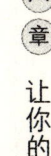

第八章 让你的家庭幸福快乐

· 243 ·

的。我们不要天真地认为对方会为了我们改变他的一切，这样会使他变得非常痛苦。我们要试着接受对方的缺点，鼓励对方的优点，使他每天的心情都很愉悦。

卡耐基从自己不幸的婚姻中，总结出，为人处世应学的第一课，就是不要干涉别人寻找快乐的特殊方式——如果这些方式并没有对我们产生强大的妨碍的话。若想婚姻成功，绝不是找到一个好配偶，而是你自己也要成为一个好配偶；如果你想让你的家庭生活保持幸福快乐，就请记住，千万不要根据你的意思去改变你的伴侣。

托尔斯泰是历史上最著名的小说家之一，他那两部名著《战争与和平》和《安娜·卡列尼娜》，在文学领域中，永远闪耀着光辉。

托尔斯泰备受人们所爱戴，他的赞赏者，甚至终日追随在他身边，将他所说的每一句话，都快速地记了下来。

除了美好的声誉外，托尔斯泰和他的夫人，有财产、有地位、有孩子。普天下，几乎没有像他们那样美满的姻缘。他们的结合，似乎是太美满、太热烈了，所以他们跪在地上，祷告上帝，希望能够继续赐给他们这样的快乐。

后来，发生了一件惊人的事，托尔斯泰渐渐地改变了。他变成了另外一个人，他对自己过去的作品，竟感到羞愧。就从那时候开始，他把剩余的生命，贡献于写宣传和平、消灭战争和解除贫困的小册子。

他曾经替自己忏悔，在年轻时候，犯过各种不可想象的罪恶和过错，甚至于谋杀。他把所有的田地给了别人，自己过着贫苦的生活。他去田间工作、砍木、堆草、自己做鞋、自己扫屋，用木碗盛饭，而且尝试尽量去爱他的仇敌。

托尔斯泰的一生，应该是一幕悲剧，而造成悲剧的原因，是他的婚姻。他妻子喜爱奢侈、虚荣，可是他对此却轻视、鄙弃。她渴望着显赫、名誉和社会上的赞美。可是，托尔斯泰对这些，却不屑一顾。她希望有金钱和财产，而他却认为财富和私产是一种罪恶。

这样经过了好多年，她吵闹、谩骂、哭叫，因为他坚持放弃他所有作品的出版权，不收任何的稿费、版税。可是，她却希望得到从那方面而来的财富。

当他反对她时，她就会像疯了似的哭闹，倒在地板上打滚，手里拿着一瓶鸦片，要吞服自杀，同时还恐吓丈夫，说要跳井。

在某一天的晚上，这个年老伤心的妻子，渴望着爱情，她跪在丈夫膝前，央求他朗诵50年前，他为她所写，最美丽的爱情诗章。当他读到那些美丽、甜蜜的日子，现在已成了逝去的回忆时，他们俩都激动的痛哭起来。生活的现实，和逝去的回忆，那是多么的不同。

最后，当他82岁的时候，托尔斯泰再也忍受不住他家庭折磨的痛苦。就在1910年10月，一个大雪纷飞的夜晚，他脱离他的妻子而逃出家门，逃向酷寒、黑暗，而不知去向。

经过11天后，托尔斯泰患肺炎，倒在一个车站里，他临死前的请求是，不允许他的妻子来看他。这是托尔斯泰夫人抱怨、吵闹和歇斯底里，所付出的代价。

如果一个妻子总是强迫丈夫赞同某事，或者抱怨丈夫不温柔体贴，那他的反应可能是逃避，甚至对你抱有敌意。最明智的办法是将你所期望的赏识表扬给予丈夫，如果你的丈夫对周围的事物反应迟钝或者太自私，不明白你需要的东西，你应该温柔地让他知道你的想法。如果你总是抱怨，要么就摆出一副委屈的样子，那你只能得到他的反感情绪。

好丈夫从来就不是天生的，但是一个聪明的、有耐性的妻子运用渗透方法能够造就出一个好丈夫。也就是让丈夫在不知不觉中接受你的观点，同时他还能学到很多东西。如果你态度强硬地指责他，那他学不到任何东西，更不会成为一个好丈夫。

可见我们不要试图去改变自己的爱人，而要学会包容，学会一起生活，学会从相通的东西中找到两者的共同点，从而找到生活的乐趣。

总之，如果我们真心地爱一个人，就让我们用一颗善良的心去包容他的一切吧！

 **不要批评你的家人**

我们的家人是最爱我们的人。因此不要随意批评我们的家人，而要学会在轻松的气氛中商量问题。

卡耐基在巴黎的事业受到阻碍，他决定回到美国去重新开始他的事业。

洛莉塔不愿离开巴黎，而卡耐基又对巴黎的生活感到失望，这使卡耐基陷入另外一种烦闷之中，这样的生活情形和他原先那种乐观知命的性格相冲突，旅行和朋友的到来都不能消除自己心中的苦楚。

他需要事业，他要重新回到他原来的世界里，要和他的朋友在一起，摆脱内心的痛苦。

卡耐基不顾洛莉塔的反对，执意结束了在巴黎所有的事业，打点好自己的行李，带着妻子，登上美国的轮船回到自己的故乡。

卡耐基以他那一往无前的精神气质，毫不犹豫地回到了纽约，开始了以前的公众演说事业，开创着他自认为前程广阔的前程。

卡耐基自创业后也遭受过一些挫折，但从没有陷入像这段时间的低谷之中，以前的挫折和困难对于他来说都像是一阵轻烟，仿佛并不算什么，而现在的他面临前所未有的困境，他自己觉得，这种严峻的情形是对他人生的一次大折磨，也是一次大考验。

从巴黎回到纽约后，卡耐基很少对外人说起他的婚姻，也很少带妻子去参加别人举行的宴会。他只是每个周末在纽约曼哈顿区一个地下俱乐部与赫蒙·

克洛依会面，在聚会中，他变得很少发言，而是听别人宣讲自己的观点。

洛莉塔虽然不愿意回美国，但美国对她似乎还有一种神秘感。可当她来到美国后却感到深深的失望，她没有找到以前想象的那种生活，觉得纽约又脏又乱，一切比不上巴黎，而家庭的不富裕使她没有更多的钱去旅行，她的心情比以前变得更糟。特别是美国人对她的那个贵族头衔根本不感兴趣，听她说是某某伯爵时，只是表示一下微笑，一点也不尊敬。家庭内外交困的生活，使她处于一种内心狂乱的境遇之中，她更加痛恨卡耐基，因此，有时借着酒疯和卡耐基打架。每当此时，卡耐基就离开家，外出兜风。

这时卡耐基在写一本书。这本书名字叫做《林肯外传》。

这是书中写的情节：

"许多时候，她是不以言语而是用一些其他方法表达她的愤怒。她粗暴的行为多得不计其数，不允许别人批评她……她领着丈夫跳一支狂野愉悦的舞。她并不克制因失望而生出的痛苦及粗暴天性。她老是抱怨、批评她丈夫走路怪异，肩部佝偻，像印第安人般地交叉双脚。她还抱怨他的步履缺乏弹性，动作难看，最令人难受的是，她模仿他的步伐，唠叨他走路时脚趾朝下，就像她在梦黛夫人那里所学的一样。"

卡耐基认为，要体谅别人，并竭力自我克制，不要在家里批评任何人和事。对于妻子和丈夫来说宽容大度的做法，总是要比挑剔和斥责的效果要好得多，因此，我们不妨大度一些，好好学习那些伟人的做法。许多充满浪漫色彩的梦想破灭了！50%以上的婚姻之所以得不到幸福，其原因之一就是那些毫无用处，却令人心碎的批评。

狄斯瑞利在公众生活中的劲敌是格雷斯束。他们两人，凡遇到国家大事有可争辩的，就会起冲突。可是，他们有一件事，却是完全相同的，那就是他们的私人生活都非常快乐。

格雷斯束夫妇俩，共同度过了59年美满的生活。我们很愿意想象到，格雷斯束这位英国尊贵的首相，握着他妻子的手，在围绕着炉子的地毯上，唱着歌的那幕情景。

格雷斯束在公共场合，是个令人可怕的劲敌，可是在家里，他绝不批评任何人。每当他早晨下楼吃饭，看到家里还有人睡着尚未起床时，他会运用一种温柔的方法，以替代他原来该有的责备。

他提高了嗓子，唱出一首歌，让屋子里充满着他的歌声。那是告诉还没有起床的家人，英国最忙的人，独自一个人，在等候他们一起用早餐。格雷斯束有他外交的手腕，可是他体贴别人，竭力避免家庭中的批评。

格雷斯束懂得家庭的和睦对他是多么的重要，只有家庭和睦了，他才有精力去追求事业上的成功。

俄国女皇凯赛琳也曾经这样做过。她统治了世界上一个面积辽阔的帝国，掌握着千万民众生杀予夺的大权。在政治上，她是一个残忍的暴君，好大喜功，战争不断。只要她说一句话，敌人就被判处死刑。可是，如果她的厨师把肉烤焦了，她什么话也不会说，而是微笑着吃下去。她这个方面的容忍，该是一般男士们所效法的。

我们不仅要学会宽容我们的家人，我们也要学会宽容我们的孩子。我们都怕我们的孩子不成材，从而有可能过度地约束我们的孩子，以至于对他们的要求太苛刻了。

我们是不是会责备他们早晨穿衣服太慢；责备他们把新衣服弄脏了；责备他们把东西随便丢在地上。

吃早餐的时候，责备他们不抓紧时间；吃午餐的时候，又责备他们挑食；吃晚餐的时候；又责备他们只顾着赶紧去玩，吃了几口饭就走了。

孩子每天生活在我们的责备之中。

其实，孩子虽小，但是有他们的兴趣和爱好，我们一味地责备，会让他们觉得自己无所事事。所以我们要学会放开手，让孩子自己慢慢地学会适应。当他们摔了跟头，会自己主动地跑到我们跟前，那时我们再安慰，再教导也不迟。

生活就是这样，酸甜苦辣咸五味俱全。我们要学会品尝生活，而不要一味地埋怨生活，要有积极的态度去迎接新的一天。

第八章 让你的家庭幸福快乐

第九章

迈好步入社会的一步

卡耐基告诉你人性的优点与弱点大全集

ka nai ji gao su ni ren xing de you dian yu ruo dian da quan ji

 ## 养成勤奋的习惯

好的习惯可以成就人才，坏的习惯可以毁灭人才。习惯，对人的成功与否都有巨大的影响力。好习惯的报酬是成功，好习惯是开启成功大门的钥匙，所以要有胸襟开阔的心理习惯、勇于纠正自己缺点的习惯、从容不迫的习惯、喜欢运动的习惯等。

勤奋是任何人类伟大发明和劳动成果产生的基础，也是维持人体生理机能正常运转所必须具备的条件。

卡耐基说："我的座右铭是：第一是诚实，第二是勤勉，第三是专心工作。"

西班牙小说家塞万提斯说过："不要睡懒觉，不和太阳一同起身就辜负了那一天……勤奋是好运之母，反过来，懒惰就空有大志，成不了事。"富兰克林说过："懒惰像生锈一样，比操劳更能消耗体力，经常用的钥匙，总是亮闪闪的。""勤勉就是不浪费时间，每时每刻做些有用的事，戒掉一切不必要的行动。"达·芬奇说过："勤劳一日，可得一夜安眠；勤劳一生，可得幸福长眠。"乔·雷诺兹说："如果你富于天资，勤奋可以发挥它的作用；如果你智力平庸，勤奋可以弥补它的不足。"

勤奋，是懒惰的反义词，是成功的基础，是传统的美德。勤奋，一是脑勤，二是体勤。文学家说，勤奋是打开文学殿堂之门的一把钥匙；科学家说勤奋能使人聪明；而政治家说勤奋是实现理想的基石。

世界上最宝贵的除了良好的心理素质，还有一个最宝贵的东西，就是勤奋。最宝贵的勤奋，不光是肉体上的勤奋，而且是精神上的勤奋，勤奋

靠的是毅力。大多数人都应该知道养成勤奋习惯的重要性，但是不少人却在努力养成这种习惯的过程中走了不少弯路。有些人试图通过强迫自己的方式达到这种目的，有的指望着听恭维话。但这是徒劳，没有毅力一事无成。

一个人要凭着自己的聪明才智，努力拼搏向上，这样的信念是不可或缺的，妄想通过其他途径获得别人的援助，通常只会落得一场空。

唯有勤奋才能使一个人充分发挥自己的才能，享受到人生的欢愉。

青年人在人生的最初就应养成一个勤劳的习惯，在思想和行为上摒弃懒惰。

那些不勤奋工作不凭借自己的劳动过活的人，会不断碰到来自同类人的竞争。他们每一天都要面临被驱逐出局的危险，他们的饭碗朝不保夕，整日生活在一种无休止的担惊受怕之中。

懒惰的心理主要有如下表现：

思想方面的懒惰。懒惰的人常有明日复明日的思想，明知道这件事应该今天完成却总期待着能够明日去做。例如：有懒惰心理的学生在完成当天作业时，常找出各种理由拖拖拉拉，边玩边学，时间晚了，就想明天早晨早点起床再完成，第二天又起床晚了，上学后，又有了新的任务，这样明日复明日，学习成绩可想而知。懒惰的人常有依赖别人的思想。

行动方面的懒惰。思想的懒惰必然导致行动上的懒惰。懒惰的人明明知道某件事应该做，甚至应该马上做，可却迟迟不做，或硬挺过去，做事时总是无精打采、懒懒散散拖拖拉拉，做事不积极、不主动、不勤奋。

懒惰是成功的绊脚石，在充满困难与挫折的人生道路上，懒惰的人习惯于等、靠、要，从来不想去求知、发明、拼搏、创造，最终只能是一事无成。只有勤奋、刻苦、好学、上进，朝着预定目标孜孜以求，才会达到光辉的终点，为此要努力克服懒惰的习惯。

要养成每天清早按时起床和外出锻炼的习惯，改掉恋床不起的恶习。寻找榜样，找一个做事勤劳的人作为自己的榜样，并尽量去做。

 对人忠诚

对人忠诚是中华民族的传统美德，也是我们衡量朋友或同事品性的一个基本标准。卡耐基告诉我们，如果想结交朋友，就要先为别人做一些事情——那些需要花时间、精力、体贴、奉献才能做到的事。只要你真正关心他人，就会赢得他人的注意、帮助和合作，即使最忙碌的重要人物也不例外。

英国作家德莱赛说："诚实是人生的命脉，是一切价值的根基。"英国学者约翰雷说："欺人只能一时，而诚实却是长久之策。"德国诗人海涅说："生命不能从谎言之中开出灿烂的鲜花。"英国戏剧家莎士比亚认为："对己能真，对人就能去伪，就像黑夜接着白天，影子随着身形。"古罗马政治家西赛罗说过："没有诚实何来尊严？"

弗莱明是苏格兰一个穷苦的农民。有一天，他救起一个掉到深水沟里的孩子。第二天，佛来明家门口迎来了一辆豪华的马车，从马车走下一位气质高雅的绅士。见到弗莱明，绅士说："我是昨天被你救起的孩子的父亲，我今天特地过来向你表示感谢。"弗莱明回答："我不能因救起你的孩子就接受报酬。"

正在两人说话之际，弗莱明的儿子从外面回来了。绅士问到："他是你的儿子吗？"农民不无自豪的回答："是。"绅士说："我们订立一个协议，我带走你的儿子，并让他接受最好的教育，假如这个孩子能像你一样真诚，那他将来一定会成为让你自豪的人。"弗莱名答应签下这个协议。数年后，他的儿子

从圣玛利亚医学院毕业,发明了抗菌药物盘尼西林,一举成为天下闻名的弗莱明·亚历山大爵士。

有一年,绅士的儿子,也就是被弗莱明从深沟里救起来的那个孩子染上了肺炎,是谁将他从死亡的边缘拉了回来?是盘尼西林。那个气质高雅的人是谁呢?他是二战前英国上议院议员老丘吉尔,绅士的儿子是谁呢?他是二战时期英国闻名的首相丘吉尔。

本杰明·富兰克林曾说过:"一个人种下什么,就会收获什么。我们真诚的待人,别人也会真诚地对待我们。"弗莱明因为真诚才让自己的儿子有了成才的机会。老丘吉尔也因为真诚才拯救了自己儿子的生命,并使之成为20世纪影响人类历史进程的政治家。

著名诗人裴多菲曾说:"我宁愿以诚挚获得100名敌人的攻击,也不愿以伪善获得10个朋友的赞扬"。每个人都喜欢与真诚的人交往共事。忠诚待人,就能赢得良好声誉,获得尊重和信任,就能与人和谐相处,愉悦合作。

"物我一体,将心比心"。要真诚待人就要学会"将心比心"。用自己的火点燃别人的火,拿自己的心比照别人的心,遇事设身处地为别人着想。

所谓待人不忠诚,就是企图从他人那里获取最多的利益,而不付出任何代价。

大多数情况下,当你试图取悦他人,尤其是当你担心说真话或表达内心的真实感受会让人嫌弃时,伪善就会不期而至了。如果不是出自本意,请不要假装对某件事情表示关切。记得要彬彬有礼,但不要妨碍你自抒胸臆。与其误导他人,不如毫不隐瞒,即便会伤害到他们。因为误导会让他们厌恶,当他人意识到被你伤害时,他会保护自己,把伤害控制在一定范围内;如果你欺骗他们,无异于哄骗他们产生虚假的安全感,从而放松警惕,那么你造成的伤害会更大。

如果你待人不真诚,你会对他人毫不在意,意识不到自己对他人的伤害或利用，更可怕的是，你会为自己开脱，声称如果他人处在你的位置，行为也会和你一样。

忠诚不是智慧，但是它常常放射出比智慧更诱人的光泽。有许多凭智慧千方百计也得不到的东西，真诚，却轻而易举就得到了。

忠诚不与人言，如果别人理解你那份真诚，你不说别人也知道；如果别人不理解你那份真诚，表白往往会把事情弄得更糟。

忠诚犹如一潭湖水：宁静、淡泊、美丽。它有时也会遭到泥块和沙石的袭击，但是，它凭借着自身的净化作用，很快会使污秽沉淀，仍旧不改自己光彩的容颜。

以忠诚待人，并不是为了要别人也以忠诚回报。如果动机是以自己的忠诚换回别人的忠诚，这本身已不够忠诚。忠诚是晶莹透明的，它不应该含有任何杂质。忠诚也是一种高尚。

有人说过这个世界上最美好的东西就是纯洁，那么在这个社会上，我们要想有个良好的人际关系环境和纯洁的爱情友情，首先就要靠我们自己的付出和忠诚。

忠诚就是要做到重诺言、守信用，没有守信，真诚就不知道从何谈起。我们要从点滴做起，说到就要做到。做不到就要实事求是的告诉对方，己所不欲，勿施于人。

忠诚仿佛就是一泊幽雅的天籁之泉水，它是那样的宁静淡泊，让我们永远去呵护珍惜纯洁的美丽。真诚无价。

 **培养健康有益的个人嗜好**

卡耐基教育我们,今天就是生命——是你唯一能确知的生命。利用今天,使自己对某件事情感兴趣,把自己摇醒,培养一种嗜好,让热忱的风儿扫掠过你,以高昂的兴致来过今天。

当你在日常工作中不能发挥你的创造能力的时候,就应该去找一些新的事情,让它成为你的嗜好,这样你的创造力,自然就有发挥的余地了。你的生活也会变得更有意义、更有情趣。嗜好一方面可以发挥你的创造力,另一方面还可以调剂一下因工作而疲惫的身心,陶冶情操,使身心舒畅,减轻疲劳感,增加愉悦感。嗜好同睡眠一样重要。心理学家告诉我们说:你应该有一种嗜好。医生也这样对人们说:你必须养成一种嗜好。

在现代社会里,你不应该单为工作而生活,你不能只做工作的奴隶,工作的目的,也是为了寻找快乐。如果你不去游戏,运动,娱乐,那么你将离现代人的标准越来越远,同时,没有一个健康有益的嗜好,生活上的一个重要的元素便也丧失了。健康、有益、正常的嗜好,可以免除你的寂寞,单调,枯燥,乏味,可以使你过得更充实,更有趣味。

嗜好对健康大有裨益。这里所指的嗜好当然不是贪睡,也不是贪杯,更不是挖空心思赚钱的嗜好,而是有益于健康的嗜好。

培养有益于健康的嗜好,首先要考虑它是否能使你的生活更加平衡,其次再去考虑它的趣味性。举个例子,集邮对大多数人来说,是个有益的嗜好,但是对于整日坐办公室的银行家来说,上班时一直坐在办公室,下班后又在书房里坐到深夜,那么集邮对这位银行家来说就不能算是有益健康的嗜好,因为他疲劳的肌肉和紧张的神经仍然不能得到有效的松弛与舒缓。然而对一位木匠来说，他已敲了一整天的钉子，那么集邮就会成为一种很有益处的业余消遣。所以，有益健康的嗜好，还要因人而异，没有一个统一的标准。

对于脾气急躁、性格忧郁的人来说，垂钓无疑是一种理想的嗜好。聚精会神地凝视平静的水面，能使人的神经松弛，使一切烦恼化为乌有。同时也可以锻炼人隐忍、耐得住寂寞的能力，这对于缓解脾气急躁，是非常有帮助的。

嗜好具有治疗价值已为医学界所公认，有些医院设职业疗法专科，让病人从事针织、绘画、纺织等活动，其效果有时比药物更好。

培养某种特殊爱好，是自我滋养的有效手段。要学会自尊自爱，就需要自我滋养。我们也需要为心智以外的"自我"提供滋养。比如，我们必须爱惜身体，好好照顾它，我们要拥有充足的食物，给自己提供温暖的住所。我们也需要休息和运动，做到张弛有度，而不是永远处在繁忙状态。俗话说"圣人也需要睡眠"，合理而健康的嗜好是培养自尊自爱的必要手段。当然，嗜好兴趣本身若是成为自我完善的全部目标，那么就会偏离人生本质，同时也偏离了卡耐基成功学理论中教育人们培养嗜好的初衷。

所以，培养健康有益的个人嗜好，无论是对于放松身心、保持健康还是修身养性、保持高尚的修为来讲，都是非常有益的。而对于为成功铺平道路来说，健康有益的嗜好为你提供了一个轻松的自我空间，在这里你可以将烦恼抛到脑后，彰显你的个性，放松心情，为更好地工作做准备。

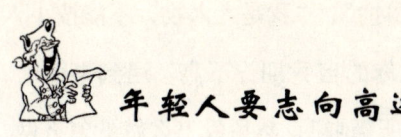
年轻人要志向高远

很多年轻朋友都会犯这样一种错误，那就是过分的妄自菲薄，一旦产生某个"非分之想"，马上自泼一盆冷水。例如："我想成为一个杰出的政治家！嗨，我连'政治'二字的含义都不清楚，怎么可能成为政治家呢？别瞎想了！"诸如此类，好比激情的种子刚刚露出尖芽，便一手掐断。

其实，让自己心中永远存在"非分之想"是必须的。作为一个年轻人，在人生早期，最首要的任务就是首先树立一个远大的志向，这样，接下来的生活才有了动力，也有了奋斗的目标。

卡耐基给年轻人的忠告：无须考虑人生目标是否现实，它至少要大到值得你花一生时间去追求它。

能否实现"非分之想"，并不重要，但你想一生过着从容、充实、快乐、有尊严的生活，就需要一个高远目标来引导你的人生旅程。

实际上，当你产生"成为一个杰出政治家"或其他伟大梦想时，就已经做了一件正确的事情，自泼冷水毫无必要。问题不在于你能否实现伟大的梦想，你想一生过着从容、充实、快乐、有尊严的生活，就需要一个高远目标来引导你的人生旅程。

心理学家认为，每个人心里都有一个"自我心像"，它成形于你的自我期许：你希望自己是什么人，看到的就是什么人。你希望成就杰出，就会在心灵的"荧光屏"上看到一个踌躇满志、不断进取的"我"，同时还会经常收听到来自灵魂深处的积极信息："我是最棒的，我还会更出色"，"暂时的灰暗不算什么，我终有大发异彩的一天"……"自我心像"不仅影响心态，还能直接影响和规范人的行为。假如你志向远大，遇到一些事情时，你就会想："我是一个有修养的人，一定不能做没有教养的事情"，"我是大人物，不能按小人物的方式处理问题"……与之相反，假如你的自我期许不高，遇到事情时，就会自动放低要求，动辄"随便啦"、"无所谓啦"，然后爱怎么做就怎么做，很少考虑后果。正如迪士累利先生所言："不向上看的人往往向下看，精神不能在空中翱翔就注定要匍匐在地。"

是否应该立定远大志向，跟你的先天条件、目前境遇没有任何关系，仅仅取决于你是否希望"在空中翱翔"。人生虽然短促，毕竟有数十年光阴，穷尽一生时间，完全可能实现某个伟大的想法。

举凡成大器者，在起步之初，不管有没有优越的条件，都无一例外地拥有一个伟大的梦想。法国皇帝拿破仑是个调皮学生，成绩一塌糊涂，他却说："我具有出色的军事家的素质，权利就是我要得到的东西！"美国前总统克林顿是个学生尖子，17岁因成绩优异而荣获去白宫见肯尼迪总统的机会，回来后，他买了两张画像，贴在自己的房间，还写下一段话："我今年17岁。我发誓这一生一定要成为美国总统，服务美国民众。"这些人并非个个天赋优异，他们的背景、学历和运气也不一定比普通人好，他们的人生起飞，在很大程度上借助了梦想的翅膀。

志向远大和成就杰出之间是否存在某种逻辑关系？这是当然的。立志以高远为准则，效仿过去的贤达，杜绝情绪的冲动，抛弃心中的俗念，使近乎先贤的志向，能够明白天地存于意念间，能够强烈地激励自己的心。这样，你就能够忍受生活的顺逆，排开琐碎的俗事，广泛地向他人求问真知灼见，清理心中的嫉妒和贪心，即使功名不顺，对你的心境和情趣也不会产生什么坏的影响。又何愁没有大志伸张的一天呢？如果志向不够刚强坚毅，境界不够恢宏阔大，徒然被俗念阻滞而碌碌无为，被俗情束缚而默默无闻，只能长期沉沦在平庸者中，成为才智品行低劣的下等人。

远大志向对人生有两大好处。第一大好处是能够约束自己的行为，过有教养的生活。

有一年，英国的政客们发动政变，将王子关押在一个古堡里。为了从精神上摧垮王子，政变者给王子准备了最精美的食物、最漂亮的女人和最有趣的游戏。但是，王子不为所动。经过长期关押，王子心如磐石。政变者为之折服，终于拥立他为国王。后来，有人问这位年轻的国王：为什么能在种种诱惑面前不动心？他说："我生来就是当国王的。"

假如你觉得自己生来就是一个大人物，你就不会像小人物一样为了一点面子上蹿下跳，或者为了几个小钱耍尽手段，你就能把精力集中到更有价值的事情上，免于白白消耗。

第二大好处是能促使自己按需要做事，点点滴滴积累能量，提升竞争力。只要永远比周围的人做得好一点，足以让你超群出众了。

在漫长的人生道路上，成功看似一个偶然事件，其实是一个必然选择。一个人如果心无大志，也就等于选择了平庸。相反，一旦你立定了远大志向，并且坚守它，终生追求它，你就已经近乎伟大了。

当你担心目标过于高远时表现为：

对未来不敢抱太大的奢望，只想把小日子过得舒坦一点。

羡慕别人功成名就，也希望成为其中一员，但不敢相信自己能心想事成。

嫉妒身边比较出众的人，好像他们得到的就是自己失去的一样。

解决办法如下：

首先，向他人宣示梦想，写下箴言。年轻人不必害怕张扬自己的梦想，你可以把梦想告知亲朋好友，还可选择最打动自己的某句话作为一生箴言，张贴在醒目之处，随时激励自己。

其次，成为"选手"。多数人只是"看客"，不是"参赛选手"，也没有人会给他们发"奖牌"。而你需要养成比赛心态，为人生目标而角逐。

再次，按需要做事。对任何妨碍成就大志的事，都谨慎地回避。

最后，不受逸乐的束缚。假如你迷恋某项享乐，无论是低俗享受还是高雅娱乐，最好把它变成业余时间偶尔为之的事。因为它会消耗你的能量，并削弱你的心志力量。

行事的动机首先是追求快乐

卡耐基说过，生活得快乐与否，完全取决于个人对人、事、物的看法，因为，生活是由思想造成。

曾经统治罗马帝国的伟大哲学家马尔克斯·奥勒流曾说过一句决定你命运的话："生活是由思想造成的。"

不错，如果我们想的都是快乐的念头，我们就能快乐；如果我们想的都是悲伤的事情，我们就会悲伤；如果我们想到一些可怕的情况，我们就会害怕；如果我们想的是不好的念头，我们恐怕就不会安心了；如果我们想的全是失败，我们就会失败；如果我们沉浸在自怜里，大家都会有意躲开我们。诺曼·文生·皮尔说："你并不是你想象中的那样，而你却是你所想的。"

任何觉得让自己生命有意义的事，终究是快乐的。也只有那些带给你精神上快乐的事情，才能经历时间的考验，成为人生中不可或缺的部分，让你明白，如此长长久久的付出，毕竟值得。虽然有些辛苦，但还是快乐的；虽然曾经咬牙忍过痛，但还是快乐的。快乐并不肤浅，快乐并不只是一时安于逸乐。

每个人会感到快乐的事不一样。而我们有责任，为自己的人生找到一种让自己能够"总是快乐"的事情做。如果愿意寻找快乐，我们就会发现对自己最有意义的快乐。而忍受一点点不快乐，或许也是寻找快乐过程中必须承受的。

表面上，现代人已经越来越懂得所谓"享受生活"，但是，生命中仍然有很多堵像墙一样的障碍物，遮掩了快乐的可能。

得到快乐是人生的主要目标之一。不管是说话还是做事的时候，你都想千方百计地去享受快乐。千千万万的年轻人在寻找幸福的道路上终究免不了要犯错误的，如果不遵照规则就不能获得最大的快乐。这些规则将引导人们走向光明，如果年轻人不是最大限度地严格按照这些规则行事，而是以为可以轻而易举地得到自己想要的一切，即使他们以前受到过老天爷的恩赐，也是十分错误的。

很多年轻人都没有固定的原则，也没有什么目标，要么就是极易受到某种卑劣的原则和目标的影响。这话听起来有些消极，但事实的确如此。

人行事的动机是什么？首先应该是追求自己的快乐。得到快乐是一个人人生的主要目标之一，不管是说话还是做事的时候，都想千方百计地去享受快乐。但是，在通往快乐的道路上，你有时会走一些弯路，或者是因为缺少友善的向导，或者有了向导也不愿意去跟从，但更普遍的一个原因是，容易安于现状，一点小小的满足便会让你停滞不前，这种满足尽在眼前且真真切切，但其实前面还有无限美好的东西在等待着你，只不过要走更远的路才能得到它。

有很多年轻以为快乐来自于财富，所以财富是他们昼夜学习和做事的目标。他们倒不是以为钱财本身有什么内在的价值，钱财只是一种手段，用来保证得到他们梦寐以求的快乐。然而为了快乐而追求金钱，久而久之，特别是当他们志得意满时，就会忘了自己的初衷，变成为了金钱而追求金钱，拥有家财万贯成了他们做事的首要目的。

所以，这就演变成了一种对世俗的快乐和名利的追求，陷得越深，我们原有的个性失掉的就越多，对所追求的东西就越是迷恋，再也不会为了其他目的而振奋。

第九章 迈好步入社会的一步

年轻的朋友们，如果你的人生目标不仅是追求个人幸福，而且要使你的父母、朋友和邻居以及周围的人都得到幸福的话，你就会成就很多事情，这一点不会错，你会得到很多。

但是设想如果一个年轻人真的如上所述的那样，在追求个人幸福时也为别人带来幸福，那么，他要首先思考如何才能使自己成为更加高尚的人，怎样使自己人性的尊严得到提升，怎样使自己脱颖而出，超凡脱俗？只有具备了这些条件，一个人才可以谈纯洁高尚的理想，追求自己的学业、事业、幸福和愉悦。

无论从事任何事情，请记住，首要的目标不是钱财、地位、权利，而是快乐，前面一切一切的物质条件，都是为了"快乐"二字。没有了快乐，一切都将化为乌有。

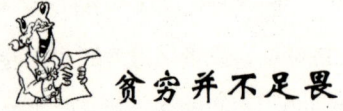

贫穷并不足畏

有些人可能为曾经或现在的贫穷而扼腕叹息，有些人可能在为摆脱贫穷而做着不懈的努力，但是他们没有意识到，贫穷其实并不足畏，贫穷也是一种可贵的资本。

穷而不认命，不求奢华，知足常乐，与世无争，是最大的精神财富。贫穷时如果能知足常乐，安贫乐道，不羡慕那些富贵荣华，不抱怨自己命运不济，那么卡耐基会告诉你，你的人生正在跨向一个更高的层次。你的精神和灵魂，也将在此过程中，得到升华。罗马哲学家塞尼逊有句名言："人最大的财富，是在于无欲。"

在一个秩序良好的共和社会中，人们既不会吹嘘自己的富有，也不会掩饰自己的贫穷，这一点令人感到十分亲切。

创造力非凡的达尔文先生说，惧怕贫穷可能是一种病态，应该及早防治。贫穷更多的是存在于人们的想象而非现实之中。即使是真的一贫如洗，也不应该感到可耻，可以说，对贫穷的恐惧是一种严重的缺陷。

"他的条件不错"通常指的就是某个人的经济条件好，为什么每个人总希望自己看起来比实际还富有呢？有钱人总是受到恭维和奉承，穷人总是受到冷落和嘲笑，人们总是用金钱的数量来衡量一个人，有的人可以呼风唤雨、为所欲为，就是因为他富甲一方。想到这些，我们也不再奇怪为什么人总是以贫穷为耻了。但是作为年轻人来说，如果小小年纪就掉进拜金主义的漩涡，那将是非常危险的事情。

正常的担心和忧虑对一个家庭来说是很自然的，一个和谐勤俭的家庭绝不会因为这些忧虑而分崩离析。所以那些担心贫穷的人首先要摈弃这种虚荣的观念，当你不再觉得什么穷困什么羞耻的时候，那块压在你心头，令你痛苦不堪的顽石也就不复存在了。

其实很多家庭都有自己的难处，但为了表面上的一些东西，他们苦苦撑着，也觉得这种局面令他们困苦不堪，但是，你若是劝他们放弃这种虚荣的做法，你会觉得困难重重，就像去劝一个财迷心窍的人不要去攒钱一样，几乎是不可能的。

很多情况下，钱财的耗尽是产生贫困的直接原因，但更多时候，贫困是由自身的恶习、愚蠢或是轻率造成的。不要看不起穷人，因为上帝也一贫如洗。把这句话反过来说，即使上帝有万贯家财，我们也不能因此而对富人毕恭毕敬。我们首先要对一个人的所作所为进行仔细的分析，然后才可以判断此人的品性如何，再根据此人的品性确定我们对此人的态度应该是恭敬还是鄙夷或是其他。

很多人由于不堪忍受困苦的生活和他人的偏见而走上绝路，这种现象在每个国家都很普遍。他们中的很多人,都是因为不能正确看待贫困的境遇,把贫困的问题看得太过严重才自寻短见的。对于他们的自杀行为,很多人不能理解,甚至认为那是一种极其愚蠢的行为。他们之所以不再留恋这个社会,其实倒不是真的因为他们不堪忍受缺衣少食的困苦,而是担心自己因为贫困而遭到世人的鄙夷。

然而,这些人自杀的直接动机是什么呢?他们下定决心要自杀的时候,身体状况和心理状态都和以前没有什么差别。假设他们能够预见到自己以后将衣食无愁,他们还会选择自杀这条道路吗?人活着仅仅是为了吃得饱、穿得暖吗?造成他们自杀的主要原因是纵欲过度,这种恶习害苦了很多人,在精神病医院的病例上,在我们周围,都记录着这种恶习的累累罪行。纵欲过度的副产品便是吃喝玩乐,人们总是对后者深恶痛绝,却不知道,纵欲过度才是罪魁祸首。

我们应该保管好自己的财富,花钱的时候一定要慎重和节俭,不管赚多赚少,我们的花费都应该相应的有一个度。要做到这一点,现金交易是一个行之有效的办法。圣·保罗有一句名言:"不要欠下任何人的账"。

贫穷并不足畏,重要的是你如何去看待它。富贵并不能带来一切,有时候还会使你丧失一些东西。在贫穷的时候,正确看待它,以正确的态度去对待它,它会给你带来一笔宝贵的财富。

 **不做投机买卖**

缸里的水打自井中,最后定要流回井中,你的钱取自何方,也要归于何方。投机买卖和赌博一样,令人怦然心动,参与者大多要尝到赔本的滋味,但

很多年轻人还是一味地乐此不疲。

卡耐基告诉我们，如果一个人诚实地去挣钱，除了必要的支出之外不乱花钱，他就能致富。在这里，卡耐基要说的重点是，诚实地去挣钱非常重要，投机取巧或许能一时得利，但是绝不可能长久的，是做不成大事的。

"投机"这件事，不管它属于哪一类型，如果把它当作致富之道，那是极端危险的。

犹太商人认为，开始做投机生意时，也许会有一两次的赚钱机会，可是到头来还是亏本的居多。到那时不仅要把所赚的钱损失掉，甚至还会弄得血本全无。

一位股市上的风云人物曾表露过这种思想："许多人以为我在股票生意中很成功，可是仔细计算下来，我才知道如果把在投机生意中所需要的资本、时间和精力，用在更正当的生意上，那么我的财产就可能比现在更多，因此我总有误入歧途的感觉，至今还在为此后悔不已。"

一位商人到银行去申请贷款，银行总经理问他生意做得如何，他回答说蛮赚钱的。总经理想了一会儿，说："既然赚钱，为什么又来贷款购买废铁？你想再大赚一笔，这未免太贪心了，要是我就不会这么做！如果我的生意不好，也许会孤注一掷，但是生意做得好好的，又何必不知足呢？"

这位总经理就是不借，商人只好气呼呼地走了。

两个月后，这位商人去拜谢他，银行总经理奇怪地问："我没借钱给你，你反而来感谢我，这倒是头一遭，你这是什么意思？"这位商人回答："废铁跌价了，大约跌了30万元，就因为你没有借钱给我，所以我没有受到任何损失。"

赚取钱财已成为多数人的人生目标，很多人都相信"目标就是求胜、发财和求取权力，此外无他"。

于是成功致富的故事创出了赚钱的民间传奇。人类崭新的可能性就在眼前：大家都有致富的机会。这种机会以前从来没有过，结果很多人的求富梦想被紧紧包在现实原则中。但现在这是人人都可能做到的事情，虽然实际上只有少数的人有些幸运，致富的远景却改变了大家的生活，改变了大家思想的目标和方法。

有这样一则故事：

一个人来到智者面前向他诉苦，说有人骗了他。智者问他："那么他做了什么呢？"这个人说："他能够把任何一种金属变成金子。他做给我看了，我亲眼看见了事情的发生。然后他说我应该把我所有的金子带来，他将使它变成10倍的金子，于是我集中了我所有的金银首饰，而他拿着这些逃走了，他骗了我。"

智者告诉这个人："是你的贪婪骗了你，不要把责任推到别人身上。你是贪婪的，而贪婪是愚蠢的。你希望你的金银首饰变成10倍多，那个念头骗了你，那个人只不过是利用了这个机会，如此而已。如果他不骗你，别人也会把你给骗了。"

在报上常常可以看到有人被骗子骗走财物的报道，这些人被骗虽然可怜，可是这些人若不存贪欲之心，又怎能令骗子乘机得逞呢？

在大都市的商业中心，金钱成为人们崇拜的目标。正如每一个宗教里，拜神很快成为一种仪式，而失去了原有的意义，赚钱在非常高尚的形式下，已经成为自动化的一环，基于某些没有人怀疑的经典，它被视为理所当然的举动。

但财富也不能通过欺骗他人而获得，当一个人欺骗他人时，他必然会面对两种惩罚：一种是骗术失败；另一种是骗术成功。

一个人由于处在某种不利的环境中一时撒谎，是可以谅解的，但是蓄意欺骗他人的人则不会有希望，他迟早会自食其果，丧失尊严、信誉，直至丧失自由。心虚是骗子的一大疾病，当一个人决定欺骗别人时，通常都没有考虑到以后将受到罪恶感的折磨。一个欺骗别人的人会感到既负罪又羞耻，在他们多得到一分金钱时，他们就多损失了一分人格。他们的钱袋固然有所增益，却失去了人格和信念，成为堕落的衣冠禽兽。

欺骗行为终究是要失败的。所以即使从利害这方面打算，诚实也是一种最好的策略。没有私心，不为利动的名誉和价值要比从欺骗中得来的利益大过千倍。

在每一个国家，很多人因为投机生意亏了本而变得一贫如洗，困窘不堪甚至自寻短见。

这种投机取巧的商业行为其实是采用了一种买空卖空的手段，虽然与赌博有不同之处，但请你们还是不要陷入其中。如果你们已经参与进来了，请你们及早退出，如果你无法自拔，愈陷愈深，最后必然会与赌徒无异，你的一生将会变得起伏不定，甚至成功之后还要面对更大的风险，最后很可能赔个精光。

很多人争着去参军，梦想着加官晋爵，而且人人都想当然地以为成功非自己莫属，他将一呼而天下应。正在成长的下一代人之中，也有很多"投机者"有着与此相似的观念，当他们看到那些起初境遇不佳的人，后来都成了飞黄腾达、前呼后拥的富人，他们总认为自己一定也能像这些人一样成功。殊不知在这背后，还有成千上万企图出人头地的人惨遭破产的命运，沦为乞丐。

所以有些人说，想不劳而获的人，只要物利欲熏心，就连魔鬼他都愿以上宾招待。虽然金钱有不可抗拒的魔力——可使鬼推磨。但这种鬼却不能惹，它会害得人一蹶不振。因此，要赚钱，人还是要确定自己的着眼点，凭自己的本事去争取，这会来得让人踏实。

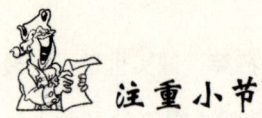

注重小节

生活中常常会有这一类人,他们经常以"不拘小节"自居,不注重细节上的东西,马马虎虎,邋里邋遢。对工作缺乏认真的态度,对个人琐事也是得过且过。这种现象导致的结果就是他们的生活变得一片混乱,毫无条理。而更重要的是,这使他们养成了大意和不注重细节的做事习惯,这往往会在关键的时候对他们的学业和事业产生影响。

卡耐基教育我们:"一个不注意小事情的人,永远不会成就大事业。"成大事的人,往往是非常细心的。所谓"胆大务必心细",只有"胆大"而不"心细",就会变成鲁莽。

人生忠告箴言:在人类生活中,微小事物总是经常引发伟大的结果。小事不为者,大事难成;一屋不扫者,难扫天下;少时出言不慎者,终生胡言乱语;小饮放纵者,日后成酒鬼;一念不纯者,必受肉欲之所累。

有很多事情看起来和人们讲的习惯、礼貌和习俗没有什么联系,好像一点都不值得我们注意,可是我们大部分的快乐还要通过它们来获取。我们总是能够遇上这样的情况:一件你觉得无关紧要的小事在别人眼里就可能是件天大的事情。

很多人因为不喜欢和别人交往,通常情况下总是企图尽量避开交际场合。家长里短、对于那些琐屑零碎的事情,他们认为是在浪费时间,甚至认为自己应该退避三舍、独善其身。其实,这是非常错误的。那些社会栋梁之才决不会那样做,他们会与这个社会融为一体,励精图治,努力使世界更加美好。

同样的道理,我们也不能完全忽视衣着的重要性。虽然说不管一顶帽子的款式多么新潮，一件外套的做工多么精细，也不能使我们的思想和道德得到半点升华，但是不要忘了，人们总是通过自己的外表而给人留下第一印象，而且第一印象在一个人的头脑中难以完全磨灭。所以，如果我们在乎自己的个人价值，就不能认为衣着的款式和个性是无关紧要的。我在其他章节已经说过，我们衣着的样式虽然不能太超前，但也不能显得过于落伍。

我们也应该记住，这个世界的各个不同层面和领域都是由微小的事情组成的。某些时候，"小事即大事"的说法，它看似荒谬却也有一定的道理，因为有时一件小事能成大的气候。谁都应该知道，在整个物质世界中，一些威力强大的运动总是起源于某件不起眼的微小事物，使大自然能够吐旧纳新、生气勃勃的主力军不是龙卷风，不是大洪水，也不是偶然的暴风雨，而是温和的清风、凉爽的细雨，和天地间温柔静谧、晶莹剔透的纤纤露珠。

所以，在人类生活中，微小事物总是经常引发伟大的结果。个别粗鄙行为，可能只是偶然为之，可别人也会认为你在其他方面也粗俗不堪。无论如何，对于小毛病视而不见是很有害处的，久而久之，会使身体习惯于某种恶习，思想也会随之慢慢堕落，因为习惯性地去做某一件事情会在大脑中形成一种思维定式，甚至会影响到一个人的灵魂。不要认为一小笔钱、一点细微的时间、几句闲言碎语或是无关紧要的轻微举动无足轻重，那是非常致命的错误观念。在这一点上，对于那些不在乎小节，认为小事无关紧要的人，我不得不引用一位修养甚高的朋友说过的话："那些对自己的毛病不觉悟不反思的人令我震惊。"

在工作岗位上，也应时时刻刻注重小节。

优秀员工与平庸者之间的最大区别在于，前者注重细节，而后者则忽视细节。细节之中潜藏着机会。

迈克和怀特同时应聘进了一家公司。这家公司前途光明，待遇优厚，有很大的发展空间。他们俩都很珍惜这份工作，拼命努力工作以确保试用期后还能留在这里，因为公司规定的淘汰比例是2:1，也就是说，他们俩必然有一个会在3个月后被淘汰出局。

迈克和怀特都咬着牙卖劲地工作，上班从来不迟到，下班后还要经常加班，有时候还帮后勤人员打扫卫生，分发报纸……

部门经理是一个和蔼可亲的人，他经常去两个人的单身宿舍交流、沟通，这使他们受宠若惊。所以两人特别注意个人卫生，都把各自宿舍整理得一尘不染，把专业书都摆在桌面上，以示上进。

3个月后，迈克被留了下来，怀特悄无声息地走了。过了半年，迈克被提升为部门主管，和经理的关系也亲近了，就问经理当初为什么留下了他而不是怀特。经理说："当时从你们中选拔出一个还真的是非常难的，工作上不分高低，同事关系也很融洽，所以我就常去你们宿舍串门，想更多地了解你们。我发现了一个现象，凡是你们不在的时候，怀特的宿舍仍亮着灯，开着电脑。而你的宿舍则熄了灯，关了电脑，所以最后确定了你。"

不要忽视细节，一个墨点足可将白纸玷污，一件小事足可使你招人厌恶。在激烈的职场竞争中，细节常会显出奇特的魅力，提升你的人格，增加你的绩效指数，博得上司的青睐，获得更好的机会。

细节本身往往就潜藏着很好的机会。如果你能敏锐地发现别人没有注意到的空白领域或薄弱环节，以小事为突破口，改变思维定式，你的工作绩效就有可能得到质的飞跃。

新闻系毕业的麦蒂终于如愿以偿，开始了她的记者生涯。然而工作仅一周，她就发现自己是部门里多余的人。部门的工作已被原有的三个人周密地分了工，他们各管一摊，根本没有自己插手的余地。

该怎么办呢？

麦蒂思虑再三，决定不抢别人的饭碗。她细心观察，耐心接听编辑部的求助电话——这是谁都不想干的活。一个月后，她通过接听电话，得到了一条宝贵的信息。依据这个信息,她回避了资深同事以"学校老师"为主体的采访路线,改走"学生家长"的路线,首推"教育话题热线",主持一个讨论性的栏目。这个栏目得到了一致好评,麦蒂由此在报社里站稳了脚跟。

能否把握细节并予以关注是一种素质,更是一种能力。对细节给予必要的重视是一个人有无敬业精神和责任感的表现,若能从细节中发现新的思路,开辟新的领域,更能表现出一个人的创新意识和创新能力,不管是前者还是后者,都是老板十分看重的。

关注工作细节,养成良好的工作习惯。具体来说,工作中的细节主要体现在以下六个方面。

1. 保持办公桌的整洁有序

如果一走进办公室,抬眼便看到你的办公桌上堆满了信件、报告、备忘录之类的东西,就很容易使人感到混乱。更糟的是,这种情形也会让你觉得自己有堆积如山的工作要做,可又毫无头绪,根本没时间做完。面对大量的繁杂工作,你还未工作就会感到疲惫不堪。零乱的办公桌在无形中会加重你的工作任务,冲淡你的工作热情。

美国西壮铁路公司董事长罗西说:"一个书桌上堆满了文件的人,若能把他的桌子清理一下,留下手边待处理的一些,就会发现他的工作更容易些。这是提高工作效率和办公室生活质量的第一步。"因此,要想高效率地完成工作任务,首先就必须保持办公环境的整洁、有序。

2. 不把请假看成一件小事

不要随便找个借口就去找老板请假,比如身体不好,家里有事,孩子生病……这样既会让老板反感,而且还会影响工作进度,很有可能导致任务逾期不能完成。即使你认为工作效率较高,即使耽误一两天也不会影响工作进度,那也不能轻易请假,因为你身处的是一个合作的环境,你的缺席很可能会给其他同事造成不便,影响其他人的工作进度。所以不要随便请假,即使生病,只要还能上班就不要请假，更不要因为逃避繁重的工作或无关紧要的小事请假。在公司里，有很多人一旦所负的责任较平时重，便会产生逃避心态。这可以理解但绝不被支持。更大的责任是提升一个人工作能力的绝佳机会，抓住它，你的业绩就会更上一层楼。

3. 办公室里严禁干私活、闲聊

在办公室里干私活是不对的。一方面是因为工作时间内，公司的一切人力、物力资源，仅属于公司所有，只有公司方可使用。任何私事都不要在上班时间做，更不能私自使用公司的公物。另一方面，就员工个人而言，利用上班时间处理个人私事或闲聊，会分散注意力，降低工作效率，进而影响工作进度，造成任务逾期不能完成。所以将办公时间全部用在任务的完成上，是必要的，也是必需的。

4. 在办公室把手机关掉或调到静音上

上班时间不要随便接听私人电话，要记住你的手机的声音会让身边的同事或上司反感，而别人反感的情绪又会直接影响你的工作情绪，最终导致个人乃至整个团队工作效率的降低。如果你随便接听私人电话，就会分散注意力，很有可能导致你对任务的认识产生偏差，进而使任务不能按期完成。

5. 下班后不要立即回去

下班后要静下心来，将一天的工作简单做个总结，制订出第二天的工作计划，并准备好相关的工作资料。这样有利于第二天高效率地开展工作，使工作按期或提前完成。离开办公室时，不要忘了关灯、关窗，检查一下有无遗漏的东西。

6. 适时关闭你的电脑

除非必要否则不要让电脑在上班时间一直开着，更不能借工作掩护上网、玩游戏、看DVD。在工作中，热衷于做这些事，只会浪费你有限的时间和精力，增加你的工作压力感，提高绩效自然也就无从谈起了。最好的做法是：在做完当天的工作,为明天的工作找好资料后就关闭电脑,控制自己上网、玩游戏的欲望。闲暇时间,可以买几本专业书籍充电。

所以,优秀员工工作准则是:

注重细节,以小事为突破口,提升自己的工作。

 **慎重地选择生意伙伴**

选择恰当的生意伙伴,对于生意的成败,起着举足轻重的作用。

卡耐基认为,要想慎重地选择生意伙伴,必先要做到知人善任。知人,就是要了解人,指的是对人的考察、识别、选择;善任,就是要善于用人,指的是对人要使用得当。选择生意伙伴,也要注意"知人"。

要做到"知人"可先从了解人的特长来说。

要知人,知人者首先要勤于去知,要舍得花时间认真考察。这一点,日本企业做的很好。有人问:日本企业职工一般也是终身制、"铁饭碗",怎么他们干部的积极性都很高?其实也不一定都很高,但是有一点值得我们重视:就是他们对于职工,尤其是对于干部的考察、挑选是非常严格的。有一个拉锁工厂,为了选择一名车间主任,工厂的领导者先后同20多名大学毕业的候选人谈话,反复考察、测评、比较,选定以后,又分配去科技科、供销科以及第一线试用,再进一步观察,认为合格后,才最后聘任。可见他们考察、选定一个人是十分下工夫的。正因为如此,选定一个合格人才以后,厂方自然要十分爱护、放手任用、格外待遇了。虽然日本企业实行"铁饭碗",但是他们不吃"大锅饭",所以对职工的严格考核及升迁也就成为激励人才和提升积极性的一种重要杠杆。

美籍华人吴家玮教授被聘任为美国加利福尼亚州立大学校长，也是经过严格考核的：要填写十分详细的表格供选委员会审查、判断，要经过无情的口试接受筛选，要经过校方到他原来工作的单位进行深入的调查和了解情况，要通过约30位委员及董事面对面地质询、听证……而且一次比一次严格：从100多人中初选12人，从12人中筛选6人，从6人中挑选4人，最后剩3人，到确定他一人，连过"五关"。可见，要了解、考察一个人，在美国也是十分慎重和下工夫的。

勤于考察，还要善于见微知著。比如当加州大学对来应聘的校长候选人挑选到还剩4人时，特地发出邀请，把4位候选人连同他们的夫人一起接到学校住了几天，再通过实际生活加以观察。原来他们认为：假如校长的夫人品格不高，校长的工作实际上将会受很大影响。结果果真又淘汰了一名。日本住友银行在招考干部时，其总裁曾出过这样一个试题："当本行与国家利益发生了冲突，你认为应如何处理？"许多人答"应为住友的利益着想"，总裁认为"不能录用"；另一些人答"应以国家利益为重"，总裁认为"仅仅及格，不足录用"；有一个人这样回答说："对于国家利益和住友利益不能双方兼顾的事，住友绝不染指"，总裁的评语是："卓有见识，加以录用。"这件事对我们应如何知人有很大启发。

日常生活中有两句似乎是格格不入的警言：一句是，"和陌生人打交道一定要严加防范，很多人是披着羊皮的狼"；另一句是，"不管是好人还是坏人，我们都要以诚相待"。这两句话都有我们值得借鉴的地方，在某种意义上，它们可以被视为互不矛盾的统一体。对一个见面三分熟的人，你一定会怀有戒心，但话又说回来，你们既然有了一面之缘，还是应该以诚相待。对于刚刚熟识的人，你不可能和他推心置腹地交谈，任何一个有理性的人都会理解这一点。

如果你的眼光犀利，能够洞察一切，阴谋诡计总是会露出蛛丝马迹的。如果仔细观察，在骗子的眼神里，总是透着一丝不安和困惑。如果骗子觉察到你已经看出了他的阴谋诡计，那么他就会支吾不清，坐立不安，很难再把他那场厚颜无耻、矫揉造作的戏演下去了。要判断一个人是不是真的在玩弄阴谋诡计，有一个很好的办法，和那人交谈的时候，你可以用眼睛盯住他，如果这个人真是个骗子他很快就会沉不住气的。

要判断一个人是否无耻贪婪，有个办法十分有效，当然不是100%。贪图金钱乃是诚实最大的敌人，与年轻人相比，年纪大一点的人更易于有这方面的倾向，在做生意的过程中，你不免会遇到一些贪婪成性的老年人，所以你要时刻警惕这种类型的骗子。他们中的一些人，总是装腔作势，大谈什么宗教信仰，极尽圆滑、奉迎和喋喋不休之能事；另外这些人和你打交道的时候，常常东一句、西一句，企图以此来分散你的注意力。但是对自己的亲信就完全没有必要疑心重重，满腹狐疑很可能会给自己带来悲惨的结局。

如果一个人吹嘘自己做成了一笔极好的生意，这个人一般来说不是诚实的人，因为同样的生意，若是有人赚了很多钱，那么，肯定有人亏本了。有时一笔交易，双方都可能获利，但并不是所有的生意都是双赢的，所以除了这种双赢的情况外，那些赚了大钱而沾沾自喜的人的品质，我们就很容易判断出来了。那些信誓旦旦、满口允诺的人，我们应该保持警惕，这些人可分为两种：一种人是胡吹海捧，逢迎拍马，只说不做，久而久之养成了满嘴大话的毛病；另一种人热情有加，许下的诺言超出了自己的能力范围，真正付诸实施时，才发现有这样那样的麻烦和开销，他们的热情也就慢慢褪去，最后不了了之，令人失望。

与贪婪残暴的人打交道时也要同样小心，因为如果和他们做生意，而你又不幸落入他们的摆布之中，那你就只能等着和他们在法庭上对质了。和这种人谈判的时候，首先需要注意的就是不要疏忽任何一个细节，否则就会一招不慎满盘皆输。

所以，学会"知人"，慎重地选择生意伙伴，才能扫清你成功路上的绊脚石。

如何正确看待别人

卡耐基在培训班培训学员时，很注重培养学员如何正确地看待他人，从而取悦于他人、劝服他人、赢得友谊并影响他人。他提出了很多与他人沟通交往的光辉理论，比如真诚地关心他人、适时地赞美他人、尊重他人的意见、激发他人高尚的动机等等，而这些理论的根源和基础只有一个，那就是：正确认识他人。

雄鹰看到蓝天的广阔，便振翅高翔，自由而高傲；飞瀑看到峭崖的险境，便一泻千里，流银泻玉，灵动如龙；海燕看到巨浪的汹涌，便引吭高歌，乘风破浪，大气蔚然。上帝造人，繁衍万世，生命中不是只有你自己，人若不能看到别人，正视自己便如那墙头的浮草，轻浮浅陋；便如那草原的孤鹿，寂寞而时时都有被吞没的危险。人之为世人，只有正确的看待自己看待别人，你的世界才会更精彩，生命的阳光才会更灿烂。

如何看待别人的问题，既是一个个性修养问题，也是一个哲学问题：在认识上是个人修养和世界观的问题，在方法上属于哲学问题。怎样正确地看待自己、看待别人，不是一件小事，也不是一种个人行为；作为一个群体，处理好看待自己、看待别人的问题是一件大事，是一个人事业能否成功必不可少的组成部分，是一个团体能否团结协作，充满活力的重要内容。看待自己与看待他人的关系处理好了，就会创造一个适合自己干事业的良好人际环境，就会形成一个团结协作，气氛祥和、坚强有力的集体。两者关系处理不好，不仅会给自己成长进步带来一些不必要的羁绊，也会给自己思想造成一些人为压力，给集体大家庭带来许多不和谐的因素。

如何正确的看待自己？

一是采取"换位思考法"。就是在考虑问题的时候，要注意站在不同的角度先观察，后下结论，下结论前先进行三种假设：认为自己好的方面，放在他人身上看看是否得到你的认可。认为自己不足的地方，也放在他人身上比一比，看看是不是恰当。因为有时候看不到自己经常忽略的大问题，而只看到一些轻微的，微不足道的东西。在这种时候，你就站在别人的角度想一下，假若别人这么办你会怎么看。认为别人不足的地方，也放在你的身上来衡量一下，分析一下能否给予理解。用这三种假设的方法，进行"换位思考"、"将心比心"，就会使自己的行为有所收敛，别人的行为也能得到理解。

二是看自己要多看问题，多找差距，在不断地改正错误中求得进步。当前，有的人看自己成绩多，看问题少；看进步多，看不足少。往往是讲成绩头头是道，甚至是别人的成绩也往自己身上拉。讲问题时一带而过，即使讲了一些也多强调客观因素。抱有这样的观点，既阻碍了自己的成长进步，也得不到别人的认可。

首先要正视自己的缺点和毛病，特别是个性的缺点和毛病。

其次是正确看待自己的优点和长处。

第三要切忌用自己的长处比别人的短处。说别人的短处头头是道，说自己的缺点轻描淡写，说别人的优点一带而过，说自己的优点长篇大论，这是做人之大忌，千万要引起注意。

第四是要努力实现自我感觉与别人的看法相一致。金无足赤、人无完人，道理大家都懂，但真正衡量一个人，却不是很容易，原因就是自己的看法与别人的看法不一致。

如何让你变得更加成熟

卡耐基告诉你人性的优点与弱点大全集

ka nai ji gao su ni ren xing de you dian yu ruo dian da quan ji

摆脱生活中的不幸

上天不会偏爱我们任何一个人,作为一个人,我们都得经历一些困难,正如我们经历许多快乐一样。所以面对困难,我们要有足够的信心,努力地摆脱生活中的困难。

卡耐基的童年可以说是悲惨的童年。

密苏里州经常发生的风沙、暴风雨及洪水,对生活在这里的居民来说,显然是非常无奈的不幸,幼时的卡耐基偶尔也曾为之有些许烦恼,但大多时候却很高兴。因为在这样的日子里,村镇的小木屋便成了卡耐基及其小伙伴的乐园。

临近卡耐基家有一间破旧的空木屋。成名后的卡耐基即便周游世界各地讲学,见识过许多异国风光,但在他的记忆深处,这座小木屋永远也不会从他的记忆中消失。因为当他伸开左手做表演动作时,便会看见这只仅剩4根指头的手,这是因他童年的淘气留下的永恒纪念。

1898年夏季,暴风雨席卷密苏里平原,102号河洪水泛滥。卡耐基和他的三个伙伴莫得·伊文思、莫得的弟弟盖·罗伊及格兰又聚在了他家田园附近的那间破木屋。

卡耐基他们约定,谁从窗户上向下跳的次数最多,其他人就得听命于他。卡耐基跳下的次数已经远远超过了其他伙伴,只见他双手抓着窗棂,脚踩在窗台上,上气不接下气地对着其他伙伴嚷道:"使劲呀……"他又跳向地面,但这次他没有像以往那样大吵大叫了,卡耐基觉得左手食指一阵剧痛,接着整个左手都麻木了。

原来，卡耐基左手食指上的戒指被窗棂上的一枚铁钉勾住了，他跳落地面时，食指已被扯裂开来，鲜血迅速从伤口涌出，连左边的衣袖也被浸渍得一片鲜红。

由于及时止血，伤口并没有被感染，但卡耐基的左手却从此缺少了一根食指。这次经历也深深铭刻于他的记忆之中。

30年后，卡耐基在欧洲的一次讲学中还提及此事，他把这次经历作为讲课的引用材料。他认为，当不幸降临于自身时，我们根本没有必要去怨天尤人，因为不幸的根源是我们自己的错误。他说他也曾为这个缺陷而自卑过，但现在没什么了。

这时卡耐基已是一个成熟的乐天主义者了。尽管在瓦伦斯堡师范学院时，他曾为自己左手的缺陷而自卑和羞惭过。

卡耐基认为，当悲剧降临时，世界仿佛停滞不前了，我们的悲剧将会一直持续下去，但是，我们一定要克服悲哀，继续上路，只要回忆起那些快乐的往事，我们就会感到幸福终将到来。取代我们内心的悲痛。不幸也不完全是坏事，它会成为一种动力。促使我们采取行动，提高我们自身的素质，我们的智慧也将因此而变得更加敏锐，从而促使我们最终摆脱困难。

1858年，瑞典的一个富豪人家生下了一个女儿。然而不久，孩子染患了一种无法解释的瘫痪症，丧失了走路的能力。

一次，女孩和家人一起乘船旅行。船长的太太给孩子讲船上有一只天堂鸟，她被这只鸟的描述迷住了，极想亲自看一看。于是保姆把孩子留在甲板上，自己去找船长。孩子耐不住性子等待，她要求船上的服务生立即带她去看天堂鸟。那服务生并不知道她的腿不能走路，而只顾带着她一道去看那只美丽的小鸟。

奇迹发生了，孩子因为过度地渴望，竟忘记了要拉住服务生的手，慢慢地走了起来。从此，孩子的病便痊愈了。女孩子长大后，又忘我地投入到文学创作中,最后成为第一位荣获诺贝尔文学奖的女性,也就是茜尔玛·拉格萝芙。

因此,面对困难,我们只要有一种不服输的精神,我们就有获得成功的机会。假如我们一开始就被困难打倒了,那么我们的人生将是一部悲剧。

卡耐基认为,人生真正的圆满,并不是平静乏味的幸福,而是勇敢地面对所有的不幸,"不幸"可以激发潜藏在我们体内的能量。如果不是情势所逼,需要我们对这种潜能善加运用,我们将有可能永远埋没自身所具有的这种巨大能量。

英国劳埃德保险公司曾从拍卖市场买下一艘船,这艘船1894年下水,在大西洋上曾138次遭遇冰山,116次触礁,13次起火,207次被风暴扭断桅杆,然而它从没有沉没过。

劳埃德保险公司基于它不可思议的经历及在保费方面给带来的可观收益,最后决定把它从荷兰买回来捐给国家。现在这艘船就停泊在英国萨伦港的国家船舶博物馆里。

不过,使这艘船名扬天下的却是一名来此观光的律师。当时,他刚打输了一场官司,委托人也于不久前自杀了。尽管这不是他的第一次失败辩护,也不是他遇到的第一例自杀事件,然而,每当遇到这样的事情,他总有一种负罪感。他不知该怎样安慰这些在生意场上遭受了不幸的人。

当他在萨伦船舶博物馆看到这艘船时,忽然有一种想法,为什么不让他们来参观参观这艘船呢?于是,他就把这艘船的历史抄下来和这艘船的照片一起挂在他的律师事务所里,每当商界的委托人请他辩护,无论输赢,他都建议他们去看看这艘船。它使我们知道:在大海上航行的船没有不带伤的。

我们遇到困难是在所难免的,关键是我们要做好充分地准备,来迎接困难和挑战。

罗伯·路易·史蒂文森一生多病,却不愿让疾病影响自己的生活和工作。与他交往的人,都认为他十分开朗、有活力,并且所写的每一行文字也充分流露出这种精神。由于他不愿向身体的缺陷屈服，因此能使他的文学作品更多彩，更丰盛。

总之，如果你在生活中遇到不幸，那就试着摆脱它，只有这样你才能更有信心地去迎接美好的明天。

 **拥有坚定的信念**

在我们每个人成功之前，到底有多少人相信我们真的会取得成功呢？世界上只有极少数的人对自己拥有完全的自信，相信他们自己就是登上金字塔顶端的那些成功人士。有时候，一个人能否成功，在于他是否拥有一个坚定的信念。信念只是一种心态，一种选择。成功的人，总是先相信，然后就会看到；而不成功的人，总是看到了才会相信。

卡耐基进入瓦伦斯堡州立师范学院后，开始了他走向成功的人生之路。

在那里，卡耐基参加了12次比赛，却屡战屡败。

最后一次比赛败北后，卡耐基开始对自己的能力产生怀疑，所有美好的希望粉碎了，他拖着疲惫的身子，精疲力竭、意志消沉地在102号河畔久久地彷徨。

总是失败，对人的信心是极大的打击。30年后卡耐基谈及第一次演说失败时，还以半开玩笑的口吻说：

"是的，虽然我没有找出旧猎枪和与之相类似的致命东西来，但当时我的确想到过自杀……"

"我那时才认识到自己是很差劲的……"

人的一生犹如一盘漫长的磁带，它将忠实地记录下各种路人的音响，有无为者的叹息，绝望者的哀鸣，玩世者的苦笑，也有进取者激越昂扬的高歌，改革者奋不顾身的绝唱，开拓者震天动地的呼啸……

当现在的人们面对卡耐基的成功之路时，已经把他当做一位激越的进取者和勇敢的开拓者。即便是在这位声名赫赫的成人教育家、交际大师溘然辞世50多年后的今天，人们在认真地探讨他的教学课程的同时，也不难明白一点：卡耐基本人的经历就是一部活生生的教材。

在瓦伦斯堡州立师范学院，经历了一连串失败后，卡耐基尽管也曾有过短暂的消沉，但却转瞬而逝，马上就振作精神重新面对生活。

"在哪里跌倒了，就在哪里站起来。"卡耐基这样说，也是这样做的。

80年前的瓦伦斯堡人一定不会忘记，在瓦伦斯堡州立师范学院附近的102号河畔，经常有一位身材颀长清瘦，但衣着破旧的年轻人，一边踱着步，一边背诵着林肯及戴维斯的名言，并不时地做一些手势和面部表情训练。这就是卡耐基决心再次迎接挑战的准备。

有一次，卡耐基正练习自己的一篇演说稿，神情专注，还不时夹杂着手势。这时，附近的一位农人见此情景，以为出现了一位疯子，立即报告了附近的警察，当警察气喘吁吁地跑来时，卡耐基才明白发生了什么事。

工夫不负有心人，只要不断地努力，就一定会获得成功。

1906年，卡耐基以《童年的记忆》为题发表演说，获得了勒伯第青年演说家奖。卡耐基在中学时代就有过写作的梦想，这篇讲稿是他写作的一次尝试，他把自己完全假想成另外一种角色的讲稿至今还存在瓦伦斯堡州立师范学院的校志里。

卡耐基在学院公众演说赛中的获胜，是他走向成功的新的开始。

卡耐基认为，仅仅拥有信念还不足以使人走向成熟，勇敢的确比怯懦要好，但是，假如我们面临考验时却转身逃跑，那么勇敢就失去了作用，除非我们能够坚守信念，否则所有理论都将毫无价值。我们的信念是否起作用，关键在于我们如何去做事,基督耶稣就说:"观其果而知其因。"重要的是我们如何去做。

数千年来,世界上很多著名科学家、权威人士的研究结果表明,由于人类骨骼、肌肉等各方面因素的限制,人类不可能在 4 分钟内跑完 1 英里。因此人们一直认为,这是人类不可能打破的纪录。然而,1954 年,一位叫罗杰·班纳斯特的人却打破了这个纪录!他之所以能够创造这一惊人的佳绩,一方面归功于体能上的苦练,但更重要的是,得力于精神上的突破。在破纪录之前,他曾在脑海中无数次地模拟以 4 分钟的时间跑完 1 英里,长此以往便形成了强大的成功信念,结果,班纳斯特真的做到了,做到了人类数千年来一直认为不可能的事情。

奇怪的是,在班纳斯特打破纪录的第二年,有 37 个人也做到了。第三年,居然有 300 多人也做到了!为什么在班纳斯特突破之前无人做到,而之后却有那么多人做到了呢?原因就在于,这些运动员被科学家的报告限制住了自己的潜能,他们不相信自己可以。但之后,他们看到有人做得到,才相信自己也能做到。可见,信念创造了奇迹!

坚定的信念是我们心中的灯塔,能够指引我们走向成功。拥有了坚定的信念,你就会发现前方的路是那么美,成功就在离我们不远的地方。

有个年轻人去微软公司应聘,而该公司并没有刊登过招聘广告。见总经理疑惑不解,年轻人用不太娴熟的英语解释说自己是碰巧路过这里得知此事,就贸然进来了。总经理感觉很新鲜,破例让他一试。

面试的结果出人意料,年轻人表现糟糕。他对总经理的解释是事先没有准备,总经理以为他不过是找个托词下台阶,就随口应道:"等你准备好了再来试吧"。

一周后,年轻人再次走进微软公司的大门,这次他依然没有成功。但比起第一次,他的表现要好得多。而总经理给他的回答仍然同上次一样:"等你准备好了再来试。"

就这样,这个青年先后5次踏进微软公司的大门,最终被公司录用,成为公司的重点培养对象。

人生的旅途上就是这样,到处是沼泽遍布,荆棘丛生。而我们追求的事业也总是山重水复,不见柳暗花明。我们需要在黑暗中摸索很长时间,才能找寻到光明,这就需要我们内心要有坚定的信念。

美国作家欧·亨利在他的小说《最后一片叶子》里讲了这么一个故事:病房里,一个生命垂危的病人从房间里看见窗外的一棵树,在秋风中树叶一片片地掉落下来。病人望着眼前的萧萧落叶,身体也随之每况愈下,一天不如一天。她说:"当树叶全部掉光时,我也就要死了。"

一位老画家得知后,用彩笔画了一片叶脉青翠的树叶挂在树枝上。最后一片叶子始终没掉下来。只因为生命中的这片绿,病人竟奇迹般地活了下来。

可见,信念是人们精神的支柱,人要是没有了信念,就失去了前进的动力。只有有了希望,生命就生生不息!

历史靠人去开创,未来靠我们去打造。信心,是一个人最大的资产。只要你拥有坚如磐石的信念,你便可以取得常人难以想象的成功。

 相信自己是独一无二的

这世界上的很多东西都是独一无二的:我们活着的每一秒都是独一无二的,我们身边的每个人也是独一无二的。我们每个人都是这世界上独一无二的一部分。因此,我们要好好地珍惜自己。

卡耐基认为,每一个人的人生经历都是独一无二的,要想获得成熟的智

慧,就必须认识并理解这个事实,这是一座引导我们和我们的同胞之间进行沟通的桥梁,不管怎么样,每天都要创造一段孤独的时光抛弃一切电话和干扰事物,这是我们探索自己的生活、信念的行动所必须做到的。有谁愿意被习惯和惰性的枷锁套住,而整天沉闷无望地苟且活命呢?但是我们已经被活活地埋在习惯和无聊的事物里面,只有通过异常的努力,才能把我们解救出来。

美国钢铁大王卡内基小的时候家里很穷。有一天,他放学回家的时候经过一个工地,看到一个老板模样的人正在那儿指挥盖一幢摩天大楼。

卡内基走上前问:"我长大后怎样才能成为像您这样的人呢?"

"第一要勤奋……"

"这我早就知道了,那第二呢?"

"买件红衣服穿。"

卡内基满腹狐疑:"这与成功有关吗?"

那个老板模样的人指着前面的工人说:"有啊!你看他们都穿着清一色的蓝色衣服,所以我一个都不认识。"说完,他又指着旁边一个工人说:"你看那个穿红衣服的,就因为他穿得和旁人不同,这才引起了我的注意,我也就认识了他,发现了他的才能,过几天我会安排一个职位给他。"

穿红衣服的工人获得了老板的认可,这其实是他自己向老板的一次成功营销。所以这对我们的营销工作也很有启发意义。

其实,不论我们每个人是正常人还是身有残疾,我们在这个世界上都是独一无二的,我们要好好珍惜我们在这个世界上所拥有的一切。

艾莫·赫姆出生在俄亥俄州的亨特维,当时他的医师如此说道:"这婴儿活下来的机会不大。"但是赫姆还是活下来了。虽然,他因右半身严重受伤而时常痛楚不已,但他从没有向死神屈服。由于他不能从事体力工作,便转而努力阅读。早在1891年,也就是他28岁的时候,他成了卫理工会的传道士。他曾历经两次致命的事故,都没有因此而失去信念,反而引起有名的巧克力制造商约翰·惠勒的注意，在经济上加以援助。几个月之后，这位倒在死神门口的传道士，顺利地出了院。

艾莫·赫姆开始兴建教堂、募集传道基金，并帮助当地的学校和医院。这名"单肺传教士"募集了将近300多万美元，以从事他认为有意义的慈善活动。到了69岁的时候，他告老退休，但还是继续不断工作。他又举办了上千次的讲道、写了两本书、为教会和其他慈善机构募集了50万美元，并且担任20余所专业学校的董事，个人曾捐助5万美元以兴建在加州大学附近的一所教会。

艾莫·赫姆准确认清了自己在这个社会上的位置，并利用自己具有的条件，成功地度过了自己的一生。我们每个人在这个世界上都有自己的位置，只要我们能够准确定位，我们能就会取得满意的成就。

纽约卡耐基训练班里有个身材瘦小、年纪已74岁的女学员，她坦然承认不知道如何渡过自己的余生。

这名女学员曾经当过教员，直到强制退休停止。她的储蓄不多，因此必须时时保持忙碌，这对经济和精神上都十分重要。由于她曾担任过教员，有很多教学经验，因此便到各个幼儿园去讲故事。她的故事都经过特别挑选，并且用幻灯片来加强效果。

听了她的话之后，卡耐基鼓励她把这当做事业来做。

也许受了卡耐基的鼓舞，这名女学员开始了她的晚年事业。她知道，年纪并不是一种障碍或缺陷，相反的，由于多年的教学经验，她现在更有能力把故事讲得更好，更动人。

她先去找"福特基金会"，因为这个组织一直很积极推动文化工作。她把计划写下来，内容包括许多为幼儿园学童所设计的故事节目。她不仅用口讲，并且拿实物让大家看，因此很容易被接受。她充满温馨和富有戏剧性的讲述方式，使她大受欢迎。

如今，这名女学员已把自己的热忱和信心带到美国各地，并把欢乐带给成千上万个孩童。

如果这位74岁的老人不肯定自己，不相信自己的能力，她就会像其他老年人那样，平常地渡过自己的余生。

人，活在世上，首先就要肯定自己，相信自己。"天生我材必有用"，没有人能够像你一样。活出你自己，别人能做到的，我一样能做到。相信我们自己在这个世界上都是独一无二的。我们每个人都有自己在这个世界上的位置，只要我们找到了这个位置，加上我们的努力，我们就能取得成功。

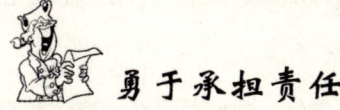

勇于承担责任

在日常工作中，我们若是哪一方面做得不好，总是会听到这样或那样的借口。其实，对于任何一件事情，只要我们有心去找，一定会找到各种借口。但是在我们找借口的过程中我们也浪费了宝贵的时间和精力，在努力寻找借口的同时，我们忘记了自己应该承担的职责和责任。

卡耐基从小就知道承担自己应该承担的责任。

当卡耐基已经16岁时，就不得不在家里的农场负起一部分责任。

每天早晨，他骑马进城上学，放学后，他便急匆匆地骑马赶回家里的农场，处理一大堆杂务：挤牛奶、修剪树木、收拾残汤剩饭喂猪……

只有干完这些杂务后，卡耐基才能点上煤油灯，在昏暗微弱的灯光下开始读书。然而这还并不意味着卡耐基可以无牵无挂地读书了。

当时，卡耐基的父亲詹姆斯仍在农场生产线里不断探索致富的门路。最后他选择了饲养一种叫做杜洛克泽克的大猪。这种猪饲养程序麻烦，母猪的生产是每年的 2 月初，时值春寒料峭，室外的温度还在摄氏零度以下。为避免这些猪仔被冻死，詹姆斯把它们放在一个用麻布遮着的篮子里，再把篮子放置在厨房火炉的后面。

于是，卡耐基晚上又增加了照顾这些小猪的杂务。

在 1936 年的一部自述中，卡耐基曾提及过这段经历：

"晚上我上床前做的最后一件事，就是把放着小猪的篮子从厨房后面的火炉旁边搬到猪圈里，让这群小猪吃完奶，又把它们一只只地放进篮子，再把篮子重新搬放到火炉后边去。然后，我上床睡觉，并把闹钟的时间定在第二天凌晨 3 点。闹钟一响，不论有多么困倦，我又得揉揉惺忪的睡眼，在凉飕飕的冷风中穿好衣服下床，再次把小猪送进猪圈吃奶后搬回来。然后我再把闹钟定在早上 6 点，那是我起来念拉丁文的时间。

卡耐基认为，成熟的第一步，是要勇于承担责任。我们都已经脱离了将自己的跌倒迁怒于椅子的孩童阶段。我们应该直面人生，自己对自己负责。

在美国西点军事学校，每一位新生学到的第一课，就是来自一位高年级学员的大声训导。他告诫所有的新生，不管什么时候，遇到学长或者军官问话，只能有四种回答："报告长官，是！""报告长官，不是！""报告长官，没有任何借口！""报告长官，我不知道！"除此之外，不能多说一个字，因为长官要的只是结果，而不是喋喋不休的辩解。

"别找任何借口"是西点军校奉行的最重要的行为准则，它告诉每一个学员：失败是没有借口的，每个人都应该承担起自己应尽的责任。

勇于承担责任才能有所作为，真正地体现人生价值。没有责任就没有压力，没有压力就没有动力。勇于承担责任可以考验个人的工作能力，也可以激励每个人发挥自身作用。

学校组织去国家公园野餐，老师将需要带的东西分派了下去，由班上的每个同学负责回家准备一项。同学们有的负责去超市买食品，有的负责准备烤肉的炉子，有的负责所有的餐具。威尔逊分配到的任务是准备烤肉用的调料。

期盼这次野餐已经很久了，因此，一听到消息，威尔逊就开心地蹦了起来，直到放学回家，他都开心地楼上楼下欢呼着。妈妈提议让威尔逊列一个单子，把需要带的东西先写好了，然后交给妈妈检查，这样可以防止遗漏。

但是威尔逊说要先出去跟小朋友宣布这个消息，回来后再列清单。他说："放心吧，妈妈。我会带好的，别担心。"

妈妈虽然不是很相信他，但一想，这是一个很好的锻炼机会，就没有再要求他必须现在开列出清单来。

小威尔逊在外面玩了整整一天，临到晚上该睡觉的时候他才匆忙跑到厨房里收拾。

第二天，当全班人准备就绪，开始野餐时，小威尔逊却怎么也找不到烤肉汁，他惭愧地低下了头。这次教训让他意识到由于自己的疏忽，使这次活动大为逊色。

我们从小就应该培养孩子勇于承担责任的精神。这样他才能够为自己的行为负责，承担它的后果——无论好坏。

卡耐基认为，如果原子时代能给人类带来希望的成就，而不是相反的负面影响，那么一个坚强而成熟的人，一个愿意并能够对自己和自己的行为负责的人，才是这个时代所需要的。

7岁的埃迪坐在靠近门边的书桌前写作业，外面风很大，作业本被风吹得直响。埃迪不得不一次次跑去关门，每次门刚关上不久，就又被一阵猛烈的风吹开了。

这时，邻居山姆叔叔来找埃迪爸爸，他没有进门，和埃迪爸爸俩人就站在大门外闲聊起来。

可是，没多久，风又把门吹开了，埃迪于是跑去关门。他猛地把门合上，然而大门却因为碰到障碍物反弹了回来，与此同时，埃迪的爸爸痛苦地叫喊

第十章 如何让你变得更加成熟

起来。

埃迪惊恐地看到，门外的爸爸五官痛苦地扭曲在一起，头发一根一根地竖着。原来，刚才爸爸的手放在门框上，埃迪突如其来的关门，差点把爸爸的手指夹断。

埃迪吓坏了，以为这次一定免不了一顿暴打。但是爸爸的巴掌一直没有落下来。

事后，爸爸对埃迪说："当时我实在痛得厉害，原本想狠狠打你一个耳光，但是，转念一想，是我自己把手放在门框上的，错误在我，凭什么打你？"

父亲的这句极为普通的话，却给了埃迪一个毕生受用无穷的启示：犯了错误必须自己承担后果，不可迁怒于他人，不可推卸责任。

卡耐基也认为，一个渴望成熟的人一定要切记，要对自己的行为负责。要勇于承担责任，绝不为自己寻找任何借口。

因此，无论是工作，还是生活，我们都需要树立责任意识，勇于承担责任，这样才能在社会实践和工作中不断地提高自己，从而为企业和社会发展做出应有的贡献。

 困难并不意味着不幸

你也许听过许多人把失败原因归咎于没上过大学，其实对这些人中的一部分来说，即使他们真的上了大学，他们仍能为自己的失败找出许多理由。对这些喜欢逃避责任的人来说，困难成了最好的挡箭牌。作为一个真正成熟的人则不会如此，他们会想尽办法克服困难。

卡耐基是一个农家子弟，即使他因事业成功而家喻户晓，仍然不忘自己的

出身。他的童年与美国中西部农家的孩子并无特别之处。

像所有的日子一样，1880年11月24日是一个平凡不过的日子。

卡耐基就在此日诞生于密苏里州玛丽维尔附近、离102号河东北10里处的一个小市镇。

即便是天才，他的第一声啼哭也绝不会是一首美妙绝伦的颂歌。不过，卡耐基的父亲经常自豪地说："戴尔的哭声特别响亮，我远在100码处就清楚听见了，便断定这家伙一定是个男孩。"那哭声仿佛是在宣称他对自己降临的这个世界不太满意，也似乎预示着他将经过一番不寻常的苦难和挫折。

幼年的卡耐基与他的同龄小男孩相比，显得特别淘气。小时候，他并不是一个讨人喜欢的孩子，这与他以后在公众中广受青睐完全是两回事。

由于营养不良，小时候的卡耐基非常瘦小，头发也不是白种人那类美丽的金色，淡黄中略显灰褐，加上一对与头部不很相称的大耳朵，他不属于英俊少年。

距卡耐基家的农场一里之处，有一所仅有一间教室的学校，校名叫玫瑰园，小卡耐基就在这里读小学。

卡耐基后来的回忆中谈道，他在那里的最深感受是冬天的生活，因为冬天对幼时的卡耐基而言，其同义词就是又湿又冷的双脚。卡耐基必须在厚厚的积雪中往返于学校和家中，没有一双可避寒冷的合适鞋子，强劲的西北风从耳畔呼啸而过，像是在对这个贫穷的农村小男孩示威，也似乎在告诉他如何抗御寒冷。卡耐基后来回忆说："我试图想出一种办法，不让夹杂着雪片的凛冽寒风挡住我的视线，于是便背着风，倒着走路，结果碰到了一块冰疙瘩狠狠地摔了一跤。我由此而得到一点启示，那便是：不看着脚下的路，摔倒的机会就更多……"

有这样一个故事：

那天的风雪很猛，外面像是有无数发疯的怪兽在呼啸厮打，雪恶狠狠地寻

第十章 如何让你变得更加成熟

找袭击的对象,风呜咽着。大家坐在教室里都在喊冷,读书的心思似乎已被冻住了,一屋子的跺脚声。

鼻头红红的欧阳老师挤进教室时,等待了许久的风席卷而入,墙壁上的《中学生守则》一个跟头栽了下来。

往日很温和的欧阳老师一反常态:满脸的严肃庄重甚至冷酷,犹如室外的天气。

乱哄哄的教室静了下来,我们惊异地望着欧阳老师。

"请同学们穿上胶鞋,我们到操场上去。""我们要在操场上立正5分钟。"

操场在学校的东北角,北边是空旷的菜园,再北是一个大的池塘。那天,操场、菜园和水塘被雪连成了一个整体。人走出去,脸上像有无数把细窄的刀在拉在划,厚实的衣服像铁块冰块,脚像是踩在带冰碴的水里。

大家都挤在教室的屋檐下,不肯迈向操场半步。

欧阳老师没有说什么,面对我们站定,脱下羽绒衣,线衣脱到一半,风雪帮他完成了另一半。"到操场上去,站好!"欧阳老师脸色苍白,一字一顿地对我们说。

谁也没有吭声,大家老老实实地到操场排好了三列纵队。

瘦削的欧阳老师只穿一件白衬衣,衬衣紧裹着的他更显单薄。

后来,我们规规矩矩地在操场站了5分多钟。

在教室时,同学们都以为自己敌不过那场风雪,事实上,叫他们站半个小时,他们也能顶得住;叫他们只穿一件衬衫,他们也顶得住。

上面这个故事告诉我们一个道理:生活中的许多困难,其实并不像我们自己想象的那么严重。

人的一生不可能不遇到困难。有的人在面临困难时,他们无所畏惧,百折不挠,将困难视为生活的一种考验,并使之转化为一种积极有利的因素;而有些人遇到困难,则会畏惧退缩,为之折服,并且抱怨,他们把困难当做是一种无法逾越的障碍，甚至是人生的一种不幸。

卡耐基认为，那些不成熟的人，总是把自己和别人的不同之处当作障碍。渴望别人对自己特别加以考虑。相反，那些成熟的人，能认清自己不同于他人的特征，或者改进自己的不足，以求进步。

哈利的儿子，长的高大英俊，就是自小患有口吃的毛病。这男孩在学校里的成绩一向很好，也很受同学们的欢迎。从小学开始，父母就为他找过许多心理学专家和口吃治疗专家来帮忙，却没有什么成效。

一天，男孩回家告诉父母，说是他将代表全体毕业学生在毕业典礼上致辞，男孩并兴致勃勃地立刻开始准备讲稿。男孩的父母也提供不少意见帮助他准备讲稿，但一直都没有提到该如何在演讲时避免口吃这个老毛病。

毕业典礼终于来临。当天晚上，男孩起立开始发表演讲。他站的挺直、端正，会场观众都鸦雀无声地注视他，因为许多人都知道男孩患有口吃的毛病。男孩一开始讲的很慢，但很有信心，接着便很顺利地把15分钟的讲演说完，没有丝毫迟疑的地方。等他讲完之后，全场报以热烈掌声，因为大家都知道，这男孩是如何努力克服自己的缺陷和困难，理当得到应有的赞赏。

一个不成熟的人随时可以把自己与众不同的地方看成是缺陷，是障碍，然后期望自己能受到特别的待遇。成熟的人则不然，他会认清自己的与众不同，然后接受它们，加以改进。

很多人都认为贫穷是一个灾难，但是成熟的人们却把贫穷当做一笔财富。美国前总统赫伯特·胡弗是爱荷华一名铁匠的儿子，后来又成了孤儿；IBM的董事长托马斯·沃森，年轻时曾担任过簿记员，每星期只赚两美元。这些著名的成功人士，都没有认为贫穷是他们的障碍。他们把所有精力都用在工作上面，因此根本没有时间去自怜。

卡耐基认为，贫穷的确是一种障碍，但我们有理由因为贫穷而逃避责任、甘愿俯首认输吗？成功的人从不会强调他们受到贫穷的阻碍，而只是想着如何克服困难，从不将时间浪费在自怨自艾。

总之，困难并不像我们想象中的那样不可战胜，只要我们有一颗积极向上的心，什么困难我们都能克服。

 让友谊伴随你一生

友谊是生命中的源泉，没有朋友的人是孤独的。当你开心时，朋友与你分享。当你悲伤无助时，朋友会给你一双援助的手。友情无处不在，它伴随你左右，萦绕在你的身边，和你共度一生。

成立了家庭，并没有给卡耐基带来好运。相反，为了逃避洛莉塔的粗暴和嘲讽，卡耐基不愿意再在这个家中度日如年，他决定外出旅行。

他选择了匈牙利的霍尔托贝矶湖泊。这个地方有点儿像野外动物园，令人神往和着迷。

与他同行的一位朋友想和他一道去打野鹅，他非常高兴地答应了。霍尔托贝矶湖边野鹅很多，而且很肥。他向当地的居民学会了许多捕野鹅的方法，居然收效很大，他捕到了很多只又肥又大的野鹅。这次旅游带给了卡耐基许多快乐，他这时又在计划着写一篇有关的文章。

但一回到巴黎，他又陷入了家庭生活不和谐的困境中。最令他气愤和难受的是，洛莉塔在花销方面根本没有计划，胡乱花钱，但卡耐基并没有计较这些，他默默地忍受着。

在这种坏心情下，朋友的到来可能是卡耐基最高兴的事了。

老朋友赫蒙·克洛依的拜访使卡耐基激动不已。

卡耐基在一家餐厅里招待了克洛依，两人许久没有会面，有许多的经验和

方法需要进行交流，卡耐基并没有向他的朋友倾吐心中的烦闷，反而显得非常高兴的样子来庆祝他朋友在事业上的成功。

与朋友的异地相逢，使卡耐基暂时摆脱了家庭生活的郁闷。他们一起开始了在法国的旅行，并无所顾忌地交流着各自的情况。面对眼前这位老朋友，卡耐基始终没有说出内心的痛苦。

友谊是卡耐基一生中很重要的一部分。在卡耐基伤心失望时，他们给他以支持；当卡耐基取得成就时，他们一起和他分享。

卡耐基认为，在这个世界上，没有人有义务去必须喜欢别人，无论是在生意上还是在社会交往中，假如我们不能拿出别人想要的东西，我们就没有任何理由让别人来主动讨好我们。

马克思一生生活困顿，是恩格斯一直无私地支持着他的工作和生活，正是这种伟大的友谊，造就了跨时代的巨著《资本论》；毛泽东对周恩来，无论是在战争年代还是建设年代，就是在"四人帮"横行时期，总是深深地信任着他，周恩来也从不怀疑这种信任，正是这种高度的相互信任，使他们带领中国革命从胜利走向胜利。

卡耐基认为，要想赢得别人的友情，就必须甩掉包袱，不要担心别人是否会喜欢我们，而且要尽量发掘我们身上潜藏的基本素质，激发别人来赏识我们。我们应该做的，不是观望那虚无缥缈的未来，而是要脚踏实地，做好跟前的每一件事情。

有一位伟人这样说过："得不到友情的人将是终身可怜的孤独者；没有友情的社会，只是一片繁华的沙漠。"朋友就是友谊的代言人。他们不曾嫌弃任何人与放弃任何人，而用他们那宽大的心去容纳与接受别人，使别人能在他们的身上感受到友谊的温暖、关怀。

有一对朋友，一起去爬山。刚好下雨路滑，有一个人不小心摔了一跤。刚好身边是万丈深渊。在这千钧一发的时候，他的朋友立即扑上去拉着他的手。就这样，他们在"鬼门关"前持续了两小时左右。在这段时间里，那个身陷险境的人，几次叫他的朋友放手，免得一起摔下去，双双送命。但他的朋友却说："再多坚持一会儿，就有人来救我们的。"终于，碰巧3个山工看到，把他们救了起来。那朋友的手已经变得畸形了，但他还是笑对他的朋友说："我早说过会有人救我们的。"这时，那人早已热泪盈眶，抱着他的朋友哭起来。

友谊是一部漫漫长卷，只有用心去读，才可得到一生的知己，收获彼此的情意。人生走过的每一段路程，除父母之外，朋友便是我们一生的常伴，他会伴随着我们走向生命的尽头。

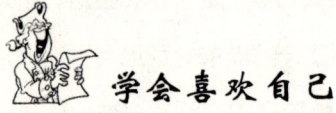

学会喜欢自己

我们每个人都有这样的经历：望着眼前我们的照片，我们会感到不满意，心里埋怨为什么我长得没有别人漂亮呢？其实，我们没有必要为此烦恼，我们应该面对真实的自己，去发掘自己的可爱之处，学会喜欢自己。

卡耐基成功的过程并不是一帆风顺的。童年时，卡耐基家庭非常贫穷，遭到自然灾害时，就连温饱问题都没有办法解决。上高中时，卡耐基是同学们嘲弄的对象，当时的他特别讨厌自己——讨厌自己的长相，甚至讨厌自己头发的颜色。工作后，卡耐基依然没有摆脱贫困的命运。他在做推销员工作时，经常遭遇困难。儿时的经历和一系列的挫折，使卡耐基的性格变得抑郁，他甚至感到恐惧。他懊恼自己一辈子都不会有所成就了，担心自己会被开除——虽然其实大公司是很少开除人的。后来他遇到了一个跟他一样，断了手指的青年，在与这位年轻人的交流中，卡耐基找到了自我，发现自己其实有很多优点，例如自己在演讲方面和口才方面。也正是这个年轻人，使卡耐基慢慢地喜欢上了自己，最后并取得了伟大的成功。

卡耐基认为，"爱自己"是健康成熟地生活的一个重要标志。爱自己，就是要接受自己，要冷静客观，怀着自尊心和人类的尊严感来接受自己。如果我们不喜欢自己，那么我们就不会喜欢别人。仇恨一切事物和别人，厌弃和虐待自己同胞的人，必然也会更强烈地表现出自我厌弃。

其实，无论是贫穷还是富有，无论是貌若天仙，还是相貌平平，我们每个人身上都有自己闪光的那个地方，让我们喜欢自己吧，只有喜欢自己，我们才能更好地热爱生活和体会生活带给我们的快乐。

在一次讨论会上，一位著名的演说家没讲一句开场白，手里却高举着一张20美元的钞票。

面对会议室里的200个人，他问："谁要这20美元？"一只只手举了起来。他接着说："我打算把这20美元送给你们中的一位，但在这之前，请准许我做一件事。"他说着将钞票揉成一团，然后问："谁还要？"仍有人举起手来。

他又说："那么，假如我这样做又会怎么样呢？"他把钞票扔到地上，又踏上一只脚，并且用脚碾它。尔后他拾起钞票，钞票已变得又脏又皱。

"现在谁还要？"还是有人举起手来。

"朋友们，你们已经上了一堂很有意义的课。无论我如何对待那张钞票，你们还是想要它，因为它并没贬值，它依旧值20美元。"

在上帝的眼中，我们每个人永远都不会丧失价值。在他看来，我们衣着不论是肮脏还是洁净、齐整或不齐整，我们依然是无价之宝。

卡耐基认为，要想获得进步，突出自我，就要集中精力发挥自己的优点，展现自己最优秀的一面，抛开自己的缺点。当然，我们一定要纠正自己的错误，并迅速忘掉它们。

迈克在1938年的时候，年方21岁，已经可以进入军中服役。他在一次战役中受了严重的眼伤,双眼从此失明了。虽然他承受了这么大伤害和痛楚,个性却依然十分开朗。他常常与其他病人开玩笑,并把自己配给到的香烟和糖果分赠给亲朋好友。

医师们都尽心尽力想恢复迈克的视力。一日,主治大夫亲自走进迈克的房间向他说:"迈克,你知道我一向都喜欢对病人实话实说。我必须诚实地现在告诉你,你的视力无法恢复了。"

时间似乎停止下来,房间里呈现出可怕的静默。

"大夫,我知道。"迈克打破沉寂,平静地回答道,"其实,我一直都知道会有这个结果,但是仍然感谢你们为我费了这么多的努力。"

后来,迈克利用自己祖父传下来的技巧,开了一家盲人按摩院。依然像以前那样开朗。

迈克从没有因为自己的失明而讨厌自己。他依然认为自己就是自己,依然像从前那样喜欢自己。

人生路上,我们会有无数次的困难和逆境,当我们遇到困难时,我们觉得自己似乎一文不值。但是无论发生什么,我们生命的价值仍然没有改变,让我们还像以前那样喜欢我们自己,相信自己,为了我们的追求不懈地努力。

不要盲目因袭

年轻人常常会因为害怕自己与他人与众不同,所以无论在穿着、行动、言谈或思考模式上,都尽量与自己所属的圈子的人一致,这样就避免了别人在背后指指点点。其实,要想成为真正的"人",必须先是一个不盲目因袭的人。

只有对事物具有独特的看法，你才能做出一番自己的事业。

卡耐基能成为一个世人敬仰的演讲家，卡耐基的课程之所以受到众人的追捧，与他独特的教授方法有着密切的关系。他摒弃了以前教授演讲的弊端，采用了自己的经验，获得了巨大的成就。

卡耐基最初在青年会教授公共演说时先用的是他在密苏里瓦伦斯堡学院中所学到的正式技巧，那是以古典演说家爱德华·曼克、威廉·彼特及丹尼作为模式的。但是，他在教学过程中发觉学生对这种主要是背诵的刻板方法极不感兴趣时，他便思考着改进教学方法，不能停留在前人的成就上。

在长时间的实验中，他选取了让学员们自己讨论他们本身所关心的问题的方式，没想到这在商人学生中大受欢迎，而且也特别有效，于是他便持续不变地运用这种方法并推广这些方法。

1913 年，他和柏格·依森威合著的教科书——《公众演说的艺术》出版了，书中特别强调技巧，而首先强调的是对自己负责，即付诸行动，这是演说的最佳窍门，同时还强调变换声调的效力，区别准确发音，手势的真实性，以及声音的魅力。

布鲁克林的一位医生——寇地斯大夫是个热心的棒球迷，他和球员们结成好朋友，因此，他被邀请参加一个球队举行的晚会。当主持人宣布说："今晚有一位医学界的朋友在场，他就是寇地斯大夫，我们请他来为我们谈谈棒球队员的健康问题。"

遗憾的是，寇地斯大夫事先没有得到通知，尽管他是学医的，但是他的演讲却失败了。他加入了卡耐基的训练班后，着重训练在班上的发言，上过几次课后，他的紧张情绪消失了，自信心也愈来愈强，两个月后，便成了班上的演讲明星，他现在很喜欢演讲的感觉和那份欣喜及获得成功后的荣誉。

其实，这只是卡耐基先生训练班中一个很普通的例子，像这样的例子还有很多很多。

卡耐基认为，你可以从别人的视觉来看待事物，但是一定要从你自己的视觉出发去做事。如果完全顺从和趋利避害，那么人就会变成奴隶。只有勇敢地接受生活的挑战，投入到生活中去努力奋斗，敢于参加决议的讨论，这样的人才能获得真正的自由。

有一个人经常出差，经常买不到对号入座的车票。可是无论长途短途，无论车上多挤，他总能找到座位。他的办法其实很简单，就是耐心地一节车厢一节车厢找过去。这个办法听上去似乎并不高明，但却很管用。每次，他都做好了从第一节车厢走到最后一节车厢的准备，可是每次他都用不着走到最后就会发现空位。他说，这是因为像他这样锲而不舍找座位的乘客实在不多。经常是在他落座的车厢里尚余若干座位，而在其他车厢的过道和车厢接头处，居然人满为患。他对待这个问题有一套自己的独特见解：大多数乘客轻易就被一两节车厢拥挤的表面现象迷惑了，不大细想在数十次停靠之中，从火车十几个车门上上下下的流动中蕴藏着不少提供座位的机遇；即使想到了，他们也没有那一份寻找的耐心。眼前一方小小立足之地很容易让大多数人满足，为了一两个座位背负着行李挤来挤去有些人也觉得不值。他们还担心万一找不到座位，回头连个好好站着的地方也没有了。

正是因为这位旅客有着跟别人不一样的思维，所以他才能每次都能找到空位置。所以，有时候大家的一致看法并不一定是有利的，是正确的，相反，具有自己独特的见解确是一件让人值得骄傲的事情。我们要保护这种思想，而不要把它扼杀在萌芽之中。

卡耐基认为，对于成熟的心灵和成熟的人来说，"顺从"只是一个遥无期限的概念，它不过是那些茫然无从者的护身符；而成熟的人，其心灵早已和爱默生达成了一致："个人心灵的完美，是最为神圣的。"

因此，我们每个人都必须有自己的见解，有了自己的见解，我们才能有自己的思想。思想是我们的灵魂，有了思想我们才能做出与众不同的事业。

不要让人觉得讨厌

我们每个人都生活在社会中，我们每个人都离不开交往，我们每天不论做什么事情，都要和人接触。如果我们是一个让别人觉得讨厌的人，那我们在这个社会中就寸步难行了。那么如何才能让大家都喜欢你呢？

卡耐基曾亲身经历过这样一件事。

他曾向纽约某家饭店租用大舞厅，每一季用20个晚上，举办一系列的讲课。

在某一季开始的时候，他突然接到通知，说他必须付出几乎比以前高出3倍的租金。卡耐基得到这个通知的时候，入场券已经印好，发出去了，而且所有的通告都已经公布了。

当然，卡耐基不想付这笔增加的租金，可是对方只对他们所要的感兴趣。因此，几天之后，他去见饭店的经理。

"收到你的信，我有点吃惊，"卡耐基说，"但是我根本不怪你。如果我是你，我也可能发出一封类似的信。你身为饭店的经理，有责任尽可能地使收入增加。如果你不这样做，你将会丢掉现在的职位。现在，我们拿出一张纸来，把你可能得到的利弊列出来，如果你坚持要增加租金的话。"

然后，卡耐基取出一张信纸，在中间画一条线，一边写着"利"，另一边写着"弊"。

他在"利"这边的下面写下这些字："舞厅空下来"。接着说："你有把舞厅租给别人开舞会或开大会的好处——这是一个很大的好处，像这类的活动，比租给人家当讲课场能增加不少收入。如果我把你的舞厅占用20个晚上来讲课，对你当然是一笔不小的损失。"

"现在，我们来考虑坏处方面。第一，你不但不能从我这儿增加收入，反而会减少你的收入。事实上，你将一点收入也没有，因为我无法支付你所要求的租金，我只好被逼到别的地方去开这些课。"

"你还有一个坏处。这些课程吸引了不少受过教育、修养高的群众到你的饭店来。这对你是一个很好的宣传，不是吗？事实上，如果你花费5000美元在报上登广告的话，也无法像我的这些课程能吸引这么多的人来看看你的饭店。这对一家饭店来讲，不是价值很大吗？"

卡耐基一面说，一面把这两项坏处写在"弊"的下面，然后把纸递给饭店的经理，说："我希望你好好考虑你可能得到的利弊，然后告诉我你的最后决定。"

第二天卡耐基收到一封信，通知他租金只涨50%，而不是3倍。

在这里，卡耐基没有说一句他所要的，就得到这个减租的结果。卡耐基一直都是谈论对方所要的，以及他如何能得到他所要的。

假设卡耐基做出平常一般人所做的，假设他怒气冲冲地冲到经理办公室说："你这是什么意思，明明知道我的入场券已经印好，通知已经发出，却要增加我3倍的租金？岂有此理！"

那么情形会怎样呢？一场争论就会如火如荼地展开。而争论后果就是即使卡耐基能够使他相信他是错误的，他的自尊心也会使他很难屈服和让步。

卡耐基认为，无聊乏味的人，既不可能了解自己，也不会喜欢自己，当然也就是更无法成为他自己，他不知道自己需要什么，也不知道别人在人际交往中需要什么。他的全部精力都放在那些无聊而且微不足道的生活琐事上，这正是现代人迷失自我的悲剧性象征。

有一次，卡西去无线电城询问处，打听苏文的办公室号码。那个穿着整洁制服的询问员，似乎自己显得很高贵，他很清晰的回答："苏文，18楼，1816室。"

卡西走向电梯，想了想，接着又走了回来，对那个询问员说："你回答问题的方法很漂亮，很清楚、恰当，你像一个艺术家，实在不简单。"

那个人员脸上现出愉快的光芒，告诉卡西，在答话时为什么中间要停一下，为什么每句话的几个字，要那么说。他听了卡西那些话后，高兴地把领带往上拉高了一些。

其实，要想不被别人讨厌，我们每个人都可以轻松地做到。找到合适的机会，去称赞别人，你就会变得非常受欢迎。

卡耐基认为，不断成长和成熟的人，因善于化平凡为神奇，所以虽然无所不谈，但绝不会令人厌烦；相反，从成熟的人口中说出来的本来光芒四射的话题，一旦由无聊乏味的人口中说出来时，就会变得无聊乏味，毫无生气。

比克去一家法式的煎马铃薯店吃饭。那个女服务生端来了煮的马铃薯，在那时候，比克是这样说的："对不起，要麻烦您了，我喜欢的是法式的煎马铃薯。"而她会突然意识到自己的错误，回答说："一点儿也不麻烦。"并且很乐意地去给比克更换，因为比克赢得了她的欢迎。

卡耐基认为，如果你想使自己走向更加成熟的人生，就请记住，一定要时刻记住，一定要时刻注意自己的言行举止，不要让别人觉得你是一个令人讨厌的人。

要想得到大家的欢迎其实很简单。平时多说些客气的话，像"对不起，麻烦你，请你，你会介意吗？谢谢你！"这些简短的话，可以减少人与人之间的纠纷，拉进你和他人的距离。

我们就是靠着对别人的赞赏，对别人的尊重，才取得了大家的欢迎。

习惯影响人的一生

卡耐基告诉你人性的优点与弱点大全集

ka nai ji gao su ni ren xing de you dian yu ruo dian da quan ji

应接受必须的教育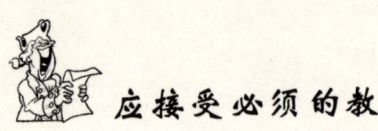

随着经济的发展和社会的进步，社会对人的素质的要求提高了。进入20世纪60年代，"终身教育"的主张被提了出来，它的提出引起了当代教育观念的转变。"将教育实施于人生的始终"的理论逐渐为世界各国所认知、所接受。在这一理论的指导下，成人教育的发展有了新的方向、新的目标，终身教育的理论驱动着成人教育事业，成人教育也自觉地将自己纳入这一新的教育体系。所以，实施终身教育成了成人教育的根本目的。

成人教育，从某种意义上说，是对普通教育的一种完善和补充。依照终身教育的观点，人在完成正规的、普通的教育之后，仍需要继续接受教育，直至终生。而这些教育通常以非正规的方式予以提供和组织。

卡耐基是20世纪最伟大的成功学大师，美国现代成人教育之父。所以，卡耐基对于教育是非常重视的。他一生致力于人性问题的研究，运用心理学和社会学知识，对人类共同的心理特点，进行探索和分析，开创并拓展出一套独特的融演讲、推销、为人处世、智能开发于一体的成人教育方式。接受卡耐基教育的有社会各界人士，其中不乏军政要员，甚至包括几位美国总统。千千万万的人从卡耐基的教育中获益匪浅。

我们随时随地可以看见，那些天分颇高的青年，一生只做些平凡的事业，就因为他们的天分虽高，却没有受过充分的训练。他们从来不想求自己的进步，他们熙来攘往，所看到的，只是月底领到的薪水与领到薪水以后的几天中的快乐时间。结果，他们的一生事业，有退无进，总是卑不足道。

如果人们只能利用其一小部分的天赋才能从事事业，而不能通过教育与训练，以使得全部的天赋才能皆可应用，那么他们在事业上，一定会受很大的亏损。本来足以役人的人，因为没有受相当的教育与训练，就不得不降为役于人了。

教育即是力量。你能学得一份知识，读一些书籍，在自修上，下一分工夫，就足以助你在事业上得一分上进。我认识一些年轻人，薪水很低，工作很苦，但他们利用其闲暇的时间，自修自习，以求上进，比之其在日间的工作，更为努力，在他们看来，薪水倒是小事；而求知识的进步，却是大事。

一个人愈能储蓄，则愈易致富；你愈能致富，就愈能求知；你愈想成为有知识的人，就要多储一分知识。这种零星的努力，细小的进益，日积月累，可以使你于日后大占便宜——可以使你成为更广大，更充实，更丰满的人，可以使你能应付人生的的难题。

在生活竞争日趋剧烈，生活情形日益复杂的今天，我们必须具有充分的学识，接受充分的教育训练。我们大多数人的问题，就是希望在顷刻之间学得所有，并成其大事。然而任何事情都是渐渐形成的，我们应该不断地努力读书自修，不断地充实我们的知识宝库，渐渐地推高我们知识的地平线。一个没有书籍，杂志报纸的家庭，等于一所没有窗户的房子，小孩子常常接触书本，则自会培养出读书的兴趣，自然会在不知不觉中摄取其中的知识。时至今日，几乎每个家庭都不可能没有书籍。家庭的藏书在古代是一种奢侈，在现代却已是一种生活的需要。

学生在学校时最应该培养的一种能力，就是阅读各门学科的相关书籍的能力。在图书馆中，要从汗牛充栋的藏书中，挑出几部最有价值的书本以供阅览，这种获取知识的能力，对于他的一生，是最有用的。许多人都认为爱因斯坦很聪明，就问了他很多问题，比如光的速度是多少？美国铁路有多长？爱因斯坦却回答说，这些我都不知道。看到人们惊愕的样子，他微笑着说，这些只要翻书一查，不就全知道了吗？

孜孜以求自己的进步的精神，是一个人的"优越"的标记，"胜利"的征兆。

一般青年人，无意多读书，多思考，不想在报纸，杂志，书籍之中尽量摄取各种宝贵的知识，真是最可怜，最可惜的一件事！他们不明白，他们所抛出去的东西在别人得到之后，可以成为无价之宝，可以成为使生命无穷丰富的种种资料呀！

20世纪70年代，犹太人悲惨地失去了国家，从此流落他乡，过着漂泊动荡的生活，他们深感自己是没有祖国的人，一切财产随时都有被夺走的危险，只有知识和技能是可以携带的。如果用的金钱只能赎回其中一个人，那么他就会先把老师救出来。犹太人世代相传的箴言就是：知识是最可靠的财富。石油大王洛克菲勒有一段妙语：如果把身上的衣服全部都剥光，一个子儿都不剩，然后把我扔到大沙漠去，这时只要有一支商队经过，那我又会成为亿万富翁。他为什么如此自信，因为他拥有知识与能力这种无尽的财富，同时他也深信知识可以改变命运。

接受必须的教育，你才能站在一个新的高度上去审视这个世界，只有知识是取之不尽的财富。

 学会与人相处

在生活中，有很多人可能会受到这样的困扰：不知道如何与他人打交道，遇到陌生人时，更不知道如何打开局面，给他人留下一个好印象。

社交是一门艺术，也是决定人生成败的一个关键。社交这门艺术，教你如何与他人相处，教你如何运用人际关系这笔财富，来成功地打造自己事业的

辉煌。

卡耐基在处理人际关系问题上有他独到的见解。卡耐基指出，跟别人交谈的时候，不要以讨论异见作为开始，要以强调而且不断强调双方所同意的事情作为开始。不断强调你们都是为相同的目标而努力，唯一的差异只在于方法而非目的。要尽可能使对方在开始的时候说"是的，是的"，尽可能不使他说"不"。

卡耐基认为，在与别人相处时，应该学会尊重别人，尽量减少对别人的伤害。一个和谐的人与人关系的基础是彼此之间互不伤害。

卡耐基上的小学校名很浪漫，叫玫瑰园，却非常简陋，只有一间教室。他在学校可不是一个听话的家伙，因为调皮捣蛋，搞恶作剧，他几次差一点被学校开除？

他那双又宽又大的耳朵是同学们嘲弄的对象。有一次，班上一名叫山姆·怀特的大男孩与卡耐基发生了争吵，卡耐基说了几句很刻薄的话，怀特被激怒了，便恐吓道："总有一天，我要剪断你那双讨厌的大耳朵。"他吓坏了，几个晚上都不敢睡觉，害怕在自己进入梦乡以后被怀特剪掉了耳朵。

当卡耐基成名以后，仍然没有忘记山姆·怀特。他归纳出了一番人生哲理："要想别人对你友善，要想与同事和睦地相处，处理好上下级关系，那就绝不能去触动别人心灵的伤疤。"

美国成功学大师拿破仑·希尔说："人与人之间只有很小的差异，但是这种很小的差异却造成了巨大的差异，这种很小的差异就是你所具备的心态是积极的还是消极的，巨大的差异就是成功和失败的差异！"这生动地说明了思维方式和行事方法对于获取成功的重要意义。

想交朋友，就要先为别人做些事——那些需要花时间体力、体贴、奉献才能做到的事。

关心他人与其他人际关系的原则是一样的，必须出于真诚，不仅付出关心的人应该这样，接受关心的人也应当如此。

凡不关心别人的人，必会在有生之年遭受重大的困难，并且大大的伤害到其他人，也就是这种人导致了人类的种种错误。

行为胜于言论，对人微笑就是向人表明："我喜欢你，你使我快乐，我喜欢见到你。"

多数人记不住别人的姓名，只是因为他们没有下必要的功夫和精力去记忆，他们给自己找借口：他们太忙。一种简单、明显、最重要的获得好感的方法，那就是记住他人的姓名，使他人感觉自己对于别人很重要。

始终挑剔的人，甚至最激烈的批评者，都会在一个有忍耐和同情心的倾听者面前软化降服。如果希望成为一个善于谈话的人，那就先做一个致意倾听的人。

如果你要使别人喜欢你，如果你想他人对你产生兴趣，你注意的一点是：谈论别人感兴趣的事情。与人沟通的诀窍就是：谈论别人最为愉悦的事情。卡耐基说："在这个世界上只有一种方法可以促使人去做任何事，那就是给他想要的东西，让他产生具有重要性的感受。"

在这个世界上所有的道路中，心与心之间的道路是最难行走的，人人都在追求利益，可他们却找不到通往心灵的方向。其实走进他人的心灵有时又是轻而易举的，路标就是真诚地赞赏他人。

所以，卡耐基认为，跟别人相处的时候，我们要记住，和我们来往的是充满感情的人物，是充满偏见、骄傲和虚荣的人物。在人生的道路上能谦让三分，即能天宽地阔，消除一切困难，解除一切纠葛。

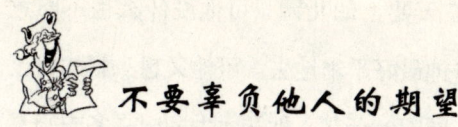
不要辜负他人的期望

卡耐基告诉我们:"每个人都有自己的需求,有些人做事往往过于单方面强调自己的需求,而忽略或不顾他人的需求,这样他们反倒无法实现自己的需求。"

他人的需求,尤其是对自己的需求,我们应该尤为重视,这不仅关乎他人对自己的期望和关心,也关系到我们自身需求的实现。

第一次世界大战期间,曾有人问前英国首相劳埃德·乔治,很多战时领袖,像威尔逊·奥兰多和科里蒙索等都已渐渐在人们的心中褪色,而他为何能位居要津?乔治回答,如果一定要归诸一个原因的话,那就是:你要钓到什么样的鱼,就得用什么样的诱饵。

为何要提到需要?人们注意到的只是自己的需要,而根本不关心别人的需求和对自己的期望。因此,天下只有一个办法能影响他人,那就是提出他们的需求,并且让他们知道怎样去获得。

安德鲁·卡内基,那个常为贫穷所苦恼的苏格兰少年,最初的工作每天只能赚两分钱,后来却捐出了3.65亿美元。他很早就懂得影响他人的唯一方法就是事事为他人着想,看他们需要什么,尽力满足他人的期望。卡内基只上了4年学,却深谙处世之道。他的两个侄子在耶鲁大学读书,常常忙得忘了往家里写信,家人很担心。卡内基为此打赌100元,说他可以要这两位侄子立即回信——虽然他在信里不提到这点。他写了一封闲话家常的信,结尾还提到要附上5美元钞票一张,送给他们当礼物。当然他没有把钞票装进信封。很快回信就来了,两个侄子感谢"亲爱的安德鲁伯伯",然后……

施坦·洛互格先生住在俄州的克利夫兰，有一天下班回家，看见小儿子吉姆躺在地板上又哭又闹。原来吉姆第二天要上幼儿园，可他说什么也不愿意去。洛互格本想把儿子扔到房里，警告他最好乖乖地去。可他又想：假如自己是吉姆，有什么东西能吸引自己去幼儿园呢？于是，他和太太列出许多吉姆喜欢的事，如画画、唱歌、结交新朋友等，然后付诸行动。他和太太还有另一个儿子都到厨房的大桌子上画画，大家玩的非常开心。果然没有多久，吉姆也来了，并且要求加入。于是爸爸对他说，不行，他必须先到幼儿园去学怎么画才行。为了激起他更大的兴趣，洛互格把刚才列在纸上的项目，逐一告诉他，这些东西幼儿园里都有。第二天，洛互格起了个大早，一下楼就发现吉姆在客厅的椅子上。于是就问他为什么起这么早，坐在这里干什么？吉姆说他要去上幼儿园。在全家的努力下，终于引起了吉姆的渴望，使他顺利地去了幼儿园。

我们常常吝啬于帮助别人，却不知道，帮助别人其实正是在帮助我们自己。

阿拉巴马州伯罕市的霍华·卢卡塞说起了这样一件事：

几年前，他和几个朋友共同经营了一家小公司，就在他们公司的旁边有家大保险公司的报务处。这家保险公司的经纪人都分配好了辖区，负责这个报务处的两个人叫卡尔和乔治。

有一天早上，卡尔来到他们公司，提到自己的公司专为各公司的主管人员新设立了一项人寿保险。并说他们或许感兴趣，所以提前来告诉他们。

同一天，在休息时间用完咖啡后，乔治便来告诉他们说有好消息，兴奋地谈到公司新开办了一项专为主管人员设立的人寿保险，并给了一些资料，还说这项保险是最新的，明天请总公司来人详细说明。他的热情引起了卢卡塞的兴趣，并且对他充满了信任，于是就投保了人寿保险。

这桩生意本来是卡尔的，但由于乔治的热情表现，引起了卢卡塞的注意，以至被乔治捷足先登了。

人与人之间的交往,并不像做贸易那样讲究钱货交换,更不需要钱物的投入去交换所谓的人缘。人缘广结有时仅仅是分享一种思想,共有一个主张,并不沾有金钱味。重视他人的希望,并尽量满足,才有可能成就大事。

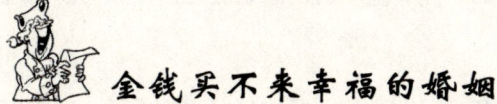 **金钱买不来幸福的婚姻**

金钱对于婚姻的确是很重要的。从调查来看家庭收入较高的家庭的幸福程度要比收入低的稍高一些,但是我们也要小心"金钱"在婚姻中所扮演的双刃剑的角色。就今天的社会我们大多数人的情况来看,金钱早已不再是简单的"维持生存"这样的功能了,而上升到了"提高生活质量"的层面。

卡耐基告诉我们,金钱是婚姻的基础,但金钱不是婚姻的全部。稳定幸福的婚姻,需要精心的呵护,这些是金钱买不来的。

当今时代,越来越多的婚姻趋向功利性,婚姻的基础已经被扭曲,爱情不再是唯一了。但太多的钱往往对夫妻双方并不一定是一件好的事情。在这些时候,决定幸福的往往是其他的因素,而跟金钱无关。而从婚姻整体发展与演变来看,金钱也从来不是婚姻的决定因素。把婚姻的幸福仅仅维系在金钱上,这是危险而不现实的。婚姻不是以物易物的交换,而是积累起的一种珍贵情愫。在个人的幸福快乐方面,婚姻比事业、金钱更加重要,更加切身。

一般人如果有幸福的婚姻,就远比独身的天才生活得更快乐。俄国伟大的小说家屠格涅夫受到整个文明世界的赞誉,但是他说:"如果在某个地方有某个女人过了吃晚饭的时间还对没有回家的我抱着十分关心的态度,我宁愿放弃我所有的天才和所有的著作。"

处世艺术当然也包括夫妇相处和家庭生活的艺术。卡耐基出生于 1888 年

11月24日，逝世于1955年11月1日，享年67岁。他一生结过两次婚。他的第一任夫人，是法国的一位女伯爵后裔，1921年与他结婚，10年后离异。他的第二任夫人桃乐丝，卡耐基于1944年和她结婚，是他的门徒和事业的继承人，并给他生了一女孩，取名丹娜。卡耐基曾经体验过一次失败的婚姻，但他最终还是获得了真诚的爱情和美好的家庭。他从自己的亲身经历中总结了处理好婚姻生活的艺术。

幸福快乐婚姻的机会，究竟有多少呢？我们已经提到过的桃乐丝·狄克斯认为，半数以上的婚姻都是失败的，但保罗·波皮诺博士的看法相反。他说："男人在婚姻上获得成功的机会，比他在任何行业上获得成功的机会都大。所有进入买卖食品杂货行业的男人，70%会失败；所有步入结婚礼堂的男人和女人，70%会成功。"

对于这件事情，桃乐丝·狄克斯的结论是这样的："跟婚姻相比，"她说："在我们一生中，生是一支插曲，死更是一件小事。"

"虽然，有一位满足的太太与一个和睦而快乐的家庭，对一个男人来说，比赚100万元还来得重要，可是100个男人之中，还找不到一个慎重地想过，或真诚地试过使他的婚姻成功。他把一生中最重要的事情交给了命运，成功或失败就看幸运之神是否照顾他。当可以用柔和的方式而不需要强力的手段时，为什么他们不和婉地对待太太？这点真令太太们不明白。

每个男人都知道，用奉承的方式可使他的太太愿意做任何事情，而且什么也不顾地去做。他知道，如果他只夸奖她几句，说她家庭管理得如何好，说她如何地帮助了他而不必花他一分钱，她就会把她的每一分钱都赔上了。每一个男人都知道，如果告诉他太太，说她穿上去年的某件衣服将会是多么的美丽可爱，她就会宁愿不买从巴黎进口的最新款式。"

"每一个太太都知道她丈夫了解这些事情，因为她早已把如何对待她的方式全部告诉了他。但他宁愿不顺从她的意思，反而花钱吃她不喜欢的东西，把钱浪费在为她买新衣服、新型豪华轿车上,而不愿意花精神来奉承她一点,不愿意以她所要的方式来对待她。她真不知道该喜欢他呢,还是讨厌他。"

因此,如果你要维持家庭生活的幸福快乐,请记住婚姻的幸福与金钱无关。

你可还记得,美国电视节目"谁想嫁给百万富翁"中扮演富翁的建筑工人乔伊,当他的真实身份被揭穿后众多应征女士因极度失望而愤怒的场面。金钱常常对幸福婚姻起着误导作用。如果不能相信金钱,那么一桩幸福婚姻的真谛究竟是什么?

很多事实证明,以财富来换取婚姻的,往往会招来爱慕虚荣之徒。而一桩幸福婚姻中与你共度一生,不离不弃的伴侣看重的经常不是你的钱。两个人由完全陌生到终生相守,如果说有什么秘诀的话,这个秘诀就是"相爱"。而相爱的两个人看中的都是对方的内在品格。就像修高楼打地基一样,一桩幸福婚姻的"地基"就是双方真诚地相爱。如果你想知道你和这个人会不会有幸福的未来,不妨多考虑对方的内在,比如:和对方在一起快不快乐?对方人品怎么样?对方谦不谦逊,孝不孝敬长辈?是否具有宽容心和幽默感……这些因素往往就是决定幸福婚姻的秘诀。

幸福是一种感受,穷有穷的幸福,富有富的幸福,金钱不是衡量幸福的标准。然而幸福的婚姻在于忠诚的爱情。爱情是与婚姻家庭捆绑在一起的,结婚是一份责任,结婚登记是对这份责任的承诺,请不要把这份责任寄托在财富和金钱上面。结婚时就想着分手,这怎么会是幸福婚姻呢?

人生的三大积累：知识、谨慎和良心

"人生财富"，也就是指"功名利禄"，它每时每刻的向你走来，因为你是社会中的人，只看你能不能去创造和把握而已。卡耐基认为，一个人要成功，必须要具备自身的三大积累，即知识、谨慎和良心。有了这三大积累，就可以在社会的大潮中乘风破浪的前进。"千里之行，始于足下。不积跬步无以至千里，不积小流无以成江海"这印证了积累的重要性和艰巨性。

首先，知识积累。它是人一生中最早，最重要的，而且是要坚持不懈的必修之课，古代用"上知天文下通地理，琴棋书画"来衡量一个人的学识程度，现在"博学多才，学富五车"的人可能是少之又少，对现在的人来说，社会压力、工作压力和生活压力都很大，很少有时间给知识充电，但越是这样就越容易被淘汰。一个人不论他做哪一行业，首先他的知识必须够用，技术必须过硬，做起来才能得心应手，而现在社会在进步，科技在发展，你必须要学习再学习才能适应新形势的发展。

知识源于学习，学习无处不在。"三人行必有我师"这说明了每个人都有长处，我们要避短学长，为己所用。一只手伸出来，5个手指各有粗细长短，但5个各有用处，缺一不可。所以我们身边的人，只要你能发现他的优点长处，就可以虚心求学。学习是光荣的，要做到"不耻下问"才是真贤士。

人在工作生活中需要掌握的知识很多，比如：学会聆听老人言，学习那些经过岁月考验的道理和哲学。做好每一个人的事情。不要不情愿地工作，不要不尊重公共利益，不要不加以适当的考虑，不要夸夸其辞而丧失自己的思想，也不要成为喋喋不休或忙忙碌碌的人。

其次，谨慎做人。塞·约翰逊说过："谨慎比其余任何智能使用得更频繁。日常生活中的草率事件使它发挥作用，对微小的事情产生影响。"绪儒斯说："小谨慎多制胜，感情冲动事多难。"塔西佗说："靠谨慎比靠鲁莽更能制胜。"斯梯尔说："谨慎的人才能稳操胜券。"

鸟三顾而后飞，人三思而后行。无论做什么事，谨慎都是必要的，否则后果不堪设想。

不谨慎会害煞他人，"阿波罗"飞船的坠毁成为全世界关注的焦点，而它的坠毁原因竟是科技人员因粗心大意算错了一个数字。类似的情况还发生在前苏联等航天技术先进的国家，本来可以避免的灾难就因为科技人员的不谨慎的行为而发生了，成为了遇难人员亲友的噩梦。

不谨慎甚至会弄垮整个国家，中世纪欧洲的一个国家要出征，为了赶时间，在马蹄铁上少钉了一个钉子，结果在战斗中，马蹄铁脱落，导致了整个王国的覆灭。三国时蜀国统率姜维，不顾蜀国国力的日益衰老，不顾一切地出兵北伐，尽管是为了实现自己的梦想，最终使楚国更早地被魏国灭掉。

而在生活中，很多人做事从不考虑后果，也不考虑做事的方式方法，最终害人害己害集体。我们要改掉这种做事毛躁的习惯，做事要三思而后行，让自己冷静下来，只有这样，才能谨慎做事；也只有这样，才能小心做人，争取更多做事的益处、好处。

在生活中我们要学会做一个谨慎的人，不谨慎我们会犯很多错误，失去很多本应得到的东西。我们应从身边的每一件事做起，对待日常中每一个该处理的事情都应考虑周到，对待生活中的每一件该做的事，都谨慎行事，这样才会做得更好。

第三，良心。人活在世上，要有良心和正义感。公平，就是处理事情合情合理，不偏袒哪一方面。正义，就是公正的、有利于人民大众的道理。公平是正义的体现，正义是公平的保障。没有正义就没有公平。人是社会的人，维护社会的公平正义不仅需要政府的领导和法律法规的约束，更需要社会上每个人的积极参与。这就要求我们每个人都要有正义感。

行侠仗义、打抱不平是古今中外人们视为最有正义感的表现。它是人们推崇的一种英雄气概，是一种高尚的情操和优良的品德，体现了人们崇尚正义、追求公平的美好愿望。自古就有"路见不平，拔刀相助"的侠义行为，有很多人舍生取义，付出了宝贵的生命。

但有正义感不仅仅体现在行侠仗义、打抱不平，敢和坏人坏事作斗争方面，更多的是体现在人的一言一行中，体现在社会生活的方方面面和大大小小的事情上。遵纪守法、尊老爱幼、文明礼貌、救死扶伤、扶贫济困、抢险救灾等行为都是有正义感的表现。

有良心、有正义感，首先要分清是非。有很多人是有正义感的，心地善良，疾恶如仇。但由于辨别是非的能力比较弱，往往在一些具体的事情上搞不清谁对谁错。有的人好心办坏事；有的人做错了事，还不知道错在哪里，懵懵懂懂。要提高辨别是非的能力最基本的一条就是要加强学习，特别是要加强基本法律法规和道德规范的学习，知道哪些是社会提倡的，哪些是社会反对的，哪些可以做，哪些不可以做。

有良心、有正义感，更要身体力行。有很多人的正义感只表现在口号上，当要付诸行动时却只把别人排在其中，把自己排除在外。比如有的人平时一说起社会上的一些不义的人和事都义愤填膺，但见到不义的人和事特别是危害人民生命财产安全的人和事时却无动于衷；有的人甚至只要尽举手之劳就能使别人摆脱困境却不愿意伸出援助之手。维护社会的公平正义，人人都是参与者，实践者。有正义感，最主要的是要体现在自身的行动上。不能空喊口号，不见行动；不能只要求别人、只要求政府，不要求自己；更不能说一套做一套。而是要处处、时时、事事都要以正义为标准来规范自己的一言一行，有所为，有所不为。

 ## 知识一定要学有所用

学以致用，意思是学到的知识得用于实践。洛克菲勒曾说："商业成功的第一要诀是耐心和相信收获必将来到。"就像学习演讲或有效与人交谈的成功要诀一样。熟练运用演讲的原则和技巧，将使你踏上通往成功的坦途。

卡耐基说过："真正的读书使瞌睡者醒来，给未定目标者选择适当的目标。正当的书籍指示人以正道，使其避免误入歧途。"卡耐基认为，学习重要的是要学以致用，从书本上学到的知识，应该懂得真正应用到实践中去，并在实践中取得良好的效果。

学习与思考，都属于"知"的范畴，其本身都不是目的。学有所用才是目的，学有所用，属于"行"的范畴。要找到"知"与"行"的结合点，关键就是把学到的东西付诸于实践、见诸于行动、真见于成效，通过具体实践来达到"知"与"行"的统一。

书籍是哺育心灵的乳汁、铸造灵魂的工具、启迪智慧的钥匙，是传承文明的桥梁和人类进步的阶梯。读书作为人们获取各种知识、汲取精神营养的重要途径，不仅关乎国民素质提高，更关系到民族复兴、社会和谐与人类进步。深入开展全民读书活动，激发人们的阅读兴趣，推动科学知识的普及和文明理念的传播，对于促进人的全面发展、实现中华民族的伟大复兴，是十分重要而紧迫的。

可有一些人，就是坚持认为读书无用、知识无用。那是因为他们根本不知道它有用在哪里。一个人在这样一个商业社会，在一个发展的社会中，如果没有知识、没有修养、没有往前走的意识，就没有竞争力。如果你甘愿成为一个

没有修养、没有人生目标、没有职业规划的人,那么可以讲知识无用;但是如果你是一个有知识追求、有职业发展需求、希望提高职业竞争力的人,那么这个"读书无用"就不攻自破了。

书是提高人们综合素质的工具,但读书不只是为了求得知识,更重要的是开启智能,读书不应只在求得学问,更要身体力行。培根说:"知识就是力量。"什么知识才是力量?有效知识才是力量。所谓有效知识,就是在现实中起支配地位的知识。许多人之所以失业,并非没有知识,而是学而无用。并非所有的知识都是力量,读书要读出实效来才好。凡是脱离实际,死抠书本的人,在理解方面往往不能深入,学到的知识也常常不能融会贯通。俗话说:"真金不怕火炼。"真正有用的知识是实务,因此不管修学任何知识,应以融通为要务,以方法、技巧为辅助,以熟练为功效,联系实际,解行并重,才不会流于空谈。

读书必须做到理论联系实际,把书"读活",做到去粗取精、去伪存真、由表及里、由此及彼,才不枉了读书一场。

读书可以决定一个人的修养和品位,也决定一个民族的素质,影响一个国家的走向。读书,提升人生的境界。畅游在知识的海洋里,视通四海,思接千古,与智者交谈,与伟人对话,为缜密的逻辑、深奥的思想所环抱,被崇高的境界、伟大的灵魂所震撼,使身心得到愉悦,让思想纵横捭阖,能够增长知识,拓宽视野,让人更加睿智,更富创造力。读书,改变民族的气质。知识是现代社会的灵魂,而读书是获取知识的基本途径。社会越发展,知识的作用就越显著。一个民族读书的人口越多,知识传递就越快,文明程度就越高,发展就会越好越快。读书,增强国家的根基。当今时代,文化作为软实力,已成为综合国力的重要标志。读书是创造力和活力的起点,是文化底蕴的基石。形成了乐于读书的社会风尚,就掌握了学习的先机和主动权,就抢占了生存和发展的制高点。

学习力是持续发展的不竭动力源泉。"学以致用",学习是一种手段,运用是学习的目的。也只有把所学到的知识灵活变通。快速地通过实践转化为现实的知识生产力,才能发挥学习的功效。

"书山有路勤为径,学海无涯苦作舟。"只有辛勤读书,博采众长,才能站在前人的肩膀上,书写更美丽的人生和世界。但读书要学以致用。"纸上得来终觉浅,绝知此事要躬行。"读书应注意理论联系实际,把学习知识同提高修养相结合,转化为优良品格和高雅气质;同积累经验相结合,转化为理论概括和真知灼见;同工作岗位相结合,转化为专业素质和业务能力。

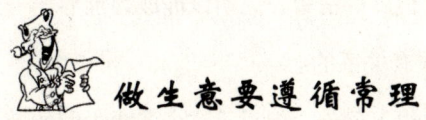
做生意要遵循常理

任何事业成功的保障都离不开做人的一些常识和理念的坚持和应用,无论哪个行业都有自己特有的规则,然而,这些规则都有相通的地方,相近的特点,那就是,无论什么行业,做人,做事都得遵循处世的常理和原则,经商除了遵循经商之道,还应该具备常人应具备的常理来处理商业问题。

卡耐基是美国著名的教育家和演讲口才艺术家,也是著名的文化企业家,他在经济领域的成功不仅在于出色地经营了自己的企业,而且在于他能将经商术完美地传授于他人,培养了一批又一批成功的企业家。在欧美的工商界,言必谈卡耐基,许多人以参加过卡耐基训练班为荣,借以表明自己所受的无可挑剔的经商智慧教育。更有一些企业,组织管理人员和员工集体参加卡耐基训练班,并以此作为上岗的合格标志。

与其他企业家不同,卡耐基不仅白手起家,从一个独闯天下的农家孩子一跃而成为百万富翁,而且他一生都致力于研究和借鉴他人的宝贵经验,包括前人和同时代的人。因此，卡耐基的经商经验和思想无疑更胜只从书本上学的商业知识一筹。而与足不出户、闭门研究的研究企业经营学者们不同的是，卡耐基又是一个勤勉经营、脚踏实地而有所悟的实业家，他所展现给世人的经商方法和技巧更具有实用性和可操作性。也许，这就是为什么各地卡耐基热此起彼伏、一浪高于一浪的根本原因所在。

卡耐基说："私有财产，财富的积累法则，竞争法则，所有这些都是人类经历的最高结果。"

成功其实很简单，只要你遵循卡耐基这些简单实用的人际准则和生活技巧，你就能获得成功。在商业社会中也是一样，经商也有其需要遵循的常理。

千百年来，犹太人的经商之道赢得了良好的信誉，之所以能成为世界第一商人，和犹太人"吃亏是福"的观念是很有关系的。

任何一个商人都希望多赚钱，犹太人也不例外。但对于这个多赚少赔的商业规则，犹太人是尤其懂得变通的。

世界上，无论哪方面的商业交易，仅有一方占利，另一方完全无利可图的便宜是没有的，有钱赚要做到让利互惠，在这个世界上，财富是无穷无尽的，切记不要太贪心，这便是犹太人的经商之道。

一个人独资经营的情况下，不仅势单力薄，而且人力、才智匮乏，资金上也很难维持长久的、快速的增长。如果能找到可以长期合作的合伙人，就会增强公司的实力，虽然部分利益会分给合作伙伴，但较之无法持续经营情况，实在是好上太多了，这也成了犹太人的经商之道。

有一位靠卖纽扣成为富翁的商人，他开的店，既不气派，也不宽敞，但却非常有特色。他的店，除了卖纽扣以外，其他东西都不卖。他的纽扣，不仅花色品种齐全，而且有的女顾客，一件漂亮的大衣上丢了一枚纽扣，纽扣店会想尽办法配上后寄给顾客。久而久之，小小的纽扣店在偌大的一座城市里人人皆知、家喻户晓。

这家小店的经商之道在于：店主深知"世上的钱是赚不完的"道理。他每出售一枚纽扣，只赚几分几厘。至于别人，比方说来纽扣店大量进货的成衣铺赚顾客多少钱，他根本不去攀比，他更在意的是能"赚"到多少顾客。

但是不少小商人却不懂得这样的道理。在交易场所，这样的例子是屡见不鲜的：买方和卖方为了一点小利讨价还价，争执不休，结果不欢而散，双方都无利可赚，这样就有悖经商之道。精明的小商人会爽快地与对方成交，宁肯让对方多占些利，他们更关注的是长远大计。

"吃亏是福"是常人都懂得道理，也是一种高瞻远瞩的战略，不能舍眼前小利而争取长远大利的商人，注定是无法向前发展的。"吃亏是福"，因为人都有趋利的本性，自己吃亏，让别人得利，就能最大限度地调动别人的积极性，帮助你的事业兴旺发达。试想，如果每一个老板都打着自己的小算盘，整日盘算着如何敛聚更多的财富，如何使自己比别人获得的收益更多，这样有谁还愿意为其卖命呢？

"吃亏是福"，钱是永远都赚不完的，更不可能被某个人独享。一心只为利，得到的只能是小利，是短暂的利。心胸开阔的处世，付出大义，得到大利，恒久的利。不管你是创业者还是普通的打工族，我们都是凡人，应该具有一个凡人所具有的优秀品质。在成功的道路上，如果你没有耐心去等待成功的到来，那么，你只好用一生的耐心去面对失败。成功的意义，财富只是一方面，更重要的是作为一个人要真正地完善自我、实现自我价值。所谓先做人再经商，就是这个道理。

经商的人有两大类：干事业的与一心想发财的。如果经商只是想发财，就特别容易被人骗甚至要去骗人。想创业却不想被骗或骗人，就必须以创业的心态经商，把人格看成创业的最大资本，在提高自身素养上比别人下更多的工夫。

在经商活动中最看中的是"诚信"。认为"人"和"信用"是商务活动中

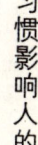

的最高利润和最大财富，其"财上平如水，人中直似衡"的经商之道、人生之道，也是今天的企业人士所应遵循的"经营之道"，同时更是各行各业的人士与人相处时所应遵循的"做人之道"。

一个人的成功，不仅在于赚了多少钱，还在于他如何赚到这些钱，以及用这些钱去做什么。如果一个人靠坑蒙拐骗去赚钱，把钱用来吃喝嫖赌，甚至为实现自己的野心不惜弄虚作假，这样的人再有钱，也会被人唾弃，所以，先做人再经商，更有意义。

 保持良好的社会交往

建立良好的人际关系，是一个人事业成功的基础。左右逢源，游刃有余，需要一颗宽容的心，需要真诚，需要积极交往的主动性塑造良好的个人形象，善用各种交际手段，克服社会中的偏见。

卡耐基曾在成人夜校讲授公开演讲课。根据他切身的体会，通过学习公共演讲，可以去除自己性格中的怯懦和不自信，增加与人交往的勇气和信心。并且他认识到，做领导者的必要素质之一是能够站出来说出自己的想法。

卡耐基开创的"人际关系训练班"遍布世界各地。他以超人的智慧、严谨的思维，在道德、精神和行为准则上指导万千学习，给人安慰，给人鼓舞，使人从中汲取力量，从而改变人的生活，开创崭新的人生。

卡耐基说："现实生活中有些人之所以会出现交际的障碍，就是因为他们不懂得一个重要的原则：'让他人感到自己重要'。人类本质里最深层的驱动力就是希望具有的重要性，你要别人怎么对待你，你就先怎样的对待别人。"

"一个人事业上的成功，只有15%是由于他的专业技术，另外的85%要依靠人际关系、外世技巧。软与硬是相对而言的，专业的技术是硬本领，善于处理人际关系的交际本领则是软本领。"

看这样的场景：

那是一个寒冷的冬夜，2500位男女挤进纽约一家"宾雪凡尼亚饭店"的舞厅里。在7点半前，这家面积宽敞的舞厅里已座无虚席，全部客满，时间到8点钟时，那些情绪热烈的男女群众，还是往里面涌去。

这时楼道里也挤满了人，迟一步进来的，要找个站立的地方都不容易了。他们忙完一整天疲累的工作后，还要来这里站一个半小时……那是为什么？

这些人是看到报上一则广告而被吸引来的。那是前些天，他们从纽约的《太阳报》上，看到一则整幅版面、引人注意的广告。

那幅广告是这样刊登的：

"增加你的收入，

学习如何有效力的讲话，

准备做个领导者的资格。"

信不信由你，在这个世界最繁华的都市里，社会不景气的情况下，有20％的人口依赖救济金生活的时候，有2500人由于看到那则广告，离开自己家到"宾雪凡尼亚饭店"去。

这广告不是刊登在普通小型报纸上，而是登在纽约市最够资格的《太阳报》上。《太阳报》的读者，大部分是社会上层经济阶级的人——高级职员、大老板和企业家类，他们年收入从2000～50000元不等。

这些男女们，是来听一个最实用、最新颖的，一项"有效力的讲话，以及事业上影响他人的方法"的演讲——由卡耐基主讲——人类关系讲习会主办。

那2500位工商界男女，为什么来参加这项演讲研究会？

这种研究会的课程，在纽约市每一季对满厅的人士的演讲，已经有24

年了。

在那期间，有15000名以上的商人和专业者受过卡耐基的训练。甚至于那些规模宏大，宁愿守旧，不轻易听信人的机构，像西屋电器公司，马克意尔出版公司，白罗克联合煤气公司，白罗克商会，美国电气工程师协会和纽约电话公司等，也在自己机构里，为了他们普通职员和高级职员的提高，也曾举办了这种训练研究会。

调查显示出，成人们所最注意的是健康；其次是想知道更多些人与人之间关系发展上的技巧，他们要学习与人交往和影响他人的技巧。他们不希望成为一个演说家，也不要听那些离了谱的心理学，他们希望听到立即可以在事务上、社交上、家庭中，所能应用的建议。

可见，保持良好的社会交往是每个人内心的渴望，也是作为社会中的人必需的。

保持良好的社会交往，卡耐基建议，不要指责别人，而要尝试着了解他们，试着揣摩他们为什么做出他们做的事情。这比批评更有益处和有趣味，并且可以培养同情、容忍和仁慈。

卡耐基的另一条原则是，表现出诚实的、真心的欣赏和感激。学员总是为说话的人鼓掌以示欣赏，教师以感谢说话的人和称赞谈话的内容，来表示欣赏。卡耐基的课不只教学员表示欣赏、感激，而且要真诚地欣赏、感激。唯有发自真诚地说出来的话，别人才会真正感觉到其中的诚恳，才会真正相信。

卡耐基总结说："你喜欢接触性情乖戾、忧郁、不快乐的人呢，还是喜欢接触快乐而热力四射的人？这些神情和态度就像麻疹一样是有感染性的。因此，你应该发射出你希望别人也有的东西。"

好的社会关系有很多原则，比如：让别人觉得你很重要、表示尊重别人的观点、为一个人树立一个好名声、让他努力去维护他的这个好名声，这些原则有着密切的关联，常常需要合起来运用。

习惯影响人的一生

习惯有好有坏,播下一种习惯,收获一种命运。习惯是一把双刃剑,它能成就未来,也能摧毁未来。能够成就未来的自然是那些好习惯,而那些坏习惯,就像一堵无情的墙,把成功与我们隔离开来。

卡耐基说过:"精神振作的商人,除了有小心谨慎的习惯之外,还得要有敏捷和不因循两种长处。一个不注意小事情的人,永远不会成就大事业。"他认为:习惯具有无穷力量,它无时无刻不在影响着我们。可以说,几乎在每一天,我们所做的每一件事,都是出自习惯的支配。因此,一个人具有什么样的习惯,就会有什么样的人生。

习惯能成就一个人也能摧毁一个人。能够成就一个人的自然是那些好习惯。成功者之所以成功,是因为他们身上具有一些常人所没有的习惯,正是这些习惯助他们打开了成功的大门。

习惯是一个人思想与行为的真正领导者。如果我们想要主宰自己的世界与人生,首先就要主宰自己的习惯。如果一个连自己的习惯都主宰不了的人,那他的人生也必将摇摆不定,结果自然是与失败为伍。

习惯真是一种顽强而巨大的力量,它可以主宰人的一生。好习惯使人终身受益。一个成功的人晓得如何培养好的习惯来代替坏的习惯,当好的习惯积累多了,自然会有一个好的人生。

卡耐基说:养成良好的工作习惯有以下几种方法:清除你桌上所有的纸张,只留下和你正要处理的问题有关的东西,一个干净的桌面看起来给人一种清爽的感觉,乱七八糟的东西给人一种颓废的感觉,因此要尽量清理桌上杂物，有时将一星期的事情列出清单是很奏效的，这也暗合了卡耐基的成功法则。

按事情的重要程度来做事。当你遇到问题时，如果必须做决定，就当场决定，不要迟疑不决，学会如何组织、分层管理和监督。

在人的生活中，习惯对人的影响是显而易见的，习惯有多种，有好的，也有坏的；有美的，也有丑的。培养良好的习惯，也是卡耐基处世艺术的重要一环。

卡耐基首先讨论了疲劳问题。为什么要讲如何防止疲劳的问题呢？很简单，因为疲劳容易使人产生忧虑，或者至少会使你较容易忧虑。所以，防止疲劳，是我们应该养成的习惯。要防止疲劳和忧虑，首先要做到：常常休息，在你感到疲倦以前就休息。

在二次大战期间，丘吉尔已经60多岁了，却能够每天工作16小时，一年一年地指挥作战，实在是一件很了不起的事情。他的秘诀在哪里？他每天早晨在床上工作到11点，看报告、口述命令、打电话，甚至在床上举行很重要的会议。吃过午饭以后，再上床去睡一个小时。到了晚上，在8点吃晚饭以前，他再上床去睡两个钟点。他并不是要消除疲劳，因为他根本不必去消除，他事先就防止了。因为他经常休息，所以可以很有精神地一直工作到半夜之后。

约翰·洛克菲勒也创了两项惊人的纪录：他赚到了当时全世界为数最多的财富，也活到98岁。他如何做到这两点呢？最主要的原因当然是，他家里的人都很长寿，另外一个原因是，他每天中午在办公室里睡半小时午觉。他会躺在办公室的大沙发上——在睡午觉的时候，哪怕是美国总统打来的电话，他都不接。

爱迪生认为他无穷的精力和耐力，都来自他能随时想睡就睡的习惯。

卡耐基曾建议好莱坞的一位电影导演杰克·查纳克，试试这种方法，他后来说，这种办法可以产生奇迹。几年前他是米高梅公司短片部的经理，常常感到劳累和筋疲力尽。他什么办法都试过，喝矿泉水、吃维生素和别的补药，但对他一点帮助也没有。

两年之后，卡耐基再见到他的时候，他说："出现奇迹，这是我医生说的。以前每次我和手下的人谈短片问题的时候，我总是坐在椅子上，非常紧张，现在每次开会的时候，我躺在办公室的长沙发上。我现在觉得好多了，每天能多工作两个小时，却很少感到疲劳。"

你如何使用这些方法呢？如果你是一位打字员，你就不能像爱迪生那样，每天在办公室里睡午觉；而如果你是一个会计员，你也不可能躺在沙发上跟你的老板讨论账目的问题。可是如果你住在一个小城市里，每天中午回去吃中饭的话，饭后你就可以睡 10 分钟的午觉——这是马歇尔将军常做的事。在二次大战期间，他觉得指挥美军部队非常忙碌，所以中午必须休息。如果你已经过了 50 岁，觉得你还忙得连这一点儿都做不到的话，那么赶快趁早儿买人寿保险吧。

如果你没有办法在中午睡个午觉，至少要在吃晚饭之前躺下来休息一个小时，这比喝一杯饭前酒要便宜得多了。如果你能在下午 5 点、6 点或者 7 点左右睡一个小时，你就可以在你生活中每天增加一小时的清醒时间。为什么呢？因为晚饭前睡的那一个小时，加上夜里所睡的 6 个小时——一共是 7 小时——对你的好处比连续睡 8 个小时更多。从事体力劳动的人，如果休息时间多的话，每天就可以做更多的工作。

卡耐基要求人们，常常休息，照你自己心脏做事的办法去做——一定要懂得如何放松自己，只要想躺下随时就可以躺下。

卡耐基认为，每天早上给自己打打气，这在心理学上来说非常重要。因为"我们的生活就是我们的思想造成的"，每个小时都跟你自己说一遍，你就可以指引自己去想很多勇敢而快乐的思想，也可以由此得到力量和平静。跟自己谈很多值得感谢的事情，你就可以在脑子里充满向上的思想。

第十一章 习惯影响人的一生

或许，我们还有很多的人未能意识到习惯的巨大力量。但是，习惯影响一生这一点是客观存在、毋庸置疑的。

工作尽心尽责、少出差错

有些人在工作中，粗心大意，马马虎虎，对待工作态度消极，差错也多，这样对于自己和公司都是非常不好的。

卡耐基认为，工作意味着责任。每一份职位所规定的任务就是一种责任。责任是一名员工的立身之本，可以说，一个人放弃了工作中的责任，就意味着放弃了在工作中更好生存的机会。

因此，我们在面临工作时一定要记住一点，工作，是一种责任，自己必须尽自己的最大的热情来对待它，不管它是重要或次要，关键与否，都以100%的努力来做得更好。

每个人都想在工作中获得成功。决定成功的因素有很多，但选择自己的态度是最核心的因素。不同的态度，产生的人生体验和结果是截然不同的，因为心态可以影响我们的认知方法。积极的人生心态可以帮助我们战胜自卑和恐惧，可以帮助我们克服惰性，可以发掘自己的潜能，提高工作的质量和效率。

一个人对待工作的态度比工作本身更重要。态度决定一切。如果一个员工总是抱怨工作太多；如果他总是把自己的工作看成奴隶在主任的皮鞭督促之下的劳动；如果他对工作没有热情，那么工作任务的完成将是无比艰难。很多人对待工作没有正确的态度，不懂得尊重自己的工作。他们只是把工作看成一种谋生的工具，用工作赚来的工资维持基本的生活。他们把工作看成是一种不得不做的苦役，而不是把工作看成一种锻炼自身能力和提高自身修养的方法，也

不把工作看成造就品格的最好学校。这些人最盼望的就是下班的铃声和周末的休息，因为他们终于可以暂时逃脱这个被他们称为"地狱"的地方。

拿破仑·希尔通过大量的调查得出结论：在美国取得成功的一个最关键因素就是"每天多做一点事，每天多走一里路"。

"每天多做一点事"的生活态度，可以让你的家庭更加和谐，彼此更加相爱。"每天多做一点"的工作态度！可以为你赢得良好的声誉，增加别人对你的需要和依赖，让你变得不可或缺。

付出总是与回报成正比，付出多少，得到多少。南丁格尔伯爵曾经说："超出所得地进行工作，否则你就不会比现在得到更多。"收获更多的唯一途径就是播种更多，而你得到更高回报的办法也只能是增加你工作的价值并取得更好的成果。

不要以为每天提前十几分钟上班，没有人会注意到，同样早到的老板往往就站在办公室窗前，注视着公司的大门呢。

不要以为，这些只是细节问题，给人们留下深刻印象的往往是那些看似微不足道的细节问题。一位管理者曾经说："我总是忽略那些尽职尽责完成本职工作的员工，因为这是对员工的基本要求，所有合格的员工都会做到。在众多的员工当中，能给我留下深刻印象的总是那些在自己的本职工作之外帮助别人的人，即使只是为同事倒了一杯茶。"

工作与你之间的关系就像一面镜子。你如何对待工作，工作就如何对待你。你乐观地对待工作，工作就会让你快乐；你忠诚地对待工作，工作就会对你忠诚；你为工作付出，工作会回报你更多。

第十二章

走出孤独忧虑的人生

卡耐基告诉你人性的优点与弱点大全集

ka nai ji gao su ni ren xing de you dian yu ruo dian da quan ji

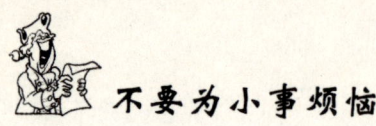 ## 不要为小事烦恼

额头上蹦出的青春痘、同学间的小摩擦、不太理想的分数……我们谁没为小事而烦恼过呢？我们的生活就是由形形色色的小事构成，但这些小事并不是我们生活的羁绊。我们不要为它们感到烦恼，因为它们不只浪费我们的时间，还会败坏我们愉快的心情。

卡耐基在青春期又面临着另一种忧郁。

进入青春期的卡耐基，非常渴望能和女孩子交往，然而他在与女孩子交往及交谈时又显得异常局促不安。因此，他总担心自己以后在结婚典礼上怎么办。

对当时的忧郁，卡耐基回忆说：

"我想象着我们在某个乡村教堂举行婚礼，然后搭乘车顶缀有饰品的四轮马车返回农场……

"我无法想象我在返回农场地途中该说什么，我又怎样才能使我们地谈话得以继续下去……"

每个人都会在青春期有一些忧郁和焦虑，卡耐基当然也不例外。由于成长时期所受的宗教环境的影响，卡耐基很自然地假设婚姻将是性生活的开端——也就是说，假设会有女孩乐意嫁给自己。有些时候，卡耐基又怀疑自己的计划没有实现的希望，因为他对自己缺乏吸引人的外在魅力而恼火过。

直到1948年，卡耐基还这样向世人表白："当我微微举帽向她们打招呼时，我忧虑着女孩子们将对我笨拙的动作和不敢恭维的外表而嘲笑我。"

卡耐基认为，我们通常都能勇敢地面对生活中的重大危机，然而却会被那

些小事情搞得焦头烂额。其实，和宝贵的生命相比，这些小事又算得了什么？

1945年3月，罗勃·摩尔在中南半岛附近276英尺深的海下，学到了他一生中最重要的一课。当时，罗勃·摩尔正在一艘潜水艇上。他们从雷达上发现一支日军舰队，一艘驱逐护航舰，一艘油轮和一艘布雷舰，朝他们那边开来。他们发射了3枚鱼雷，都没有击中。突然，那艘布雷舰直朝他们开来。于是，他们潜到150英尺深的地方，以免被侦察到，同时做好了应付深水炸弹的准备，还关闭了整个冷却系统和所有的发电机器。

3分钟后，天崩地裂。6枚深水炸弹在四周炸开，把他们直压海底。深水炸弹不停地投下，<u>整整</u>15个小时，有十几个就在离他们50英尺左右的地方爆炸。若深水炸弹距离潜水艇不到17英尺的话，潜艇就会炸出一个洞来。当时，他们奉命静躺在自己的床上，保持镇定。罗勃·摩尔吓得无法呼吸，不停地对自己说："这下死定了……"潜水艇的温度几乎有100多度，可是他却怕得全身发冷，直冒冷汗。15个小时后攻击停止了，显然那艘布雷船用光了所有的炸弹后开走了。

这15个小时，他感觉好像有1500万年。他过去的生活，在眼前出现，使他记起了做过的所有的坏事和曾经担心过的一些很无聊的小事：没有钱买自己的房子，没有钱买车，没有钱给妻子买好衣服。下班回家，常常和妻子为一点芝麻小事吵架。

在这15个小时里，他从生活中学到的，比他在大学念四年书学到的还要多得多。他对自己发誓，如果我还有机会再看到太阳和星星的话，就永远不会再忧愁了。

卡耐基认为，要想克服由小事情所引起的困扰，只需把目光转移一下就可以了，那就是让自己有一个新的，能使自己开心的看法。人活在世上只有短短的几十年，不应该再浪费宝贵的时间，去为一些芝麻大的小事而忧愁烦恼。

在科罗拉多州长山的山坡上，躺着一棵大树的残躯。自然学家告诉我们，它曾经有过400多年的历史。在它漫长的生命里，曾被闪电击中过14次，它都能战胜。但在最后，一小队甲虫的攻击使它永远倒在了地上。

那些甲虫从根部向里咬，渐渐伤了树的元气，虽然它们很小，却是持续不断地攻击。这样一棵森林中的巨木，岁月不曾使它枯萎，闪电不曾将它击倒，狂风暴雨不曾将它动摇，却因一小队用大拇指和食指就能捏死的小甲虫，终于倒了下来。

我们其实就像森林中那棵身经百战的大树，我们每个人也经历过生命中无数狂风暴雨和闪电的袭击，也都坚持过来了，可是却总是为一些小事情忧虑。我们要摆脱这种思想。

丽娜家访回来时，天已经很黑了。隆冬的天冷极了，丽娜把脑袋缩进衣领，把双手装进厚厚的手套里，眼镜冻得上了霜，索性就摘下来放进衣兜里。为了早到家，丽娜抄了近路。哪知道出了小区侧门却是正在修整地热管道重地。白天可以看到警示牌，晚上什么也看不到。

丽娜一脚踩空掉进了近2米深的地沟里。天黑、寒冷、害怕、惊吓、疼痛，她在下边挣扎了不知道多久。此时的丽娜感觉好像过了几年一样，过去的生活浮现在她的眼前，那些让她烦忧的小事记得特别清楚：舍不得买衣服，为了小事和同事斤斤计较……

在深深的地沟里，在威胁生命的那一刻，这些小事显得多么荒谬、渺小。丽娜对自己发誓，若爬出这深深的地沟后，就永远不会再为这些小事忧愁了！

我们经常为一些事情烦恼，其实仔细想一想，这些都不是什么大不了的事。我们把所有的注意力都集中在这些小问题和忧虑上了，把问题过度放大了。其实如果我们能够学会不为琐事烦恼，我们就可以获得莫大回报。

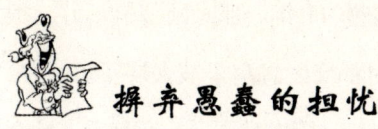
摒弃愚蠢的担忧

我们常常会为一些还没有发生的事情担忧。商人会担心股市跌落，老师会担心学生上课不用心听讲，家长会担心孩子考试不及格，总之要担心的事情很多。这种担心其实都是不必要的，只要我们做好准备，这些担忧都是可以避免的。

卡耐基曾经过早地产生了对死亡的恐惧，他总觉得自己犯有多种罪状而且一定会受到上帝的惩罚，更害怕死后会进地狱。

有一次，已经13岁的卡耐基从学校回家时，突然发现密苏里上空火光四射，雷声隆隆。卡耐基被这景象吓蒙了，脸色苍白地跑回家中，一下子扑进母亲的怀里。

"妈妈，快救我，我要死啦！"

詹姆斯太太被弄得莫名其妙，不明白发生了什么事情，也惊慌起来。

但卡耐基这时却结结巴巴地说不出话来，他瞪大双眼，捂着耳朵，只管一个劲儿往母亲怀里躲。

"怎么啦？孩子，怎么啦，太太？"詹姆斯推门而入，他是一个悲观的宿命论者，见到家人在这个时间哭哭啼啼，便预感到当年的农作物又将被洪水卷走。

费了好一番工夫，詹姆斯和她的太太才明白自己的孩子是被雷电吓坏了。

因为贫穷和生理的某些缺陷，使少年卡耐基比其他孩子更多地感受到生活的忧郁。

沙林吉夫人是一个很平静、很沉着的妇女，她从来没有忧虑过。但是以前的她也会忧虑，而且还很严重。她说那时的她差点被忧虑毁掉。在她学会征服忧虑之前，她在自作自受的苦海中，生活了整整11年。那时她脾气不好，很急躁，生活在非常紧张的情绪之下。买东西时都会发愁房子被人烧了怎么办，佣人跑了怎么办，孩子们被汽车撞死了怎么办？常因发愁弄得冷汗直冒，她会冲出商店，跑回家去，看看一切是否都好，结果导致第一次婚姻没有好结果。

她的第二个丈夫是一个律师，人很文静，有分析能力，从不为任何事情忧虑。每当沙林吉夫人紧张或焦虑的时候，他就对她说："不要慌，让我好好地想一想，你真正担心的到底是什么呢？我们分析一下概率，看看这种事情是不是有发生的可能。"

那次，他们在去新墨西哥州的一条公路上遇到了一场暴风雨。

道路很滑。车子很难控制。沙林吉夫人担心会被滑到路边的沟里去，可是丈夫一直对她说，车子开得很慢，不会出事的。丈夫镇定的态度使沙林吉夫人慢慢平静了下来。

还有一年夏天，他们到落基山区露营。一天晚上，他们把帐篷扎在海拔7000英尺的地带，突然遇到了暴风雨。帐篷在大风中抖着、摇晃着，发出尖厉的叫声。沙林吉夫人每分钟都想：帐篷要被吹垮了，要飞到天上去了。可是，她的丈夫不停地说"亲爱的，我们有几名印第安向导，他们对这儿了如指掌，他们说这里从没有发生过帐篷被吹跑的事情。根据概率，今晚也不会吹跑帐篷。即使真吹跑了，咱们也可以躲到别的帐篷里去，所以不用紧张。"沙林吉夫人放松了精神，结果那一夜睡得很安稳。而且什么事也没发生。

经过这两件事情之后，沙林吉夫人渐渐摆脱了这些愚蠢的担忧。

卡耐基认为，当我们害怕被雷电击死，害怕火车翻车时，只要想想这些事情发生的平均概率，就会发现它们发生的机会太少了，而这些忧虑也愚蠢得让我们笑死。

有位著名的石油商人被勒索了，相当地苦恼和烦闷。事情原来是这样的：

他主管的那个石油公司，拥有几辆运油卡车。物价管理委员会的条件管制很严，可是有一些运货员却偷偷地减少了给老顾客的油量，然后自己把偷下来的油卖给一些别的顾客。这位石油商人一开始并不知道这个情况。

有一天，有个自称是政府特别巡视员的人来拜访他，跟他索要红包，说他掌握着该公司运货员舞弊的证据，并威胁石油商人说，如果不答应的话，他就把证据转交给地方检察官。这时石油商人才发现公司里有人从事不法买卖。

其实这件事情本来跟这个石油商人没有什么关系，他心里明白自己并没有什么好担心的；可是转念一想，按照法律规定，公司要为自己员工的行为负责。还有，如果案子被送到法院，经记者们一炒，该公司的生意就会毁掉。

这位商人平时最得意于自己的好名誉和好生意，这是他父亲在24年前开创的基业。

由于忧虑，这位商人生病了，3天3夜吃不下睡不着，一直在那件事里面打转转。他反复地思考，自己是该付那笔钱，还是直截了当地跟那个人说，他爱怎么办就怎么干吧。这位商人一直犹豫不决，手足无措，每晚都要大做噩梦。

后来，有幸的是，他碰到了卡耐基先生。卡耐基分析了他的状况。如果不肯付钱，而勒索者把证据交给地方检察官的话，可能发生的最坏情况就是毁了生意。卡耐基接着追问，如果你的生意被毁了，假使你心理上可以接受这件事，接下去又会怎样呢？这位商人说，生意毁了之后，他也许得去另外找件差事。但是这也没有什么，因为他对石油知道的很多。

他听了卡耐基的分析后，发现问题并没有他想象得那么复杂，即使是最坏的打算，他还是可以接受的。于是，他开始了冷静地思考。他把自己的全部情况通告给了律师，或许律师还有更高明的方法。

还有一个例子：

埃尔·史密斯在纽约当州长时，他常常发现许多政客为一些事情忧虑不已。于是他经常对那些政客说:"让我们看看你所忧虑的事情发生概率的纪录。"这也正是当年埃尔·史密斯害怕他自己躺在坟墓里时所做的事情。

1944年6月初,埃尔·史密斯躺在奥玛哈海滩附近的一个散兵坑里。他看着这个长方形的坑,对自己说:"这看起来就像一座坟墓。也许这就是我的坟墓呢!"

晚上11点,德军的轰炸机开始行动,炸弹纷纷落下,埃尔·史密斯吓得人都僵住了。前3天晚上他根本没合眼,到了第5天夜里,几乎精神崩溃。他知道要是不赶紧想办法的话,他就会发疯。

于是埃尔·史密斯提醒自己,已经过了5个晚上了,而他还活得好好的,并且这一组人都活得好好的,只有两个受了轻伤。而他们之所以会受伤,也不是被德军的炸弹炸到的。

于是,埃尔·史密斯在他的散兵坑上造了一个厚厚的木头屋顶,并且告诫自己:除非炸弹直接命中,否则我死在这个又深又窄的坑里的可能性几乎是零。

接着他算出直接命中率是万分之一。这样想了两三夜之后,他平静下来,并且可以很快入睡了。以至于到后来,就连敌机袭击的时候,他也能睡得很安稳。

总之,如果你总是担心太多的事情的话,就不妨先看看以前的纪录,然后根据平均概率问问自己,你现在担心的事情,究竟有没有可能会发生?如果不可能发生,你就不要庸人自扰了。

 **接受不可避免的事实**

我们的生活中总会充斥着一些磕磕碰碰的小事，这些小事是不可避免的，不要为了这些小事而把自己搞得身心憔悴。我们要做好心理准备，对必然发生的事要愉快地接受。就像杨柳承受风雨一样，我们也要承受一切事实。

大约是在1898年，当时卡耐基一家人仍住在玛丽维尔外的农场，一个意想不到的灾难降临了。父亲詹姆斯·卡耐基患了精神崩溃症，他当时才47岁，显然，沉重的生活负担压倒了这个倔强的农场主。

由于债台高筑，詹姆斯的沮丧和忧郁与日俱增；为了改变命运，他又长年累月地辛苦劳作。由此导致詹姆斯的健康状况不断变坏，他停止进食，变得极为憔悴。

当医生告诉詹姆斯太太詹姆斯的寿命将不会延长到6个月以后的时候，站在一旁的卡耐基还不足10岁。他看着母亲，"母亲的眼中有一种亮晶晶地东西闪动，终于，两行眼泪顺着她地面颊滚了下来，她地嘴蠕动着，似乎又在暗颂着圣歌"。

卡耐基握紧拳头，一边对着医生晃动，一边大声吼道："你撒谎，你撒谎……"他不相信这是真的。他不能接受这种事实，更不敢想象6个月以后辛苦一生、积劳成疾的父亲将阖上双眼、与世长辞的凄凉景象。

虽然后来并没有出现上述的事实，但10岁的小男孩已开始懂得家庭所遭遇到的不幸了。同时，父亲的悲观也愈来愈重地在戴尔心灵投下阴影。

一次，詹姆斯到玛丽维尔的银行家家里去请求延期偿还贷款，银行家却以没收卡耐基家的财产相要挟。沮丧的詹姆斯·卡耐基乘着四轮马车垂头丧气地

第十二章 走出孤独忧虑的人生

返回家，途经102号河桥上时，他停下来，扶着桥的栏杆俯身呆望着静静流淌的河水。当时，卡耐基感到很奇怪，便问道："爸爸，你还要等谁呢？"

詹姆斯地回答在许多年后还一直印在卡耐基的脑海之中。

"我在想，这河水可以畅通无阻，而我却四处碰壁，为什么呢？"

卡耐基成年后，曾经在很多场合提起这件事来："父亲含着眼泪告诉我，要不是因为母亲坚定的宗教信仰，他绝对没有勇气在那些日子里生存下去。"

卡耐基认为，顺应时势，是我们踏上人生旅途的最重要一步，环境本身并不能使我们快乐或不快乐。在必要的时候，我们应该能忍受灾难和悲剧，甚至战胜它们。我们的内在力量是如此的坚强，只要我们愿意利用，它就能帮助我们克服一切困难。

已故的布斯·塔金顿总是说："人生的任何事情，我都能忍受，只除了一样，就是瞎眼。那是我永远也无法忍受的。"

布斯·塔金顿在他60多岁的时候，视力减退，一只眼几乎全瞎了，另一只眼也快瞎了。他最害怕的事终于发生了。

但是，他自己也没想到，当真正面对这件事情的时候，他还能觉得非常开心，甚至还能运用他的幽默感。

为了恢复视力，塔金顿在一年之内做了12次手术，为他动手术的就是当地的眼科医生。他知道他无法逃避，所以唯一能减轻他受苦的办法，就是爽爽快快地去接受它。他拒绝住在单人病房，而住进大病房，和其他病人在一起。他努力让大家开心。动手术时他尽力让自己去想他是多么幸运，现代科技这么发达，他一定会好起来的。

这件事教会塔金顿一个道理：生命所能带给他的，没有一样是他能力所不及而不能忍受的。

卡耐基认为，要乐于承认事实就是这样的状况，勇敢接受已经发生的事实，是克服随之而来的任何不幸的第一步。

马利安·道格拉斯的家里曾遭受过两次不幸。第一次，他失去了5岁的女儿，一个他非常钟爱的孩子。他和妻子都以为他们没有办法忍受这个打击。更不幸的是，10个月后，他们又有了另外一个女儿，而这个女孩也仅仅活了5天。

接二连三的打击使他几乎无法承受，他睡不着，吃不下，无法休息或放松，精神受到致命的打击，信心丧失殆尽，最后连吃安眠药和旅行都没有用。

马利安·道格拉斯的身体好像被夹在一把大钳子里，而这把钳子愈夹愈紧。

感谢上帝的是，马利安·道格拉斯还有一个4岁的儿子，他教给了马利安·道格拉斯解决问题的方法。

一天下午，马利安·道格拉斯侍坐在那里为自己难过时，他的儿子突然问马利安·道格拉斯："爸，你能不能给我造一条船呀？"

马利安·道格拉斯实在没兴趣，可这个小家伙很缠人，只得依着他。

造那条玩具船大约花费了马利安·道格拉斯3个小时，等做好时马利安·道格拉斯才发现，这3个小时是马利安·道格拉斯许多天来第一次感到放松的时刻。

这一发现使马利安·道格拉斯大梦方醒。马利安·道格拉斯明白了：如果你忙着做费脑筋的工作，你就很难再去忧虑了。

卡耐基认为，如果有必要，我们差不多可以接受任何一种情况，使自己适应它，然后完全忘了它，这是改变忧虑习惯，快乐生活的重要秘诀。

莎拉·班哈特，可算是深通此道的女子了。50年来，她一直是四大洲剧院独一无二的皇后，深受世界观众喜爱。她在71岁那年破产了，而且她的医生波基教授告诉她必须把腿锯断。医生以为这个可怕的消息一定会使莎拉暴跳如雷。可是，莎拉看了他一眼，平静地说："如果非这样不可的话，那只好这样了。"

第十二章 走出孤独忧虑的人生

她被推进手术室时,她的儿子站在一边哭。她却挥挥手,高高兴兴地说:"不要走开,我马上就会回来。"

去手术室的路上,她背她演过的台词给医生、护生听,使他们高兴。

手术完成、健康恢复后,莎拉·班哈特还继续周游世界,使她的观众又为她疯迷了7年。

既然有些事情是人力所无法抗拒的,那我们只能去接受这个事实,调整好心态,去又创造一个新的生活。

克服忧虑的心理

人生活在这个世界上,肯定会遇到千奇百怪的事情,但是对于同样的事情,不同的人有不同的处理方式。心态好的人遇到问题自己就可以调整好心态,虽然事情令他很难过,但是他会随时间而慢慢淡忘;而有的人则不能放开胸怀,克服忧虑。忧虑成为你成长的脚绊石。要想摆脱忧虑,我们就要首先摆脱忧虑的心理。

卡耐基认为,混乱正是导致忧虑的主要原因,世界上的忧虑,有一大半是因为人没有足够的知识做决定而产生的。

威廉·孟恩太太,通过思考怎样才能让别人高兴,治好了她的忧郁症。5年前,威廉·孟恩太太正沉溺于一种悲伤而自怜的情绪中。孟恩太太在丈夫去世后,心情就一直郁闷。当圣诞节快来临的时候,她的伤感愈发沉重起来。以前的圣诞节都是和丈夫一起度过的,她真怕这次圣诞节的来临。

很多朋友请她和他们一起度圣诞,可是她一点也不觉得高兴。威廉·孟恩太太觉得不管在哪一个宴会上她都是一个让人讨厌的人,所以她拒绝了许多很仁慈的邀请。快到圣诞夜的时候，她就愈可怜自己。

圣诞节的前一天，她下午3点就离开了办公室，开始无聊地在第五街上走着，希望可以治好自己的自怜和忧郁。大街上挤满了开心的人群，这些景象使她回忆起那些已经流走的欢乐岁月。一想到要回到那个又孤单又空虚的公寓，她就受不了。她感到非常迷惑，不知道该怎么办，忍不住地流下眼泪。

漫无目的地走了大约一个钟头之后，她发现自己站在公共汽车站前。这又使她想起以前常常和丈夫随意搭上一辆公共汽车，只是为了好玩。于是，她就走上靠站的第一辆公共汽车。当车子过了赫德逊河，又走了一阵之后，她听到司机说："终点了，太太。"威廉·孟恩太太下了车，不知道这个小镇叫什么名字。这是一个很安静的小地方，她走到住宅区的一条街上，走过一座教堂，听见里面传来'平安夜'的美丽曲调。

她走了进去，教堂里空空的，只有那个弹风琴的人。她偷偷地坐在一张椅子上，装饰得非常漂亮的圣诞树上的灯光，使整棵树看起来像很多的星星在月光下舞蹈，悠扬的乐声——再加上从早上起来就一直没有吃东西，使她觉得头脑发昏，结果昏然地睡了过去。

醒来的时候，她不知道自己身在何处。看见站在面前的两个小孩子，显然是进来看圣诞树的，其中之一是一个小女孩，正指着威廉·孟恩太太说："不知道是不是圣诞老人把她带来的。"当威廉·孟恩太太醒过来的时候，那两个小孩子也吓坏了。他们的衣服很寒酸，威廉·孟恩太太问他们的父母在哪里。他俩说他们没有妈妈，也没有爸爸——原来是两个小孤儿，而且比威廉·孟恩太太以前所见过的类似境况更差得很多。他们使威廉·孟恩太太对自己的忧伤和自怜感到惭愧起来。于是，威廉·孟恩太太带他们去看了那棵圣诞树，然后带他们到一个小饮食店去，吃了一点点心，再为他们买了一些礼物。威廉·孟恩太太的孤寂变魔术般地消失了。这两个孤儿为她带来几个月都不曾体验过的真正快乐。

当威廉·孟恩太太和他们聊天的时候,才发现她自己一直非常幸运:她感谢上帝,因为她的童年时的圣诞节都充满欢乐,充满了父母对她的爱和照顾。而这两个小孤儿带给她的远比威廉·孟恩太太带给他们的多得多。

从此以后,威廉·孟恩太太摆脱了忧虑的心情。她从帮助别人中找到了快乐。她认为,只有帮助别人并付出我们的爱,才能克服忧虑、悲伤以及自怜。

卡耐基认为,如果一个人能够把他所有忧虑的时间都用在以一种很超然、很客观的态度去寻找快乐的话,那么他的忧虑就会在快乐的光芒下,消失得无影无踪。

依丽卡·彼特丝是一名钢琴家,她毕业于著名的朱丽亚音乐学院,以演奏钢琴为业。在她的第一个小孩出生之后便中风了,瘫痪了好几个月。她复原得很慢,可是已经能够过正常的生活。但由于大脑受到了损害,她的右手手指永远软弱无力,不可能再以演奏钢琴为业。

受到这样重大的打击,她没有怨天尤人。她知道没有办法改变这一切,就把她所学的用在教授钢琴上。今天她已经是成功的钢琴教授,生活也很快乐。

一首古老的童谣说:"国王所有的马,国王所有的人,都不能使过去再生。"我们都应扬弃不能改变的事,再以所有的力量重新开始。

艾德温·惠特罗在夏威夷主持卡耐基课程多年,接着担任顾问,他自己也应用了这项原则。1974年他生了重病,但是医生查不出他得的是什么病。他回到夏威夷后接受了试探性的手术,把好几处溃疡除去,身体变得非常虚弱,而他已经是70多岁的人了,各种迹象显示他似乎已经难以康复。

当时艾德温·惠特罗病得很厉害,几乎不能谈话。但是等他回来的时候,卡耐基真的请他吃了一顿很好的夏威夷晚餐。

他怎么做到的呢?一是做一个衰弱的老人,坐在那里永远康复不起来;二是想办法增进健康。于是他开始了锻炼,并且还每天增加运动量。他现在已经完全康复,执行咨询顾客业务,足迹走遍全世界。

造成忧虑的另一个原因，是因别人不感激、不欣赏我们而引起的愤恨。在宾州阿伦顿市的杰克·莫拉诺告诉他地同学说，他浪费了5年的时间，每天都记恨他侄子不知感激他的事。杰克60岁的时候，决定用送礼物而不接受礼物的方式来庆祝自己的生日。他没有子女，于是就送给3个侄子各100美元。侄子们非常惊喜，说了谢谢，但以后再也没有提起过这件事，他们没来看他，甚至于电话也不打一个，到了杰克第二年的生日，也没有寄上一张生日卡片来。在5年的时间里，杰克一直念着他的侄子们不知感恩，不断地告诉朋友这件事，甚至晚上做梦都梦到这件事，使他过得很不愉快。后来，杰克不再过分期盼别人的感激，生活也就快乐多了。

欧嘉·佳薇也是一个典型的例子。她住在爱达荷州，在最悲惨的情况下发现自己还能够克服忧虑。8年半前，医生就告诉她，她将不久于人世，会很慢、很痛苦地死于癌症。国内最有名的医生梅育兄弟证实了这个诊断。欧嘉·佳薇走投无路，死亡已经扑向了她。欧嘉·佳薇当时还很年轻，她不想死。绝望之余，欧嘉·佳薇给她的医生打电话告诉他她的内心是多么绝望。他有些不耐烦地拦住欧嘉·佳薇说："欧嘉，你怎么了？难道你一点斗志也没有了吗？你要是一直这样哭下去的话。毫无疑问，你一定会死的。不错，你确实是碰上了最坏的情况。要面对现实，不要忧虑，然后再想点办法。"就在那一刹那，欧嘉·佳薇发了一个誓，她已经为自己做了最坏的打算。以后，她不再忧虑了，也不再哭泣了。她觉得自己一定要活下去！

卡耐基认为，解决我们困难的第一个办法，就是看清事实，在没有以客观态度搜集所有的事实之前，不要想着如何去解决问题。那些事实如果不加以分析和解释，即使把全世界所有的事实都搜集起来，对我们也没有任何帮助。

对于格兰·里区菲来说，他是在远东地区非常成功的一个美国商人。1942年，日军侵入上海，里区菲先生正在中国。日军轰炸珍珠港后不久就占领了上海。他当时是上海亚州人寿保险公司的经理。日军派来一个所谓的军方的清算

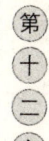

第十二章　走出孤独忧虑的人生

员，命令格兰·里区菲先生协助他清算亚洲人寿保险公司的财产。格兰·里区菲先生一点办法也没有，要么就和他们合作，要么就是死路一条。

格兰·里区菲先生开始遵命行事。但是有一笔大约75万美元的保险费，格兰·里区菲先生没有填在那张要交出去的清单上，因为这笔钱用于香港公司，跟上海公司的资产无关。但是他还是担心万一被日本人发现此事，他的处境会非常不利。

结果，日本人很快就发现了。

那天，格兰·里区菲先生不在办公室，只有他的会计主任在场。那个日本海军上将大发脾气，拍桌子骂人，说格兰·里区菲先生是个强盗，是个叛徒，说他侮辱了日本皇军。格兰·里区菲先生当然知道这是什么意思，他有可能会被抓进宪兵队去。

宪兵队，就是日本秘密警察的行刑室。据说进去的人宁愿自杀也不愿意被送到那个地方去。有些人在那里被审训了10天，受尽苦刑，惨死在那个地方。

当格兰·里区菲先生听到这个消息后，非常紧张。他坐在打字机前，打下了这样两个问题及其答案。两个问题是：我担心的是什么？我应该怎么办？

过去格兰·里区菲先生都不把答案写下来，只在心里琢磨。后来他发现如果能同时把问题和答案都写下来，会使思路更加清晰。所以，格兰·里区菲先生取出打字机，打下：①我担心的是什么？我怕明天早上会被关进宪兵队里。②我该怎么办呢？对于这个问题，格兰·里区菲先生花了几个小时，写下了四种可能采取的行动以及后果。第一，我可以去向日本海军上将解释。可是他不懂英文，如果找个翻译来跟他解释，会使他更加恼火，我就只有死路一条了。第二是，可以逃走。这点是不可能的，因为他们一直在监视我，如果打算逃走的话，很可能被他们抓住而枪毙掉。第三是，留在房间里不去上班。但是如果这样做，那个海军上将很可能会起疑心，也许会派兵来抓，到时会连说话的机会都没有，就会被关进宪兵队了。第四是，星期一早上，照常上班。那个海军上将可能正在忙着，忘掉了那件事。即使他还记得，也可能已经冷静下来，不再找麻烦。

他前思后想，决定采取第四个办法——像平常一样星期一早上去上班，然后，他松了口气。

第二天早上格兰·里区菲先生走进办公室时，那个日本海军上将就坐在那儿，叼根香烟，像平常一样地看了他一眼，什么话也没说。6个星期后他被调回东京，格兰·里区菲先生的忧虑就此告终。

格兰·里区菲先生凭借自己的智慧，最后赢得了这场战斗的胜利。他同时还教给了我们一个办法——如何摆脱忧虑的办法，就是把你的忧虑和解决忧虑的办法都写出来，这样会使你的思维更具有逻辑性，更有利于问题的解决。

第一，要知道为什么害怕？

只有知道了原因，才能采取相应的措施。

第二，对于你害怕的事情是不是真的很严重。确定是自己过度担忧，还是它的确是一件很棘手的事情。

第三，找到解决办法。

如果是一件小事，但是由于自己过度忧虑，那你可以采用自我安慰的方法。如果是一件严重的事情，你就需要分析它的来龙去脉了，好好找出对策。

第四，内心充满信仰。

只有这样，恐惧才能无立足之地。

第十二章 走出孤独忧虑的人生

消除思想上的忧虑

如果你现在正在忧虑，正在为某件事而闷闷不乐。那么你就想想这件事将给你带来什么样的后果？如果连最坏的结果你都能接受，那么你还有什么好忧虑的？但是如果是一个你不愿接受的事实，那也不必忧虑，哪怕是当生命剩下最后一分钟的时候，你也不要去抱怨，要面对现实，想想办法怎么把这一分钟延长，用轻松地心态去笑迎一切。

卡耐基一生都没有忘记102号河，这不仅仅是因为这条平静时显得很美丽的河流位于他的家乡。永远铭记于卡耐基心灵深处的是这条河曾经给他家带来的灾难。

102号河有时显得分外慷慨，河水滋润着岸边肥沃的平原，绿油油的农作物和茂盛的树林是它给人们的慷慨回报。然而河畔的农民们怎么也没有理由去感激它。因为几乎在每年的秋天，当繁盛的小麦、玉米即将成熟之时，这条河流又要对这些靠土地谋生的人们肆虐报复，破灭一个又一个丰收的希望。

瘦弱的小戴尔穿着布满补丁的破烂衣服，站在农舍外围略高之处，可怜兮兮地看着棕色的河水汹涌而来，漫过河堤，席卷农地。随着农作物地被摧毁，卡耐基想买一身新衣服的梦想又一次被击得粉碎。

河水退却后，卡耐基与父亲挣扎着走过泥泞的农地，去抢救那些劫后余生的农作物茎秆。

丰收的希望破灭了，一家人又得再次借债以度过饥荒。

许多年后，卡耐基对这些经历仍记忆犹新。他后来回忆说，洪水过去后，他操持家务的母亲即使在失望之中还是坚定地唱着圣歌，母亲是一个坚定的基督教徒。而父亲詹姆斯沮丧的愁容也逐渐换成一副顽强与不屈的样子。这些情景在卡耐基幼小的心灵中深深地扎下了根，使得他以后能一次又一次坚强地面对挫折与失败。

丰收在望的作物淹没于洪水，养肥的肉牛也只能获得少许微薄的利润，一只只猪又因霍乱而死亡。

这种种的不幸对卡耐基一家的打击实在是太大了，它使人不得不怀疑，难道一家人的努力就此破灭是上苍的诅咒吗？

卡耐基的母亲伊丽莎白尽管坚强，但在经历了这一连串自然灾祸之后，她的信仰也开始倾向于沮丧。

1948年，卡耐基在他的《摆脱忧郁》中写道："我常听见母亲忆起，每当父亲去谷仓喂马及乳牛，没有在她预计的时间归来时，她总要赶去谷仓看看，她时常害怕会突然发现他的身体倒吊在绳端晃来晃去。"

卡耐基认为，消除忧虑的最好办法，就是让自己忙起来，这样你的血液就会开始循环，你的思想就会变得敏锐——让自己一直忙着，这是治疗忧虑的最便宜、最有效的良方。

叶慈太太是一位小说作家，可是她的那些神秘小说没有一本比得上一个真实故事的一半有趣。这件事发生在日本袭击珍珠港美军舰队的那天早晨，叶慈太太生病躺在床上已有一年多了，她得的是心脏病，一天24小时要躺在床上22小时。她走过的最长的路，就是到花园里去做日光浴。即使在那时候，她走路的时候还得让一个女佣人搀着。她曾经说到，要不是日本人轰炸珍珠港，她或许永远都不可能从这种自满的状态中摆脱出来，也绝不可能再真正地生活。

那天，有一颗炸弹就落在叶慈太太家的附近，爆炸的威力把叶慈太太从床上震得掉了下来。军方的卡车赶到基地的附近，把陆军和海军的眷属接到公立学校里。然后红十字会打电话给那些有多余房间的人收容他们。红十字会的人

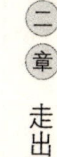

知道叶慈太太有一个电话放在床边，因此要求叶慈太太替他们记录所有的资料。于是叶慈太太记录下所有的陆军和海军的眷属以及孩子们被送到什么地方去，而红十字会也通知所有的海军和陆军人员打电话给叶慈太太，问她他们的家人分别安顿在什么地方。

叶慈太太很快发现，她的先生罗勃·叶慈上校安然无恙。叶慈太太尽量想办法让那些不知道她们的先生生死如何的太太们高兴；她试着去安慰那些先生们被打死的寡妇。起先她一直躺在床上接听所有的电话，然后她坐在床上听电话，最后，她忙得很兴奋，完全忘记了自己的虚弱，就走下床来坐在桌子旁边。

在帮助那些情况比她坏得多的人时，她完全忘了自己。以后每天除了晚上正常的8小时睡眠以外，她没有再回到床上去。她现在知道，如果日本人没有轰炸珍珠港，她也许会终生做一个半残废者。

著名心理学家卡尔·荣格说："我的病人中，大约1/3都不是真的有病，而是由于他们的生活没有意义和空虚。"

卡耐基认为，如果你忙碌做一些需要计划和思考的事情的话，就很难再有时间去忧虑了。对任何人来说，保持忙碌永远都是消除忧虑的最佳方法。

安德尔医生要求我们每天做一件好事，就是能使别人的脸上露出欢乐微笑的事。他认为，在试着使别人高兴的时候，就会让我们不再只想到我们自己。只想到我们自己，就会产生忧虑和恐惧以及忧郁症。

从前有一户人家的菜园有一块大石头，宽度大约有40厘米，高度有10厘米。到菜园的人，不小心就会踢到那一块大石头，不是跌倒就是擦伤。

儿子问："爸爸，那块讨厌的石头，为什么不把它挖走？"

爸爸这么回答："你说那块石头喔？从你爷爷时代，就一直放到现在了，它的体积那么大，不知道要挖到什么时候，没事无聊挖石头，不如走路小心一点儿，还可以训练你的反应能力。"

过了几年，这块大石头留到了下一代，当时的儿子娶了媳妇，当了爸爸。

有一天媳妇气愤地说："爸爸，菜园那块大石头，我越看越不顺眼，改天请人搬走好了。"

爸爸回答说："算了吧！那块大石头很重的，可以搬走的话在我小时候就搬走了，哪会让它留到现在啊？"

媳妇心底非常不是滋味，那块大石头不知道让她跌倒多少次了。

有一天早上，媳妇带着锄头和一桶水，将整桶水倒在大石头的四周。

十几分钟以后，媳妇用锄头把大石头四周地泥土搅松。

媳妇早有心理准备，可能要挖一天吧，谁都没想到几分钟就把石头挖起来，看看大小，这块石头没有想象的那么大，都是被那个巨大的外表蒙骗了。

这个故事告诉我们，如果你的世界沉闷而无望，那是因为你自己沉闷无望。改变你的世界，必先改变你自己的心态。

卡耐基认为，忧虑、恐惧、憎恨、嫉妒和羡慕，都是受人的思想控制的，当人们干完工作之后，这些情绪就会强烈地撵走人们所有平静、快乐的思想和情结，甚至将人撕成碎片。

有一位曾经非常优秀的年轻女老板，在她结婚后为了好好照顾家庭，把她的生意全部交给了她爱人打理。最初时他们过着非常幸福的生活，随着时间的推移，生意的扩大，他的爱人没有像以前那样多的时间陪伴她。于是，她开始怀疑她老公是不是有外遇了，她开始不信任她老公，开始了电话查岗，开始了突击检查，开始偷翻老公手机的记录，开始闷闷不乐，无论她老公怎么做她都不开心，不再信任他。后来，她老公为了缓解一下紧张的家庭关系，去了外地开拓市场而暂时离开她。可是，她却一点儿也没醒悟，还是一如既往地不信任，甚至变本加厉。终于她精神失常，住进了医院，最后在33岁那年因为抑郁而终。

人们之所以感到忧虑，很普遍的一个原因是想胜过别人或想做某一个人。

第十二章 走出孤独忧虑的人生

我们每个人都必须做我们自己，我们不可能完全像另一个人，我们如果想用一种不属于我们的方式去做一件事情，是不可能成功的。

爱默生说过："每一个人接受教育到某一个阶段，都会得到一个看法，那就是'羡慕即为无知，模仿等于自杀'。不论结果是好是坏，每个人都得以他自己的方式去做。虽然宇宙充满了美好善良，但是他必须在他的一份土地上辛苦耕种，然后有营养的食物才会来到他的面前。一个人体内的力量在性质上是新的，没有别人，只有他自己才知道他体内的力量是什么，以及他能够做什么；而要知道他能够做什么，只有在他试过之后才知道。"

任何要参加卡耐基训练班的人，先要填写一张表，说明为什么要参加，以及想得到些什么。令人惊奇的是，只有少数人写他们的目标要克服忧虑，但是在最后一堂课中，学员们在报告对他们最有帮助的是什么的时候，不少学员都说讨论怎样克服忧虑的书和谈话对他们的生活最有意义。

人有的时候会为那些根本不重要的事而忧虑，他们过分强调在生活中受到的一些伤害，并且经常因此而愤世嫉俗。卡耐基告诉我们的是，培养愉快的心情虽然并不容易，但却是可以通过努力做到的。最重要的一点是，我们没有必要为那些已经发生而且无法改变的事情而烦恼。我们尽可以暂时忘却那些事情，发现工作和生活的快乐。长此以往，我们的心情就会获得持久的愉快感受。

卡耐基认为，不论办公或经营，有很多态度很重要，其中之一便是以快乐的心情去工作。若对工作感到乏味，做买卖也提不起兴趣，是人生中很不幸的事，当然也不会有工作成果可言。因此，即便是再单调的工作，也要愉快地去从事。

那么要如何才能拥有这种心情呢？卡耐基认为，使人适得其所是其中之一，但更重要的是使每个人喜欢自己的工作。如果认为自己的工作跟别人无关，也没什么意义，当然无法对工作感到乐趣。所以，自己应建立正确的经营理念,去执行工作。

因此,不知道如何抗拒忧虑的人,都会短命而死。克服忧虑的心理,才能获得健康的身心,才能获得平安快乐。

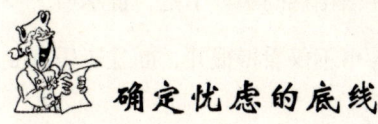
确定忧虑的底线

大家可能都有这样的经历。我们去超市买东西,如果苹果是4.99元一斤,我们就会觉得价格可以接受,但是如果是5元一斤,我们就会觉得很贵。超市也正是利用我们的这一特点,其实在内心,我们对任何事物都有我们自己衡量的标准——就是底限,超过了,我们就不能接受了。如果我们能给生活中的各种忧虑,也划出一条"到此为止"的最低底限,我们就会发现,生活原来可以这么开心愉快。

卡耐基在30岁出头的时候,决定以写作小说为终生职业,想做哈代第二。他充满信心,在欧洲住了两年,写出一部书——他把那本书题名为《大风雪》。这个题目取得真好,因为所有出版社对它的态度都冷得像呼啸着刮过德可塔州大平原上的大风雪一样。当他的经纪人告诉他这部作品不值一文,说他没有写小说的天赋和才能的时候,他的心跳几乎停止了。他发觉自己站在生命的十字路口上,必须做一个非常重大的决定。几个星期之后,他才从这茫然中醒来。当时他还不知道"为你的忧虑订下到此为止的限制",但实际上所做的正是这件事。他把费尽心血写那本小说的两年时间,看做一次宝贵的经验,然后,"到此为止"。他重新操起组织和教授成人教育班的老本行;有时他就写一些传记和非小说类的书籍。

卡耐基认为,只要我们能够定出一种个人的标准,我们的忧虑有一半可以立刻消除。这个标准就是,和我们生活比起来,什么样的事情更值得做。

查尔斯·罗勃兹是一个投资顾问。查尔斯·罗勃兹刚从得克萨斯州到纽约来的时候,身上只有两万美元。查尔斯·罗勃兹原以为他对股票市场懂得很多,可是查尔斯·罗勃兹却赔得一分也不剩。他说,若是他自己的钱,他可以不在乎,可是他觉得把朋友的钱都赔光了是件很糟糕的事。于是,查尔斯·罗勃兹很怕再见到他们。可没想到,他们对这件事不仅看得很开,而且还乐观到不可想象的地步。

查尔斯·罗勃兹开始仔细研究他犯过的错误。下定决心要在再进股票市场前先学会必要的知识。于是,查尔斯·罗勃兹和一位最成功的预测专家波顿·卡瑟斯交上了朋友。这位朋友多年来一直非常成功,而查尔斯·罗勃兹知道,能有这样一番事业的人,不可能只靠机遇和运气。

这位朋友告诉查尔斯·罗勃兹一个股票交易中最重要的原则:在市场上所买的股票,都有一个到此为止的限度,不能再赔的最低标准。例如,若是买50元一股的股票,这位朋友会马上规定不能再赔的最低标准是45元。也就是说,万一股票跌价,跌到比买价低五元的时候,就立刻卖出去,这样就可以把损失只限定在5元之内。

卡耐基认为,"到此为止"的底线原则不仅适用于股票投资,还可以用在这之外的许多地方,对任何忧虑和烦恼,只要你给自己定下"到此为止"的底线,那么结局将会令你万分满意。

纽约有一个叫屈伯尔·郎曼的企业家。18年前,由于忧虑过度而患失眠症。当时他精神紧张,脾气暴躁,情绪不稳,觉得自己快要精神分裂了。

屈伯尔·郎曼当时是纽约皇冠水果制品公司的财务经理,他投资了50万美元,把草莓包装在一加仑装的罐子里。20年来,他们一直把这种一加仑装的草莓卖给制造冰淇淋的厂商。后来有段时间,他们的销售量大跌。

那些大的冰淇淋制造商,像国家奶制品公司之类的,产量急剧增加。为了节省开支和时间，降低成本，他们都买 36 加仑一桶的桶装草莓。

屈伯尔·郎曼不仅无法销售 50 万美元的草莓，而且根据合同规定，在今后的一年之内，他们还必须继续购买价值 100 万美元的草莓。屈伯尔·郎曼已经向银行借了 35 万美元，现在，既无法还清借债，也无法筹集到需要的款项。

这就是屈伯尔·郎曼忧虑的根源。

为了挽救生意，屈伯尔·郎曼赶到在加利福尼亚州华生维里的工厂里，想要让总经理知道情况有所改变。开始不肯相信，经过几天的请求之后，他终于说服不再按旧的方式包装草莓，而把新的制品放到旧金山的新鲜草莓市场上卖。结果，这一做法帮助屈伯尔·郎曼解决了大部分问题。

回到纽约之后，屈伯尔·郎曼又开始为每一件事担忧——对在意大利购买的樱桃、在夏威夷购买的凤梨等等，他都非常紧张不安，睡不着觉。

屈伯尔·郎曼知道了自己忧虑的底线，于是他决定以后不再只生产罐装草莓了，因为那样风险太大，他决定所有的新鲜水果都要有一部分拿到新鲜市场上去卖。这样就不致使资金周转不开，自己每天担心害怕了。

因此，我们每个人都要清楚自己的承受能力，在我们承受能力之内的，我们要努力做到，但是在我们承受能力之外的，我们不要强求。如果过于追求达不到的东西，反而会失去现在已经拥有的美好的事物。

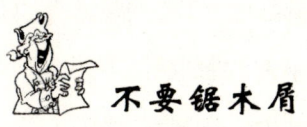 不要锯木屑

在人生的道路上，我们每个人都会遇到很多的艰难险阻，或遭受侮辱、歧视，或者遇到不公正的待遇。当你处在人生低谷的时候，切记千万不要去锯木屑，不要怨天尤人，因为它永远也不会给予我们新的发现。相反，我们要正视

现实，保持良好的心态，寻找一条适合自己的道路，那才是最重要的。

有一天，卡耐基收到了伊丽莎白·康妮寄来的一封信。

康妮在信中说：亲爱的先生，我在给你写这封信时，突然想起了乔治五世挂在白金汉宫上的那句话：不要为月亮哭泣，也不要因事后悔。

那一天，康妮接到国防部的电报，说她的侄儿——她最爱的一个人，在战场上失踪了。她一下子心跳不止，寝食难安。过了不久，又接到了侄儿的阵亡通知书。此时，她的心情无比悲伤。在那件事发生以前，她一直觉得命运对她很好，伟大的上帝赐给她一份喜欢的工作，又让她顺利地抚养大了相依为命的侄儿。在她看来，侄儿代表着年轻人美好的一切。她觉得她以前的努力，现在都应该有很好的收获。

然而，却来了这样一份电报，她的整个世界都被粉碎了，觉得再也没有什么值得自己活下去的意义了，找不到继续生存下去的借口。开始时，她忽视工作，忽视朋友，抛开了生活的一切，对这个世界既冷淡又怨恨。为什么最爱的侄儿会死？为什么这么个好孩子——还没有开始他的生活就离开了这个世界？为什么他应该死在战场上？她没有办法接受这个事实，她悲伤过度，后来她决定放弃工作，离开家乡，把自己藏在眼泪和悔恨之中。就在她清理桌子，准备辞职的时候，突然看到一封已经忘了的信，一封她侄儿生前寄来的信。

侄儿在信上说：要像一个男子汉，要承受一切发生的事情。

她把那封信读了一遍又一遍，觉得侄儿就在她的身边，正在向她说话。好像在对她说：为什么不照他教的办法去做呢？坚持下去，继续生活下去。

从此，她不再为已经过去的那些事悲伤，每天的生活都充满了快乐。

卡耐基读罢这封信，心中涌出了一些感叹：当你开始忧虑那些已经过去的事情的时候，你不过是在锯一些木屑，而这根本是一种无用功，使过去的错误产生价值的唯一方法，就是平静地分析过去的错误，并从错误中吸取教训，然后再忘记错误。

杰克·邓普塞仍然清晰地记得把重量级拳王的头衔输给金·童黎的那一场比赛。到了第十回合完了，杰克·邓普塞虽然还没有倒下去，但脸已经肿了，而且有很多伤痕，两只眼睛几乎无法睁开。他看见裁判员举起金·童黎的手，宣布他获胜。杰克·邓普塞不再是世界拳王了，他在雨中往回走。

一年之后。杰克·邓普塞再次跟童黎比赛，结果仍是如此。杰克·邓普塞为此事确实发愁了一阵子，可是最后他对自己说：我不能生活在过去的阴影里，我要承受这次打击。

于是，他努力忘掉失败，集中精力为未来谋划，他经营百老汇的邓普赛餐厅和大北方旅馆，他安排和宣传拳击赛，举办有关拳赛的各种展览会。这样，他再也无时间也没心思去为过去发生的事情担忧了。

其实，失败是很正常的一件事情。失败是成功之母。失败是通往成功的必经之路。我们不要把失败想象得那么可怕。失败告诉我们，这条路是行不通的，但是反过来他又告诉我们，我们应该去尝试别的途径。

卡耐基认为，如果我们多用一点大脑，提前加以预防的话，牛奶就不会被打翻。可是一旦它被打翻了，我们所能做的，就是把它忘掉，抛开这件事，全身心地关注下一件事。

亚伦·山德士先生永远记得他的生理卫生课老师保尔·布兰德温博士教给他的最有价值的一课。

当时，亚伦·山德士先生只有十几岁，却经常为很多事发愁，为自己犯过的错误自怨自艾。他老是在想他做过的事，希望当初没有那么做；老是在想他说过的话，希望当时把话说得更好。

一天早晨，亚伦·山德士先生走进科学实验室，发现保罗·布兰德温老师的桌边放着一瓶牛奶。真不知道这和生理卫生课有什么关系。突然，老师一把把那瓶牛奶打翻在水槽中，同时大声喊道："不要为打翻的牛奶而哭泣。"

然后，老师把亚伦·山德士先生叫到水槽边上说，好好看看，永远记住这一课。

牛奶已经漏光了。无论你怎么着急，如何抱怨，也不能救回一滴了。我们接下来能做到的就是，吸取这次的教训，去好好做下一件事情。

卡耐基认为，对于聪明人来说，只要有可能，就不会打翻牛奶，成功的人一打翻了牛奶，就会彻底忘记这件事，他们永远不会坐在那里，为自己的错误而悲伤，相反，他们会很高兴地找办法来弥补失误。

乔恩和姑父住在一个抵押出去的农庄上。那里土质很差、灌溉不良、收成又不好，所以他们的日子过得很紧，每分钱都要节省着用。可是，姑妈却喜欢买一些窗帘和其他小东西来装饰家里，为此她常向一家小杂货铺赊账。乔恩姑父很注重信誉，不愿意欠债，所以他悄悄告诉杂货店老板，不要再让他妻子赊账买东西。姑妈知道后，大发脾气。

这事至今差不多有50年了，她还在发脾气。乔恩曾经不止一次听她说这件事。

最后一次见到她时，她已经70多快80岁了。可是，她依旧还在抱怨这件事情。乔恩对她说："姑妈，姑父这样做确实是不对。可是你都已经埋怨了半个世纪了，这不比他所做的事还要糟糕吗？"

过去的事情就让它们过去了，我们再想也不能给现在的生活带来任何改变，那些烦心的小事还会影响我们的生活质量。我们现在所能做的就是把握好今天，去迎接更加灿烂辉煌的明天。

 ## 克服孤独的方法

1930年，哥伦比亚传播组织的创始人威廉·帕利请罗威尔·汤姆斯主持"文学文摘"，一份主导性的每日知识性杂志赞助的电台新闻，汤姆斯邀请卡耐基与《双日》杂志社主编乔治·依利曼共同为节目准备讲稿。

汤姆斯曾为《影响力的本质》第一版撰写绪论，他的签名常在卡耐基的广告上出现。

此书出版后，卡耐基经常到汤姆斯家做客。汤姆斯的孩子都记得有一位友善、愉悦、一头灰发和戴着淡色镜框眼镜的慈长者，常来他家与他父亲亲切交谈。他就是卡耐基。

卡耐基对友谊的感受是非常深刻的，而他对增进友谊的投入也是全身心的。我们可以设想，当一个人孤独地在社会上生活，身边没有一个能够信赖的朋友时，他的事业肯定不会成功。因此，我们有理由相信，卡耐基事业的成功固然与他自己的艰苦奋斗分不开，但是，如果没有朋友之间的相互支持和帮助，卡耐基的成功就不会如此辉煌。

我们应该重视友情，让友谊之花开放在自己的生命之中。

卡耐基告诉我们，寂寞的人永远不明白，爱和友情是不会像包装精美的礼物那样被送到手上的。受欢迎和被接纳从来也不是那么能轻易到手的。人应该努力去赢得别人的喜欢，爱、友情和美好时光是不能通过谈判获得的，我们要面对这些现实！

好几年前，卡耐基认识了这样两个女孩。她们在一间公寓同住，两个女孩都长得十分迷人，也有一份待遇不错的工作，都希望自己有朝一日出人头地。

第十二章 走出孤独忧虑的人生

让卡耐基惊奇的是，其中一位女孩，以她的年纪来说，是相当具有聪慧的。她认为居住在大都市的女孩，尤其是单身女孩，一定要仔细安排自己的生活，并计划自己的未来。她积极参加各种活动。她还加入一个研讨会，甚至选修一门改进个性的课程。她把自己的薪水尽量用来与人交往，并开创出多姿多彩的生活内容。她有适度而愉快的休闲活动，但对于社交关系则相当谨慎。尤其尽量避免暧昧不清的男女关系。

她回想当时她初到大都市的时候，也感到寂寞。但是，她不是像某些男性一样，在海底潜游了半天，却只寻得一块海绵。她知道自己一定要有计划。如今，她与一位聪明的年轻律师结了婚，婚后生活十分愉快。这便是她强调的"要达到目的"的结果——她得到了幸福快乐的人生。

至于另外的那个女孩呢？她当初也很孤单寂寞，却没有细心安排自己的生活。她经常去一些游乐场所或酒吧寻找朋友。最后只是加入了一个俱乐部，协助酗酒者的戒酒俱乐部。

通过对比，可以看出：如果你不想让自己孤独忧虑，就请记住幸福并不是靠别人来布施，而是自己去赢取别人对你的需求和喜爱。

卡耐基说："如果你想成为有勇气的人，那么你就去尝试一些至今从未做过，但却令你胆怯的事情，而且一直到取得相当的成绩为止——这就是战胜恐惧的最佳途径。"

1900年7月，德国精神病学专家林德曼独自驾着一叶小舟驶进了波涛汹涌的大西洋，他在进行一次历史上从未有过的心理学实验，验证一下自信的力量。

林德曼认为，一个人只要对自己抱有足够的信心，就能最大限度地保持精神和机体的健康。当时，德国举国上下都很关注这一悲壮的冒险活动，因为此前已有100多位勇士驾舟横渡大西洋均告失败，无人生还。林德曼推断，这些遇难者失败的主要原因应该不是生理上的因素，而是应该死于精神恐慌、崩溃与绝望，所以他决定亲自驾舟前往，以验证自己的推断。

航行中，林德曼遇到了常人难以想象的困难。特别是在航行的最后 18 天中，他遇到了季风，小船的桅杆折断了，船舷被海浪打裂了，船舱进了水。林德曼有时真有绝望之感。但是这个念头一冒出来，他就马上大声自责：懦夫，你想重蹈覆辙，葬身此地吗？不，我一定能成功！在经历千辛万苦之后，林德曼终于胜利渡过了大西洋，成为第一位独舟横越大西洋的勇士。

因此，在孤独寂寞的时候，在无人援助的时候，只有自信才是最重要的。如果你有孤身奋战的想法，你就有可能被困难吓倒。只有相信自己的能力，才能战胜孤独。

美国有位很有天赋的女歌唱家，刚开始出道的时候，总是唱不好。她非常自卑，也不敢和别人进行交流，感觉自己非常孤独，有时晚上竟然暗暗落泪。在一次大赛中，有位评委看出了问题，对她说，好好唱你的歌，忘掉你的龅牙。原来，她总觉得自己的龅牙很难看，唱歌时也试图掩饰，结果大失水准，而且还不敢向别人提起这个幼稚的问题。现在，她听了这位评委的话后，卸下了心理包袱，结果一唱成名。

如果想摆脱孤独，就要消除自卑的心理。如果自卑，你就会感到别人比你优越，你就不敢和别人交流，结果会使自己更孤单。

摆脱孤独的方法有很多，除了要自信和消除自卑外，还可以多和朋友交流，多向别人诉说不开心的事情。总之，我们的周围有很多朋友，我们要主动请求帮助，而不要等待别人施舍。如果自己不主动，就会感到孤单。当你主动向朋友请求援助，你会发现你并不是一个人，有很多人都在关心你。

第十二章 走出孤独忧虑的人生

如何远离忧虑的危害

在压力日益增大的现代社会，我们面临着越来越大的压力。这也增加了我们的忧虑。我们会忍不住地担心明天会不会被辞退？万一辞退了我又该怎么办？孩子高考要是落榜，我应该怎么安排他呢？忧虑给我们带来很大的危害，使我们失眠，精神萎靡不振甚至带来健康问题。那么我们在日常生活中，应该如何缓解和消除精神上的压力呢？

如果说卡耐基的童年和密苏里州农家男孩子有什么不同的话，那就是受到他母亲的很大影响。他母亲鼓励他读书，希望他将来做一名传教士，或做一名教员。但是，家境的贫困，使年轻的卡耐基必须为受教育而努力奋斗，1904年，卡耐基高中毕业后就读于密苏里州华伦斯堡州立师范学院。这个时候，他家已把原来的农场卖掉，迁到华伦斯堡师范学院附近。卡耐基因为负担不起市镇上的生活费用，就住在农场的家里，每天骑马到学校去上课，是全校600名学生中五六个住不起市镇的学生之一。在家里，他挤牛奶、伐木、喂猪，在煤油灯下刻苦读书。他虽然得到全额奖学金，但还必须参加各种工作，以赚取必要的学习费用，这使他感到羞耻，养成了一种忧虑的心理。他想寻求出人头地的捷径，在学校里，具有特殊影响和名望的人，一个是棒球球员，一个是那些辩论和演讲获胜的人。他知道自己没有运动员的才华，就决心在演讲比赛上获胜。他花了几个月的时间练习演讲，但一次又一次的失败了。失败带给他的失望和灰心，甚至使他想到自杀。

卡耐基曾经一度忧虑过，直到他参加青年会。

卡耐基用他的经历告诉我们：在那些前往医院看病的人中，70%的人只要能够消除他们的恐惧和忧虑、病自然就会好起来，因为他们都是在内心自以为生了病。忧虑就像是在不停地往下滴的水珠，而那不停地往下滴，滴的忧虑，通常会使人心神发狂，甚至自杀。医生所犯的最大错误，就是他们只为病人治疗身体，却不为他们医治思想，然而，精神和肉体是一体的，不能分别治疗。要想远离忧虑的危害，必须首先从精神上将自己解放出来。

女明星曼儿奥白朗告诉记者说她绝对不会忧虑，因为忧虑会摧毁她在银幕上的主要资本——美貌。其实，在女明星曼儿奥白朗刚开始打进影坛时，心里也是既担心又害怕。她担心她刚从印度回来，在伦敦没有一个熟人。初到伦敦后，女明星曼儿奥白朗见过几个制片人，但没有一个肯起用她。她仅有的一点儿钱也渐渐用光了，整整两个星期，只靠一点儿饼干和水充饥。女明星曼儿奥白朗对自己说："也许你是个傻子，你永远也不可能闯进电影界。你没有经验，也没有演过戏。涂了一张漂亮的脸蛋，你还有些什么呢？"

想到这里，女明星曼儿奥白朗照了照镜子，突然发觉到忧虑对她容貌的影响，她看见忧虑造成的皱纹，看见焦虑的表情，她立刻对自己说："你必须立即停止忧虑。你能奉献的只有容貌，而忧虑会毁掉它的。"

忧虑确实会对我们的身体带来很大的伤害，会使我们脸上出现皱纹，会使我们总显得愁眉苦脸，会使我们头发灰白，甚至脱落，会使我们的脸上出现雀斑、溃烂和粉剂。但是忧虑并不能给我们的生活带来任何转机，我们仍然要依旧面对没有解决的问题，仍然要想办法解决。而且，忧虑还会使我们的思维变慢，使我们的思维变得混乱。从上面可以看出，忧虑给我们带来了太多的危害，所以我们要避免忧虑情绪的产生。

格兰特围攻瑞其蒙达9个月之久，终于把李将军手下衣衫不整、饥饿不堪的部队打败了。眼看战争就要结束了，李将军手下的人在烈焰升腾的黑夜里弃城而逃。格兰特乘胜追击，从左右两侧和后方夹击南部联军，骑兵从正面截击。

第十二章 走出孤独忧虑的人生

由于剧烈头痛而眼睛半瞎的格兰特无法跟上队伍,就停在一家农户前,在那里过了一夜。他把自己的双脚泡在加了芥末的冷水里,还把芥末膏药贴在他的两个手腕和后颈上,希望第二天早上能复原。

第二天早上,他果然复原了。可是,使他复原的,不是芥末膏药,而是一个带回李将军降书的骑兵。

当那个军官带着那封信到格兰特面前时,格兰特的头也没有先前疼得很厉害了,眼睛也立刻好了。

格兰特是因为忧虑、紧张和情绪上的不安才生病的。一旦在情绪上恢复了自信,想到胜利,病也就马上好了。

因此,当我们忧虑烦恼时,多想想以前开心的事情,让自己保持积极、乐观心态。试着改变自己的心态很重要。忧虑和紧张,主要都是来自我们的心理作用。只要保持乐观的态度,许多事情并没有我们想象得那么严重!

消除忧虑的灵丹妙药

我们生活在这个社会上,不可避免地要为某些事情担心和忧虑,或者为孩子的成绩发愁,或者为家人的健康担忧,我们身边总有很多烦心事。这些烦心的事情困扰着我们,给我们的生活带来很多不愉快,而且还影响了我们身体的健康。我们应该怎么样才能消除这些忧虑呢?

在学校里,瘦弱、苍白的卡耐基永远穿着破旧的夹克,而且还很不合身,有一种失魂落魄的样子。

有一次上数学课时,卡耐基被老师叫到黑板前解答问题。

当卡耐基走上讲台后,教室里立即爆发出一阵雷霆般的大笑声,老师连续

做了几个保持安静的手势都无济于事。

卡耐基尴尬地呆立在讲台上，深深地埋下头，然后异常窘迫地回到座位，仿佛是上了一次审判台。

卡耐基下课后才明白同学们笑话他的原因。原来，那天卡耐基穿着一件破夹克上学，班上一名叫迈特的捣蛋鬼就坐在他背后，这个捣蛋鬼对卡耐基做了一个恶作剧：他在戴尔夹克破裂处插了一朵玫瑰花，并在旁边贴了一张字条，写着："我爱你，瑞德·杰克先生。"

在英语中，瑞德·杰克与破夹克是谐音词。

受到这样的嘲弄，卡耐基难以承受。当天回家后，他满怀委屈地对母亲说："妈妈，我不想上学了。"

"发生什么啦？上帝，戴尔究竟怎么啦？"詹姆斯太太满脸惊讶和失望。

"因为同学们老是笑我穿的破衣服，我不能集中精力听课和思考。"

詹姆斯太太静静地看了卡耐基大约3分钟，缓缓说道："你为什么不想办法让他们因佩服而尊敬你呢？好了，不必伤心，没有什么，今年秋季，我们一定给你买套新衣服。"

或许是詹姆斯太太的话启发了卡耐基，也可能是出于其他原因，他终于顶住了这次精神上的压力，没有在那一次事情后退学。

卡耐基指出，如果你想消除忧虑，培养平安与幸福，请记住这条规则："要对别人感兴趣而忘掉你自己，每一天都做一件能使别人脸上带来快乐微笑的好事"。

洛克菲勒早在23岁的时候就全心全意追求他的目标。除了生意上的好消息以外，没有任何事情能令他展颜欢笑。当他做成一笔生意，赚到一大笔钱时，他会高兴地把帽子摔到地上，痛痛快快地跳起舞来。但如果失败了，那他会随之病倒。

就在他的事业达到顶峰时，财富像威苏维火山的金黄色岩浆那般，源源不绝地流入保险库中时，他的私人世界却崩溃了。许多媒体和文章公开谴责"标准石油公司"那种不择手段致富的财阀行为和铁路公司之间的秘密回扣，无情地压倒任何竞争者。

在宾夕法尼亚州，当地人们最痛恨的就是洛克菲勒。被他打败的竞争者，将他的人像吊在树上泄恨。充满火药味的信件如雪花般涌进他的办公室，威胁要取他的性命。他雇用了许多保镖，防止遭敌人杀害。他试图忽视这些仇视怒潮，有一次他曾以讽刺地口吻说："你尽管踢我、骂我，但我还是按照我自己的方式行事。"

但他最后还是发现自己毕竟也是凡人，无法忍受人们对他的仇视，也受不了忧虑的侵蚀。他的身体开始不行了。疾病从内部向他发动攻击，令他措手不及，疑惑不安。

起初，他试图对自己偶尔的不适保持秘密。但是，失眠、消化不良、掉头发、烦恼和精神崩溃的肉体病症，却是无法隐瞒的。最后，他的医生把实情坦白地告诉了他：他只有两种选择，一是财富和烦恼，二是性命。他们警告他：必须在退休和死亡之间做一选择。

他选择了退休。但在退休之前，烦恼、贪婪、恐惧已彻底破坏了他的健康。后来，洛克菲勒考虑把数百万的金钱捐出去。但是有时候，做一件好事也并不容易。当他向一座教堂奉献时，全国各地的传教士齐声发出反对地怒吼："腐败的金钱！"当他获知密西根湖湖岸的一家学院因为抵押权而被迫关闭时，他立刻展开援助行动，捐出数百万美元去援助那家学院，将它建设成为目前举世闻名的芝加哥大学。他也尽力帮助黑人。像塔斯基吉黑人大学，需要基金来完成黑人教育家华盛顿·卡文的志愿，他也毫不迟疑地捐出巨款。最后，他又进一步地采取行动，成立了一个庞大的国际性基金会——洛克菲勒基金会，致力于消灭全世界各地的疾病、文盲及无知者。

洛克菲勒在帮助他人的过程中，心理上得到了安慰，渐渐摆脱了忧虑。

萧伯纳说:"让人愁苦的秘诀就是,有空闲时间来想想自己到底快乐不快乐。"

在图书馆、实验室从事研究工作的人,很少有人因忧虑而精神崩溃,因为他们没有时间去享受忧虑这种"奢侈";在烈日炎炎之下劳动的人们也没有时间忧虑……

遇到忧虑,不去想它,让自己忙碌起来,你的血液循环就会加速,你的思想就会开始变得敏锐。让自己一直忙着,这是世界上治疗忧虑的最便宜的一种药,也是最有效的一种。

威廉·卡赛柳斯在加入海岸防卫队不久,就被派到大西洋那边管炸药。他原来是一个卖小饼干的店员,现在居然成了管炸药的人!他一想到自己站在几千几万吨炸药上,吓得把骨髓都冻住了。他只接受了两天的训练,而这两天所学到的东西使他内心更加恐惧。

威廉·卡赛柳斯第一次承担任务时,天又黑又冷,还下着雾。他奉命到新泽西州的卡文角辑码头负责船上的第五号仓。5个身强力壮而又对炸药一无所知的码头工人,正将重2000~4000磅的炸弹往船上装。每一个炸弹都足够把那条旧船炸得粉碎。威廉·卡赛柳斯怕得不行,浑身发抖,嘴发干,膝盖发软,心跳加速。可他又不能跑开,那就是逃亡,不但会丢脸,而且还可能因为逃亡而被枪毙,所以他只能留下来。在担惊受怕、紧张了一个多小时之后,威廉·卡赛柳斯慢慢恢复了冷静,终于能运用常识考虑问题了。他对自己说:"就算被炸着了,又怎么样?反正也没有什么感觉了。这种死法倒也痛快,总比死于癌症要好得多。这工作不能不做,否则要被枪毙,所以还不如做得开心些。"

就这样跟自己讲了几个小时后,他开始觉得轻松了些。最后,终于克服了自己的忧虑和恐惧。

当你忧虑恐惧时,你就要想想你到底忧虑什么,为什么忧虑,然后你才能

第十二章 走出孤独忧虑的人生

想办法克服忧虑。

在我们生活中，有很多方法可以克服忧虑，例如自信、自我安慰或者向别人诉说等等。但是，我们生活中多半忧虑是自己想出来的，所以我们要平静下来，慢慢应对。

第十三章

做人的准则

卡耐基告诉你人性的优点与弱点大全集

ka nai ji gao su ni ren xing de you dian yu ruo dian da quan ji

 ## 面对恐惧的四种态度

在你的生活中，恐惧感是否经常出现？如果是的话，那么我提醒你，应该给自己一些心理暗示，适时地消除这些恐惧，这样才有利于你的身心健康。卡耐基为我们提供了面对恐惧所应具备的四种态度。

第一种：了解。

当恐惧来的时候它是没有办法被扼杀的，也没有办法被控制，它只能够被了解。在此，"了解"是关键词，只有了解能够带来突变，其他没有办法。

卡耐基说："任何东西如果我们走到了它的极限，前面无路可走，回头又没有理由，那么我们就能丢开它，因为我们已经彻底了解它了，那才能做到真正地接纳。"

我们生活得越全然，我们就会越快了解这些恐惧，焦虑并没有那么可怕，牵制我们的是对于没有经历过的生活的欲望，而导致我们对恐惧的种种泛化，所以要充分地去体验生活。而让这个欲望消失，那么不安也就自然消失。

你必须了解恐惧。恐惧是什么？如果心无杂念地生活，恐惧就消失了，恐惧是透过欲望而来的，所以，基本上，是欲望产生恐惧。

所以，请你不要问它如何能够被控制或被扼杀，它不是要被控制的，也不是要被扼杀的，它不能够被控制，也不能够被扼杀，它只能够被了解，让了解成为你唯一的法则。

第二种：增强自信，战胜恐惧。

卡耐基说过："如果你想成为有勇气的人，那么你就去尝试一些至今从未做过，但令你胆怯的事情，而且一直做到有相当的成绩为止——这是战胜恐惧

的最佳途径。"

参加卡耐基教室的人大部分都说，透过课程可以得到很多收益，而最重要的是自信心增加了。到底卡耐基是如何使他们有自信的呢？那就是让班上的每个成员，至少在众人面前发表一次谈话，借着这种自我激励的方法，来克服恐惧感而取得自信。

卡耐基也教导他的助理们，如何消除学习者的恐惧心理及重建他们的自信心。他说："我们要让他们建立新的人生观。如果每个人都能消除恐惧心理而有自信的话，自己的视野就会跟着开阔起来。"

卡耐基发现，助理上的课对于刚到教室的新生，反而比不上毕业生的经验多。因此，他把刚修完课程的人请回来，向新生说明自己如何克服恐惧感，如何增加自信的过程和经验。

卡耐基强调："在日常生活中，培养一个人勇气和自信的最好方法，是让他在大众面前开口说话。因为，光借着听别人说话而从音调、文法、声色上做批评，不但没有办法消除说话者的恐惧感，而且有助长恐惧感的可能。因此，加强对方的勇气和自信，除了让他战胜自己以外，别无他法了。"

纽约卡耐基教室有一位盲眼女士玛莉，每次都由导盲犬带到教室。玛莉最初很害怕在众人面前说话，后来助教及同学一再给她鼓励，两三个星期后，她已不再像以前那么畏惧说话了。又过了几个星期后，玛莉转到别的班级去了。这是一个全新的开始，但是她没有任何的不安和恐惧，她能在大家面前发表演说。她甚至在毕业的演讲词上，说出了自己参加卡耐基课程后得到的自信及收获，并且表示想找一份薪水较高较有成就感的工作。她的同学听了大为感动，都热心地为她写推荐函。

卡耐基课程的基础及激起各教室学员学习意欲的是"勇气"。卡耐基于去世的两三年前，在密尔瓦基举办的工商业者协会的演讲中，提到"勇气"这个话题，他说："与其留给子孙财产，不如留给他们自信和勇气。"当有人问他:"除了在别人面前演讲外,还有什么方法可以培养勇气?"

他在电台的节目中,做了以下的回答,他说——勇气是金钱买不到的,真正的勇气可以用加强腕力的方法来培养。即使你是一个像洛克菲勒或亨利·福特那样有钱的人,你仍然需要一双强而有力的手腕。为了加强手腕,你得每天用手劈木块、用手击沙包。勇气的培养也一样,首先你必须实际锻炼,然后慢慢加强,试着去做原本害怕的事。只要你肯行动,你就算有勇气了。刚开始从两米高的地方跳水时,一定会感到很恐惧,为什么呢?那是因为以前没有跳过,假如有勇气踏出第一步,即使一开始跳得不好,但只要多跳几次,就会成功了,这就是关键。而且你这一次跳一两米,下一次就会想尝试五六米的高度了。

第三种:尝试去做。

麦克斯韦尔定律:"任何事情都看似很难,实质不难,任何事情都比你预期的更令人满意,任何事情都能办好,而且是在最佳的时刻办好。"

许多我们害怕的事,难就难在走出第一步。第一步所需要的决心、勇气和力量,超过了事情顺利进行中的一切作为。就像飞机升空,需要巨大的动力,而平稳飞行时,只需以较小的动力维持即可。

由于消极心态,自我设限,使人遇事总是望而却步,殊不知"进一步海阔天空",一旦做了,就知道没什么大不了的。开始去做,在行为上只是一步之差,在心态上却有千里之遥。俗话说"头难头难,开头难",就是这个道理。因此,"去做害怕做的事"关键还是要从心态上下功夫。

调查研究表明:人们担忧的事情40%从未发生过;30%的忧虑是过去发生过的事情,是无法改变的;12%的忧虑集中于人出于自卑感而做出的批评,这些忧虑是多余的;10%的忧虑是那些琐碎的事情;只有8%的忧虑可以列入"合理"范围,而8%当中有4%的事情是完全不能控制的。以上数据说明,引起害怕的10个问题中,真正值得担忧的问题平均还不到1个。为了尝试去做,你应该：

清楚地认识到：没有人一生从不失败。失败是难免的，重要的是不要空耗时间和精力去回避失败，而要集中精力应付，反败为胜。

认清失败的本质。失败是因为放弃，不放弃就不会失败，只要不服输，失败就不是定局。只有放弃，没有失败。"放弃"有两层含义：一是畏首畏尾，根本不敢去做；二是虽然做了，但浅尝辄止，第一次不成功便鸣金收兵，使原来已有的付出化为乌有，功亏一篑。

把注意力集中于你确信的事情上，这样可以获得更多自信的力量。正如哈罗德·雷蒙在《如何反败为胜》一书中所说："只要我坚信自己正确，我绝不放弃。"

去做害怕做的事，本身就是克服"害怕"的唯一良方，再没有别的捷径。不去做，永远都害怕，做了一件害怕做的事，就不会害怕做第二件、第三件，坚决走出第一步，自然就有第二步、第三步……旅程的那一头，自然就是成功了。当然，人的勇气并不是天生就有的。许多人本身素质、能力并不差，但就是不敢走出第一步，而使自己的潜力失去了充分发挥的机会。正因为如此，我们提倡尝试。尝试是一种锻炼，更重要的是一种发现，是一种自信，也是一种决心。英国的纳尔逊勋爵从小就晕船，坐船是他最害怕的事情，而他却逐渐适应，而且战胜了这个弱点，居然当上了舰队司令。为保卫祖国，他在海上英勇战斗，因摧毁拿破仑舰队，而成为英国功勋卓著、名扬四海的英雄和世界海军史上举足轻重的人物。当我们害怕做某事时，是因为只看到了事物消极（困难）的一面。事物都有两面，如果能以积极的心态，看看事物好的一面（可能性），就会减轻恐惧感，而一旦尝试之后，便会增加信心和勇气。

第四种：转换你的思想。

有这样一则故事，讲一个人死后来到地狱之门受审，撒旦问他："你最害怕的是什么？"他回答道："我什么也不怕。"

"那么，"撒旦说，"你一定走错地方了，我们只接受那些被恐惧所缚的人。"谢天谢地，地狱里竟然没有地方容忍得下毫无畏惧的人。

当不祥的预感、忧虑的思想在你心中发作的时候，你切不可纵容它们，使之逐渐滋长蔓延。你应当立即转换你的思想，向着恐惧忧虑相反的方向去想。如果你正为自己的软弱、自己的准备不周、自己的事业可能失败而恐惧，那么你就得立刻改变你的思想，你要确信你是多么的坚强，多么的有能力，多么的有把握，并且完全有充分的准备来应付更坏的事情。只要你在思想上有了应付恐惧的方法和手段，那么不管遇到什么样的恐惧和烦闷，你都可以步步向前。

当你一觉察到有恐惧、烦闷的思想侵入你的生活中时，你必须立刻让你的心中充满种种希望、自信、勇敢、愉快的思想。

 经常省察自己的内心

卡耐基认为，对自己做错的事，知道悔悟和责备自己，是人们进步和发展的基础。那些不会反省的人不会知道自己的缺点和过失，他们不悔悟，也就无从改进自己、完善自己，进而提高工作的效率。

著名作家李奥·巴斯卡力的作品十分优秀，具有很强的感染力，影响了很多人的生活。

李奥认为自己之所以有这样卓越的成就，完全得益于小时候父亲对他的教育。小时候，每当吃完晚饭，父亲就会问他："李奥，你今天学了些什么？"这时李奥就会把在学校学到的全部知识一一复述给父亲。如果实在没什么好说的，他就会跑进书房拿出百科全书学一点东西，然后再告诉父亲，这才上床睡觉。

每天回顾一下自己一天的工作与学习，这个习惯李奥一直到今天还保持着。这个习惯时时刺激李奥不断地吸取新的知识，产生新的思想，不断进步。

高效率成功人士的特点是每天都反省自己。所谓反省，就是反过来审视自己，检讨自己的言行，看一看自己有没有要改进的地方。

反省是人们自我认识水平提高的动力。反省是人们对自我的言行进行客观的评价，认识自我存在的问题，修正偏离的行进航线。

时下，许多企业、团队都很注重养成反省的习惯，以增强企业、团队的凝聚力和工作效率。

有一家位居世界500强的企业在一天工作结束时，抽出下班前的5分钟，让员工集合起来一起做一次"晚祷"，由上司领头朗诵下面几句话：

我今天的工作是否有缺点？

我今天的工作是否有偷懒的行为？

我今天的工作是否尽了全力？

我今天是否做过损害别人的事？

我今天是否说过不当的话？

也许人们认为这种方式过于呆板，但其精神可资借鉴。对个人来说，方式可以灵活机动些，只要是反省自己，随时随地都可以进行。人们建立自我反省机制的宗旨是为了反观自我的不足，以达到改善自我、提升自我和健全自我的目的。人们要从以下几方面认识反省、看待反省的作用。

反省是人们认识自我、发展自我、完善自我和实现自我价值的最佳方法。你不妨在每天的工作结束时好好问问自己下面的问题：今天我到底学到些什么？我是否对所做的一切感到满意？我有什么样的改进？真诚地面对这些提出的问题，就是反省。其目的就是要不断地突破自我的局限，省察自己，开创成功的人生。如果人们每天都能改进自己，并且过得很快乐，必然能够拥有丰富多彩的人生。

人们之所以要经常反省，是因为每一个人都不是完美的，总会有个性上的缺陷、智慧上的不足，而年轻人更缺乏社会历练，常常会说错话、做错事、得罪人。人们反省的目的在于建立一种监督自我的畅通的内在反馈机制，人们通过这种机制，可以及时认清自己的不足，及时匡正不当的人生态度。良好的反省机制是人们心灵中的一种自我清洁系统或称自动纠偏系统。反省是人们砥砺自我人品的最好磨石。反省能使人们的想象力更敏锐，能使人们真正地认识自我。

反省能使人正视人性的弱点，认识反省自我的必要性。毋庸置疑，"长于责人，拙于责己"或"以自我为中心"是人们常见的毛病。反省要求的是"反求诸己"，而不是找他人的不是。反省自我是一面心镜，人们通过它可以洞观自己的心垢。反省自我，难在你愿不愿意去看到心垢，有没有勇气去洗刷它。

曾子曰："吾日三省吾身。"这是圣贤的修身工夫，凡人不易做得到，但时时提醒自己，检视一下自己的言行并非太难。一个人有了不当的意念，或做了见不得人的事，能瞒过其他任何人，但绝对骗不了自己。人之所以会做对不起别人的事，一方面是外界的诱惑太大，另一方面是自己的欲念太强。常常做自我反省的人，能增强自己的理智，明确地知道什么是自己该做的，什么是自己不该做的。

反省的立足点和取向主要是针对自己的不足。这样做既是自身素质不断完善的手法，又是融洽人际关系的法宝。比如，"自知其短，乃进德之基"、"念自己有几分不是，则内心自然气平；肯说自己一个不是，则人之气亦平"、"先问自己付出多少，再问人家给了多少"等等，都是一些十分有益的反省方法。若能时时这样去反省，你就能使自己心平气和，善结人缘，力求进取，开创光辉的人生。

反省自我的内容就是时时扪心自问言行是否真、善、美。每天进行"心灵盘点"，有益于人们及时知道自己近期的得与失，思考今后改进自己工作、学习与言行的策略。

反省自我的方式可以灵活多样，或写日记，或静坐冥想……反省自己不拘泥于形式，只要认真地去做，便对你十分有用。

只要你关注自身的发展，你就无法回避认识自我。我是谁？我能干什么？我做得怎样？我要到哪里去？跋涉在茫茫的人生旅途，你必须亮起一盏心灯，时时叮嘱自己："一路走好。"只有这样，你的成功之路才能越走越宽广。

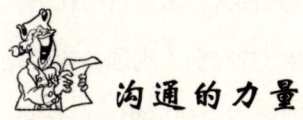
沟通的力量

你别小瞧了沟通的力量，它能穿越江河，也能融化冰川，沟通中蕴含的商机无限，沟通中也蕴含着人情的温暖力量。

卡耐基的观点很明确：沉默并不是金，沟通就是力量。

沉默并不是金，沉默无法解决问题。沉默！沉默！沉默！每一个习惯沉默的人在遇到表达自己的机会时都会不情愿地保持沉默。可是他的心里却一直在说：说话！说话！说话！然而最后还是开不了口，因为沉默是金。

当沉默这种品质被广泛弘扬的时候，每个人或多或少都收敛了说话的欲望，东西可以乱吃，话绝对不能乱说，为了避免不必要的麻烦，只好保持沉默。可是沉默并没有给我们带来方便，我们的人生道路并没有因为沉默而变成坦途，相反还失去了鲜花和掌声。表达是上帝赋予每个人的权利，上帝给我们一张嘴不仅仅是用来吃饭的，说话才是最主要的目的。

我们常常会说"这个人不可理喻"，其实不是这个人不可理喻，而是我们做得不够，我们没有耐心，没有诚心去理解他的行为，他的想法。我们只是以

第十三章 做人的准则

自己的主观判断来下结论，结果当然是错误的。

有一个词语非常流行，那就是"代沟"。说的是父母与子女，长辈与晚辈之间出现的不可逾越的沟壑，做父母的以传统的思想来看待子女，对子女的所作所为这也看不顺眼那也看不顺眼；而子女觉得自己就应该这么做，父母那一套早过时了。于是，父母不理解子女，子女也不理解父母，代沟就这样产生了。

要想真正沟通，必须深入对方的内心世界，了解对方真正在想什么，然后再对症下药，问题就迎刃而解了。

每个人都希望自己成为一个成熟的人，一个受欢迎的人，希望自己在别人眼里是重要的，是被人注意的，但是很多人并不懂得怎样与别人沟通，或者是习惯了自己的沟通方式，不注意言行举止，就往往取得与沟通前相反的结果，造成不必要的麻烦和尴尬。

和别人沟通，我们要注意以下几点：

善用询问与倾听。在对方行为退缩、默不作声或欲言又止的时候，可用询问引出对方真正的想法，了解对方的立场、需求、愿望、意见与感受。之后，专心地、耐心地听对方讲话，就会取得对方的信任，对方就会把自己的心里话和内心感受告诉你。倾听本身就表示你对对方的理解和尊重。在他人讲话时，聆听是一种礼貌和诚挚的表现。客观地替对方着想，听听对方的内心感受，对于了解他人是十分必要的。即使你不同意他人的意见，也要听他把话说完。

相信自己，不卑不亢。成功人士在与别人交流的时候都很自然大方，放得开，他们不随波逐流或唯唯诺诺，有自己的想法与作风，并且很少对别人吼叫、谩骂，甚至连争辩都极为罕见。他们对自己了解得相当清楚，并且肯定自己，他们的共同点是自信，日子过得很开心。有自信的人常常是最会沟通的人。

理解对方，并做出你的回应——点头或者一个微笑。这样做是表示你的友好，降低对方的戒备心，获得好感，引发对方交流的欲望。设身处地为别人着想，并且体会对方的感受与需要。由于我们的了解与尊重，对方也相对体谅你的立场与好意，因而做出积极而合适的回应。适当地提示对方，产生矛盾与误会时，如果出自于对方的健忘，你的提示正可使对方信守承诺；反之若是对方有意食言，提示就代表你并未忘记事情，并且希望对方信守诺言。

应适时地告诉对方你的想法，除非你只想做一个纯粹的倾听者，否则交流就会失败。因为沟通是双方的事情，如果对方在滔滔不绝地说，而你只知道点头，一字不说，那么对方就无法了解你的想法，你的愿望就无法实现。直言不讳地告诉对方你的要求与感受，若能有效地直接告诉对方你所想要表达的对象，将会有效帮助你建立良好的人际网络。但要切记"三不谈"：时间不恰当不谈，气氛不恰当不谈，对象不恰当不谈。

一定要抱一颗真诚的心，这是沟通当中最重要的技巧，也是不需要技巧的技巧。如果你的态度不诚恳会直接导致沟通的失败。不要伪装，不要以为骗得了别人，一切只不过是自欺欺人。那些认为沟通只不过是技术上的东西的人是十分愚蠢的。所有的技巧只不过是增加沟通成功的砝码，而不是决定因素，如果是实在觉得技巧很烦人，那么干脆你就带一颗真诚的心，轻装上阵吧。

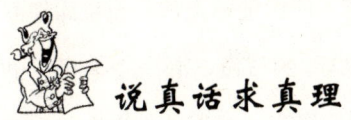 **说真话求真理**

"说真话"很困难，人所尽知，但其所以困难，还因为不单单需要直率的勇敢，难就难在，真相和真理并非如一般想象的唾手可得，似乎只需有"舍得一身剐"的大无畏就行了。往往当人们自以为真相大白、真理在手时，却每每偏离了真实，甚至陷入了谬误。这是因为，就像人的所有能力皆有限度一

样，人的认知能力也是有局限的，知识或科学并不能保证人的万能，专断和偏执更不能。正因为如此，"说真话"并不单纯只需要一种莽撞的英勇，更需要虚怀若谷的胸襟和睿智敏锐的眼力。

卡耐基在培训中，经常训练学员培养胸襟和眼力。说真话，讲诚信，是一个人必须遵守的道德准则，而追求真理，又是一个具有崇高追求的人毕生所要奋斗的目标。

许多人都相信欺骗、说谎，是一种有利的勾当。他们以为欺骗的手段是很值得使用，所以许多声誉很好的商店，也往往要掩饰自己的商品的缺点、坏处，而登载各种欺人的广告。有些人甚至以为，在商业场中，欺骗的手段，简直与资本一样的必需，他们相信要言行诚实，而同时想要营业上得到大成功，这是很难的，甚至是不可能的。

不为利动，没有私心，而在任何情形之下，都要言行忠实。这种美誉，其价值比从欺骗中所得来的利益大过千倍。

没有健全的德性，不能绝对的忠实，社会中这种人很危险。他们在平时也许是愿意站在正直的一方面的，但是一到自己的利害关头时，他们就不说话，不做正直事了。他们也许不正面地说谎、欺骗，但他们往往会留着些作为一个诚实的人所必须说的话不说。

一个言行诚实的人，因为有正义公理为后盾，所以能够无愧、无畏缩地面对世界。他有"自反而不缩，虽千万人，吾往矣"的气概。而一个言行不诚实的人，即会在内心听到这种声音："我是一个说谎者，我不是一个人，我是一个卑污者，一个戴假面具者。"

一个人有着大宗的财产，然而他却为千夫所指戴，为万人所笑地出卖人格，出卖尊严，出卖名誉，出卖一切有人格的人所认为有价值的东西，那么财产对他，又有何用处呢？

我们在说真话的同时，还要求真理。当年牛顿讲微积分，有位小商人发问道:"这学问有什么用?",牛顿气愤地扔给他一英镑,讽刺他道:"这位先生还想从学问里找好处啊!"又过了很多年,爱因斯坦讲相对论,有位贵妇人问:"这有什么用?"爱因斯坦反问道:"刚出生的婴儿有什么用?"

时至今日,那位鄙薄小商人和无知贵妇人关于科学的提问有时还会挂在一些人的口头。他们只关注科学的物质功能,完全不顾科学的内在精神价值,他们只欣赏科学之树上有实用价值的果实,为果树浇水施肥也只是为了日后采摘果实,而要将科学森林中暂时不结果或不以结果为目的的树木统统砍倒,这是一个可悲的事实,由此带来的严重后果就是人类再也不认为科学更崇高的使命是在于对真理的追求。

德国现代教育体制的奠基人洪堡有句名言:"大学是研究学问、追求真理的地方,而不是职业或技术培训中心,更不是卖文凭的机构。"

当你发现自己可能比别人离真理更近时,首先应当肯定别人探求真理的勇气,理解别人把握真理的艰辛不易,宽容别人在寻找真理途中的失误与曲折,同时也谦逊地想到,自己虽然看上去距真理近,但仍可能十分遥远。只有做到这一点,才能真正实现"说真话"的初衷。那意味着,所有的人均以最热切的真诚,投入对真理的探究,相信这一探究是开放的过程,相信这一探究需要不断的相互对话和自我修正,而不是由少数人武断地宣布真理在握,一经道出即是御旨,结果却中断了通向真理的漫长又活力永恒的跋涉。

 拥有一颗体谅他人的心

体谅他人,保留别人的面子,是非常重要的。但我们却经常我行我素,一意孤行,不考虑别人的感受和自尊。事实上,只要稍微控制自我,以温和的预

期来试着了解他人的立场，一切就都会有好转的。

卡耐基告诉我们："一两句体谅的话，对他人态度做宽大的理解，这些都可以减少对别人的伤害，保住他的面子。"

因为你知道什么是自尊，你才能尊重别人；因为你知道被伤害和侮辱的感受，你才不会去伤害和侮辱别人。

人的一生中，有许许多多无可奈何、身不由己的事情，就好比一碗满满的水一样，稍不留神就会溢出来，所以，有些事情难免会影响自己的情绪。先贤们认为利己是不少人的出发点，事实上，这是他们最高道德的训诫的基础，一个人是从自我出发向外延伸的。人的忍耐力是有一定限度的，在自己一时的气愤之下是很难控制自己的情绪，所以在情绪失落的时候，事先要在自己的头脑里思考一下。有一位哲学家曾说过这样一句："体谅好比是一种心理解脱，体谅别人的同时，也使自己得到解脱"，用一颗平常心去对待，给予他人快乐也就是给自己快乐，那样的话便是另一番心境吧！

体谅是一种最有效的心理良药，能使人摆脱不良心境的困惑。所以，当工作中遇到不顺心的事，在还没有了解事情原委之前，要好好想一想，为了不使自己陷入烦恼中或是给他人带来不悦，你不妨先为自己或是对方试想一下，为对方找个能得到自己体谅的理由，当然生活中也是一样的。准确地说，找几个可以让自己平稳心情的理由先说服自己，你心情好了，做事也就顺其自然得好了，做起来也轻松，不觉得吃力。

从心理上讲，幸福和快乐关键在于自己。其实幸福与快乐就在自己的心中，在于自己对人对事的态度。体谅作为一种内心的愉悦体验，是获得幸福快乐的最低成本途径，我们又何乐而不为呢？

在生活与工作中无论你的职位与身份怎么样，做事说话一定要有分寸感，体谅他人的心。如果没有这一点，你就很难是一个成功的人。

一个真正成功的人并非一定要建立在什么伟业之上，或者是一定要有很多很多的金钱,也不是一定要在电台、报纸杂志上都能见到他的事迹甚至他要闻名于世。所谓的成功,不过是一个人的学识、道德、才能发展到了一定的高度,获得了他人的认可。

切记:做一个受欢迎的人,是需要用自己的行动去获得他人的认可,而获得他人的认可的途径之一,就是设身处地为他人着想,体谅他人。

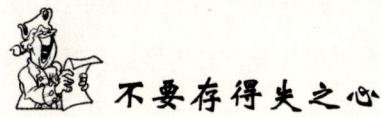
不要存得失之心

心存得失,是人们往往容易在脑中产生的想法,很多朋友都苦恼于这种想法。它很可怕,但又难以去除,它是引发忧虑的最大根源。

卡耐基说过:"就算是以前发生的事情,我们也不可能回过头来纠正他。我们可以想办法改变 10 秒钟之前的事情的影响,但无法改变当时所发生的事实。唯一可以使过去的错误有价值的方法,就是很平静地分析错误,从中吸取教训,然后再把错误忘掉。"

存得失之心,就容易对 10 秒钟以前犯下的错误念念不忘,让它萦绕在脑中,对自己的身心反复折磨。

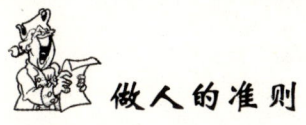
做人的准则

做人的准则,如果讲来,恐怕几万字也说不完,整个社会有一个公认的做人的标准,而每个人心中,又各自有自己的做人准则。卡耐基要告诉你的是,首先应该遵守社会公认的标准，在此基础上，很多做人的准则要靠自己后天的发掘和觉悟。但有一点是非常重要的，就是无论何时，做人一定要诚信、务实。

一个年轻人去拜访一位大师，向他请教为人处世之道，大师给他讲了3个故事。

第一个故事：

从前有两个强壮的青年，一拙，一巧。两人奉命在同一块地上各自挖井找水。很快，两人都挖了两米深，但没有见到有水的迹象。拙者继续在原地深挖，而巧者则换了个地方做新的尝试。如此这般，两人工作了很久。终于，拙者通过不懈的努力找到了汩汩的源泉，而巧者虽然不断地更换地点，终究还是一无所获。

年轻人听罢，若有所悟地点点头，说："我明白，做人就应该持之以恒，不应该朝三暮四，蜻蜓点水，否则终将一事无成。"

大师只是笑笑。

第二个故事：

还是这两个人，巧者经过数次的尝试后，终于在一个地方发现了有水的迹象，于是他在此深挖，最终找到了水源。拙者则始终在原来的地方，一如既往，埋头苦干，越挖越深，结果是虽然付出了很多，却始终没有找到水源。

"这？"年轻人有些迟疑："我想人还是应该不断地总结经验，不断地尝试最适合自己的生存环境，而不应该刻板教条，更不应该执迷不悟。"

大师还只是笑笑。

第三个故事：

两个人虽然都竭尽了全力，但无论拙者挖多深，也无论巧者换多少地方，两个人都没能找到水源。

"为什么？"年轻人疑惑起来："那做人有准则吗？"

"因为这个地方可能根本就没有水。"大师从容道:"其实为人也是如此,生活中没有一成不变的处世原则,一切都要靠你自己去摸索和体味。"

中国人从小就被教育"做人要实实在在,做事要规规矩矩",这是中国人安身立命的基本原则。中国人虽然处世追求圆通,但始终以务实为修身之本。中华文化一直强调"君子务实",务实的具体表现为,做人重诚信,不伤害其他人,并且以诚恳的态度对待别人。

知错能改,善莫大焉,一个人能认识自己的过错,进而改变自己的行为,正是务实、务本的实践,也是对待自己的最佳途径。

成功离不开实实在在做人、规规矩矩做事,但只是实实在在做人、规规矩矩做事并不一定能成功,这只是基础工程。就像打地基一样,地基稳,才能在上面建造高楼大厦,但地基并不等于高楼大厦。所以务实只是本分,守本分之外,需要进一步持经达变,培养自己的随机应变能力。

如何培养自己的随机应变能力?最好是多看、多听,先了解环境,再适应环境,然后才动脑筋改造环境。多看、多听、多问,并不一定只限于正面的、好的东西,对于那些负面的、不好的东西也要了解一下,这样有助于防患于未然。记住,此处只是教你多看、多听、多问,但要少说,正所谓言多必失,贸然说出一些话来,固然痛快,却也很快就要承受某些痛苦。但少说并不意味着不说,否则就是矫枉过正。只有你看准了、想明白了再说话,才会言必有中,每一句话都合理,这样比较妥当,也会受欢迎。胡言乱语,不但让别人看不起,而且降低了自己的信用。

在不忘本的情况下权宜应变,才不致乱变。人际关系是不进则退的,就好像一株幼苗,需要时时浇灌才会茁壮成长,否则的话就会枯死。如果不能随时注意调整,久而久之,人际关系只会转坏而不可能转好。培养自己的应变能力,因时、因地而制宜,才会增进与别人的良好人际关系。

务实的同时必须适当地调整,使根本稳固。因为所有的事物都是时时刻刻

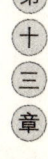

第十三章　做人的准则

在变化的，必须富于改善意识，运用精锐的眼光，发挥自己的智慧，不断寻求改善。我们常说随机应变，就是说，任何事情都需要因人、因地、因事、因时而制宜，不可以一成不变，但是"不可乱变"，不可以为了求新求变而忘本。有所变还要有所不变，变来变去都能够务实，才是以不变应万变。

总而言之，务实、诚信，是最基本的做人准则，坚守这一点，你的行为才会于社会、他人、自己有益。

 思想决定人格

卡耐基告诉我们，一个人是怎么想的，就会成为怎样的人。他的思想就仿佛是一位艺术家一样，一边塑造着远景，同时也为人生加添许多色彩，它或者鲜明，或者黯淡。一个人身体体质的强弱，决定于食物的营养，而一个人一生之可喜可悲，则决定于他的思想。

当一个人独处的时候，就会搭上思想的列车，向前奔驶。他这一生是否感觉快乐，是否没有虚度，对别人是否有帮助？都要看这列思想列车行驶的方向，它所载的行李，以及沿途经过些什么地方。

一个人生活的习惯、特殊的嗜好，会决定这个人的一生是以不断遇到波折、以致最终以惨败结束，还是步伐坚定往前迈进，逍遥自在，毫不畏惧。它们也能决定，他是满怀信心生活，还是踌躇不定？是勇气百倍，还是畏首畏尾？是充满希望，还是前途茫茫、毫无盼望？

这个时代的人生悲剧，就导因于错误的思想，内心不正常的冲突，以及纷扰的情绪。总而言之，当人心理不够健全，情感不够成熟，缺少一种不可遏抑的热情时，错误的思想会把他从内心那阴森森的丛林中引导出来。《拿破仑传》中叙述说拿破仑小时候上学时，有一次在课间被高年级的学长教训，并被打得眼圈发黑；他并不服气，在下个课间又去找那个学长理论，结果被打成了熊猫眼（两个黑眼圈）；他还不服气，又在下一个课间去找那个学长理论，那个学长问："小子，你想干吗？找死啊？"拿破仑说："对的，我打算一直找你，直到被你打死。"那个学长有点犹豫了，拿破仑说："除非你跟我道歉。"学长无奈下说了对不起，结果拿破仑却抬了下头说："你早说的话，早就没有事了，害我找你两回。"转身走了。这种毫不畏缩的思想和大度的气概决定他的命运是不平凡的。

事实上，一个人心理上的恐惧、荒谬的偏见、疯狂的幻想、毫无理性的褊狭与憎恨，会把他弄得支离破碎，狼狈不堪，致使他不能充分有效地发挥聪明才智。

一个人心里是怎么想的，以后就会表现出来，就产生怎么样的人生观。情绪是推动引擎的蒸汽。狂野而未经驯服的性情会使我们疯狂，以致一败涂地，不可收拾。这就是我们必须找到思想和情绪的宝钥，并善加应用的理由。

有时候，人之一生几乎在一瞬间来个大转变。伟大的爱情，真诚的友谊，找到了迫切等着完成的工作……以上所举种种以及其他类似事件，都可以改造、重塑一个人的人生观。

假如我们仍旧抑郁、忤逆、自视甚高或者太过自卑、心智不正常、心里总往阴暗面想，那么人生便不值得活下去，更不用提什么快乐幸福和对社会有所贡献了，对自己对身边的人都是一种折磨。而一种习惯性的不愉快心境，会使人生黯然无光，也会最终毁了自己的一生。为此，我们必须把一切事情弄得明明白白，要有个计划，要努力调整自己的气质、改善情绪习惯、驱散黯淡心境，不管这种心境是由于恐惧、妒忌、还是气馁所引起的。试着在一周内或者更长的一段时间里，采取积极的想法，找出人生最好的一面，只想可喜的、善意的事情，不容许自己心中有消极的想法存留下来。这样耐心地调理练习，心境就会慢慢地趋于平静，找到新的平衡点，哪怕是在开始时，仿佛在自己愚弄自己，只注意自己，但是这样做是值得的，因为在如此短暂的时间里，我们养成了良好的思想习惯，获得宁静的思想是多么的令人舒畅。

思想决定人格，不管我们把这种修养称为心灵的祷告也好，或者称为心智锻炼也好，只有有了修养，有了积极的思考习惯，才能拥有完善的人格，整个人生将有一番新气象，一定会感到很快乐。

信心是人类最伟大的力量

所谓信心，并不是指没有证据便加以采纳和相信，而是指不畏艰难，照样去做。所以，信心是指凭着意识，勇敢地去做，贯彻始终，以事实证明我们所信的是事实。

卡耐基认为，信心是人类最伟大的力量之一。它对人类的重要性，正如电在物理学中的意义一样。他曾说：“你心里想什么，就会成为什么人。征服畏惧、建立自信最快、最确实的方法，就是去做你害怕的事，直到你获得成功的经验。”

培养自信心是卡耐基课程训练的主要目的。大部分参加的学员说他们虽然也得到其他的益处，但是自信心的增加则是最主要的收获。

卡耐基的方法是如何做到了这一点呢？要求班上每一个学员，在每一堂课里，都至少要乐于听、又乐于给予班里的同学讲一次话。"参与"可以培养出客服畏惧所需要的信心。

信心像镭锭一样，是一种机动性的力量。不过这种力量不是普通的力量，而是一种在我们内心活跃着的力量。正如我们的身体是凭着食物所产生的热能构筑起来的一样,我们的生命之所以活跃、有意义、有用,并不是凭自己的力量,而是因为我们从另外一个来源获得了力量。

一个人的信心不是空喊口号就可以得来的。自信必须建立在客观的自我评价基础上,知道自己的优点,知道自己的不足,才可以从容应对难题。自信更要有坚强的实力垫底,否则你所谓的自信,不客气地说只能是自大。没有实力垫底的自信永远是苍白的。

在美国宇航中心的大门上,写着人类对宇宙的一句豪迈宣言:只要人类能够梦想到的,就一定能够实现。多么充沛的自信!信心是人类最伟大的力量,是"不可能"这一"毒素"的解药。永远不要怀疑自己的能力,只要信心不失,勇敢尝试就会成功。

心存疑惑,就会失败;相信胜利,必定成功。相信自己能行的人,必能成就事业;认为自己不能行的人,一辈子一事无成。

美国南北战争结束后,一位记者去采访林肯,问他:"为什么上两届总统都曾想过废除黑奴制,《解放黑奴宣言》也早就草拟好了,可是他们却都没有签,难道是有意把这一伟业留给您去成就英名吗?"林肯回答:"可能有这个意思吧。不过,如果他们知道拿起笔需要的仅是一点点的勇气,我想他们一定很懊恼。"这位记者没来得及问下去,林肯的马车就离开了,因此,他一直都没弄明白林肯的这句话到底是什么意思。

直到林肯去世50年后,这位记者才在林肯写给朋友的一封信中找到了答案。在信中,林肯谈到幼年时的一段经历:"我父亲在西雅图有一处农场,上面有许多石头。正因如此,父亲才得以用较低的价格买下它。有一天,母亲建议把上面的那些石头搬走。父亲反对,他觉得不可能,因为那些石头是一座座小山头,都与大山连着,否则以前的主人不会以那么低的价格卖给我们。有一年,父亲去城里买马,母亲带我们在农场劳动。母亲说,让我们把这些碍事的东西搬走,好吗?于是我们开始挖那一块块石头。结果没过多长时间,就把它

第十三章 做人的准则

们都弄走了，因为它们并不是父亲想象的山头，而是一块块孤零零的石块，只要往下挖一英尺，就能把它们移动。"

林肯在信的末尾还说，有些事情人们之所以不去做，只是他们认为不可能。而许多不可能，只是存在于人的想象之中。

的确，很多时候，困难都只是我们想象出来的，当你被自己意想中的困难吓住时，张口而出的常常是"我不行、我不能、我做不到"，一旦你这样告诉自己和别人，你就只能站到失败一边了。学着相信自己，不要被问题的难度所困扰，拿出勇气去想应该怎样解决问题。告诉自己"我行、我可以、我做得到"，你会惊喜地发现，你真得做得到。

每年都有大量的年轻人踏出校门寻找工作，还有许多不满于现状的人也在寻找更合适的工作，他们都"希望"能尽力向上爬，享受随之而来的成功果实。但是他们中绝大多数人都不具备必需的信心与决心，因此他们无法达到顶点。而正是因为他们相信自己达不到，所以也就找不到登上顶峰的途径，他们的作为将一直停留在一般人的水平。

但是还是有少数人真的相信他们总有一天会成功，只要抱着"我就要登上金字塔的顶端"的积极态度来进行各项工作，仔细研究成功经理人的各种作为，学习他们分析问题和做出决定的方式，并且留意他们如何应付进退，就一定可以达到目标。

拿破仑曾经说过："我成功，是因为我志在成功。"信心可以为一个人提供巨大的支持力量。如果拿破仑没有志在必得的信心，就无法感染、聚集那么多想要建功立业的年轻人到他身边，当然成功也就与他无缘。

米莉刚刚离开学校步入社会的时候，所从事的工作与她的专业基本没有关系。她非常紧张自己的表现，唯恐做不好。她一边努力进入状态，一边又不由自主地关注别人对她的看法和评论，包括头发式样、指甲颜色、口红质地，这一切小事米莉都不能放心自己。她向朋友诉苦："我完全没有自信，老是感觉灰头灰脑的。"后来,当米莉凭借自己的努力做出优秀的业绩时,这种不安就自动消失了。她后来总结说:"其实,自己对自己客观真实的评价才应该是最重要的,这种评价才会给人真正的自信。"

从活在别人的标准和眼光中的不安到相信自己判断的坦然,促使米莉心态发生变化的是实力。有实力就不怕风吹草动,更不会有风声鹤唳的威胁。

不管你有多少真才实学,如果你没有信心,不能充分表现出来,那么别人仍然无法对你有信心。一个自信的人,敢于正视别人。正视别人,传递的信息是:我很诚实,而且光明正大。我告诉你的话是真的,你可以信任我。

一个自信的人,要勇于表达自己的观点。不论参加什么性质的会议,你最好能主动发言,不要等到最后。要做破冰船,做第一个打破沉默的人,而不要担心自己的观点不成熟、不完善。没事的,要争取机会多发言,这是信心的"维生素"。

一个自信的人,乐于展露发自内心的笑容,真正的笑不但能治愈自己的不良情绪,还能缓解别人的敌对情绪。俗话说,伸手不打笑脸人。如果你真诚地向他人展颜微笑,任何人都很难对你生气。

信心是人类最伟大的力量,真正的自信来自于端正的行为,只有你相信自己正在从事的事业是正确的,对社会、对大众是有益的,才可能会有"纯洁的自信心"。

第十四章

不要为工作和金钱而烦恼

卡耐基告诉你人性的优点与弱点大全集

ka nai ji gao su ni ren xing de you dian yu ruo dian da quan ji

正确处理夫妻间的职业冲突

婚姻就像穿鞋子，舒服不舒服，只有脚趾头知道。这个比喻耐人寻味。现代社会普遍存在一种偏见，认为男主外，女主内，如果女性也要事业，那么你必须同时做好"主内和主外"两个大事。这就需要正确处理好夫妻之间的职业冲突。

在卡耐基的生活中，卡耐基夫人扮演的角色，首先是一个妻子。

卡耐基夫人桃乐丝是一位好妻子。

桃乐丝之于卡耐基，既有普通妻子的温柔与体贴，也有她独特的生活方式。作为一个名人的妻子，桃乐丝无法摆脱丈夫事业的影响，更何况她本人对丈夫的事业也持积极的态度，并愿意为此而与丈夫站在一起，继续扩展已经辉煌的事业。

一天傍晚，当卡耐基一家在加拿大度假时，桃乐丝告诉她的丈夫卡耐基说她想跳舞。然而卡耐基却不想与妻子一起去舞厅，他只想早些就寝。

为了让桃乐丝有事可做，以避免因无所事事而产生的烦闷，卡耐基建议她为妇女编写课程。这一建议无意间又促成了另一项事业，而且，她也试着鼓励开设以妇女自我发展为内容的桃乐丝·卡耐基课程。

桃乐丝认为，这个课程不仅是对妇女产生魅力的另一门课程，而且，也试着鼓励妇女扩大她们的心志水平，并希望这种训练能被视为一种老年保险。因为随着年龄的增加，社会的发展，妇女自身各方面素质的提高都是非常必要的。

桃乐丝为开创这项事业付出了20年的努力，但结果是没有赚钱。在20世纪60年代末期，她被迫取消了这一课程。

尽管桃乐丝·卡耐基课程最终以失败告终，但却促使卡耐基夫人写出了她的第一部著作。1953年，灰石出版社发行了她的《写给你的》一书。

桃乐丝没有把这门课程看作福利性教育，她认为，我们不是这里的慈善家。桃乐丝曾对一位新闻记者表示："我们做生意的目的就是为赚钱。"

桃乐丝对财富有其独特的视角和观点。她认为，要想拥有财富，单靠运气、继承遗产或高智商，还远远不够。在很多情况下，致富靠的是勤奋工作、坚韧不拔的毅力以及自我约束的控制力。

桃乐丝曾经指出，不少住着豪华别墅，开着高级轿车的人，并非家财万贯。他们的确拥有一笔数目可观的钱，可同时，他们也花钱如流水，挥金如土。所以，他们实际的家财都被用于消费之中。

只有不到一半的大富豪居住在豪华的富人区。人们应当意识到，财富并不等于收入。桃乐丝说，假如你每年挣100万元，然后又把它们全部花光，你就不可能富有。你不过是在过着一种富裕的生活。财富是积累起来的，一味花钱并不代表你拥有财富。

桃乐丝说：聪明的富人在住房、汽车、度假和娱乐上花的钱远远低于他们的财力。因为在这些方面花钱几乎得不到什么回报，他们更乐意把钱用在投资或贸易方面。事实上，一幢豪华的住宅根本算不上是一种投资。假如花15万就能买到一幢不错的房子，为什么要花50万呢？那多出来的35万完全可以存入银行吃利息或投资股票。当你买下一幢豪华的住宅，你也就买下了一种豪华的生活方式，你的财产税、装修费、保险费都非常之高，而且，富人区商店里的价格也同样相当高。

卡耐基认为，许多男人创造出来的伟大的成就，可能都是因为他们无私的妻子愿意和丈夫一同尝试新的机会，而且愿意放弃物质享受，因此她们的丈夫才能够去做更适合他们个性的工作。

自古以来,男主外女主内,女性在漫长的历史中总是依赖男人主持一切。女性尽管辛苦,但对社会的责任小。但是,现代竞争的社会把女性和男性推到同一竞争场所。为了发展自己,女性不再依赖他人,她们将从弱者变成强者。

詹妮弗·彻尼就是一个例子。詹妮弗·彻尼是个典型的女强人。她从不相信传统的成功之路。因此,她常常由于不遵循传统之道而受到非议。她不想把精力都放在家里,从小就想有一番自己的事业。

詹妮弗·彻尼在纽约州立大学只读了一年就退学了。她认为四年大学好像是中学和进入现实社会生活之间的一段间歇。她不愿花这么长时间休息,而决心进入商界挣100万美元。

她先进入一家缝纫厂做服装烫皱褶工人,在厂里以惊人的速度取得进步。每当有人离开这个艰苦的岗位时,她便对老板说:"我能把活接过来吗?"后来,她开始从事销售工作,仍是以好学和拼命的精神投入工作,3年内工资由每年8000美元提高到50000美元。此时,她意识到在这里已干得差不多了,于是辞去工厂的工作。

她的父母和丈夫都劝她回大学读书:"你别发疯了,你再也挣不到那么多钱了。"

但彻尼不听劝告,她对从宝石到保险业的销售行情进行了调查,最后加入贝奇房地产公司。头一年对彻尼来说很不顺利,她做的几笔买卖都失败了,几乎没挣到什么钱。她白天东奔西跑,晚上到夜校读房地产经营的课程,孩子也没有时间去管。有一次夜里,孩子发高烧,彻尼和丈夫就赶快把孩子送到医院,丈夫看到身边消瘦的彻尼,实在不忍心彻尼一夜都陪在这里,担心她明天白天的工作。于是就让彻尼回去休息,他一个人在这里就足够了。彻尼看着丈夫理解的眼神,心里很是感动。因为彻尼在别人眼里,一直是批评的对象。在丈夫的理解和家人的关心下,彻尼在第二年生意开始兴隆起来。那年她拿到100万美元的佣金。但当她刚做完一笔最大的交易后,就被老板解雇了。彻尼

认为这是由于老板嫉妒她。

彻尼没有被打垮。在丈夫的安慰下,彻尼痛哭了一场,接着又参加了夏皮罗房地产公司。

仅仅一个星期,该公司买卖的成交额就增加了一倍。

彻尼终于获得了巨大的成功。她在一次采访中说,这些成就应该归功于她的丈夫,是他的默默无闻的关心给了她在外拼搏的动力。她还说,以后她会把自己的精力多投入一些到家里,学着做一个好妻子。

其实,现代女性作为一个社会角色,只要她能协调好各方之间的关系,能够给人安全和温和的感觉,就能够给群体以更多的快乐。

日本独立公司是专为伤残人设计和生产服装而建立的。这家公司的老板是一位叫木下纪子的妇女,过去她曾管理过两个室内装修公司,并且小有名气。可是,正当她在选定的道路上迅速发展的时候,不幸降临到她的头上,她突然中风,半身瘫痪了,连吃饭穿衣都难以自理。

丈夫看到她精神不振的样子,安慰她说,不要悲伤,我会永远陪着你的。你要相信自己。

当她从极度的痛苦中摆脱出来,清醒思考的时候,她知道自己必须振作起来。

穿衣服虽然是个小事,但又是每天都遇到的事情,对一个残废人来说又多么重要啊!难道就不能设计出一种供伤残人容易穿的衣服吗?

一个新的念头突然而至,使她顿时兴奋起来。她忘记了自己的痛苦,甚至忘记了自己是一个左半身瘫痪的人。

木下纪子根据自己的设想加之以往管理的经验,办起了世界第一家专门为伤残人设计和生产服装的服装公司——独立公司。

木下纪子按残废人的特点及心理,设计出适合伤残人穿的服装。独立公司开张后生意日益兴隆,有时一个季度就可销售50000多美元的服装。

由于她事业上的成功，在日本这个以竞争著称的国家，竟得到了10家不同行业的支持，木下纪子还准备把她的产品打入国际市场。她的这一计划不仅得到日本政府的支持，同时也得到了外国友人的帮助。

不但木下纪子有自己的事业，她的丈夫也有独立的事业。虽然他们工作很辛苦，但他们很幸福，他们彼此相互鼓励，共同进步。

其实，作为一个和睦的家庭，夫妻间要相互体谅，相互关怀。事业的冲突需要两个人的共同努力来解决。夫妻子女间的和睦相处，相得益彰。只有内部和谐了，才有外面的成功。

处理金钱的烦恼

我们总会埋怨挣的钱太少，不够我们花的。每天为了金钱而苦恼，精打细算地过每一天。其实，我们是否想过，如果我们突然涨工资了，那我们还会为钱发愁吗？我们依然这样，在这个社会上有很多具有诱惑性的东西，我们每个人都想拥有更多的东西，因此我们才会为钱而苦恼，让我们合理安排我们的生活吧，那样我们就不会为钱而烦恼了。

卡耐基先生曾经也有过财政困难的经历。卡耐基曾在密苏里的玉米田和谷仓做过每天10小时的劳力工作。他辛勤地工作，直至腰酸背痛。他当时所做的那些苦工，并不是一小时一块美金的工资，也不是5毛钱，也不是10分钱。他那时所拿的是每小时5分钱，每天工作10小时。

卡耐基知道一连20年住在一间没有浴室、没有自来水的房子里是什么滋味；知道睡在一间零下15℃的卧室中，是什么滋味；知道徒步数里远，以节省一毛钱，以及鞋底穿洞、裤子打补丁的滋味；也尝过在餐厅里尽点最便宜的菜，以及把裤子压在床垫下的滋味——因为没钱将它们交给洗衣店。

然而，在那段时间，卡耐基仍设法从收入中省下几个钱，因为如果不那么做，心里就不安。由于这段经历，他终于明白，如果你我渴望避免负责以及避免金钱烦恼，我们就必须和一些公司一样：必须拟订一个花钱的计划，然后根据那项计划来花钱。可惜，我们大多数人都不这样做。

卡耐基认为，对于大多数人而言，多挣些钱并不能解决他们的财政困难，事实上，当他们的收入增加之后，并没有什么大的作用，反而突然增加了开支，也增加了令人头痛之事。

卡耐基认为，人的烦恼70%都和金钱有关，而许多人在处理金钱时，却往往十分盲目，结果给自己带来无穷无尽的烦恼。

罗马政治家及哲学家塞尼加也说："如果你一直觉得不满，那么即使你拥有了整个世界，也会觉得伤心。"

我们之所以会为金钱苦恼，是因为我们一直在追求我们希望得到的东西。其实，只要我们懂得，即使我们拥有整个世界，我们一天也只能吃三餐，一次也只能睡一张床的道理，我们就不会整日为金钱而奔波。

萧恩，轮胎模具有限公司董事长兼总经理，在公司严格禁止员工赌博。他制订了一个规章制度：在公司，如果发现员工赌博一次罚款100元，第二次就罚200元，第三次就要开除。他认为，钱应该花在合适的地方，他的员工应该学会理财。

亚诺·班尼特初到伦敦时，立志做一名小说家。当时他很穷，生活压力大，所以他把每一便士的用途记录下来。后来他十分欣赏这个方法，不停地保持这一类记录，甚至在他成为世界闻名的作家、富翁，拥有一艘私人游艇之后，还保持这个习惯。约翰·洛克菲勒也有这种记账的习惯。他每天晚上祷告之前，总要把每分钱花到哪儿去了弄个一清二楚，然后才上床睡觉。

我们每个人都应该做一个真正适合你的预算，把钱用在合适的地方，不要因为工资的增加而加大你的开支,那样你永远都会为金钱所累,永远体会不到生活的快乐。

 **做自己喜欢的工作**

我们每个人都喜欢做自己喜欢的事情,但是,大多数人都认为这说起来容易做起来难。生活的压力、环境的驱使,有时候不得不使我们做我们自己并不喜欢的工作。先有生存,先有温饱,然后才能谈发展。

其实,做你喜欢做的事并不意味着做此时此刻最想做的事,即使是爱因斯坦也会有想喝咖啡的时候。它只是要求我们喜欢工作多一点,喜欢享受少一点。做自己喜欢的工作,相对成功的机会大一些。

卡耐基并不是一开始就选择了后来的生活道路,他经历了一系列的曲折。卡耐基也干过推销员的工作。

1908年4月,国际函授学校丹弗分校经销商的办公室里,卡耐基正在应征销售员工作。

卡耐基终于找到了一个工作,他的任务是推销国际函授学校丹弗分校的教学课程。

对此结果,卡耐基是非常高兴的,因为对于一个刚跨出校门的急于成功的青年来说,第一次应聘就顺利地通过,已是相当幸运的了。卡耐基掩饰不住内心的兴奋,他憧憬未来光明的前途,仿佛一条发财的大路已在他脚底上延展开来。尽管每日两美元食宿费外加佣金的工作算不上高薪的职业,但与父亲相比,已经相当不错了。

卡耐基抵达俄玛哈后,换上崭新的衬衫,认认真真地打好领结,把皮夹克刷得干干净净,擦亮皮鞋,信心十足地走进了阿摩尔总公司的办事处。

卡耐基不喜欢推销员工作,在无尽的忧虑中度日如年,精神上遭受着极大的折磨。但一扇光明的窗户正向他打开,那就是从事写作,把自己的所思所观所想写出来。有一天,他决定换一种生活。他认为,他不会因为不当推销员就会失去什么东西。明天,他就按图索骥地去应聘,找一份新的工作,一边工作一边写作,他要当一位全世界人民都爱戴的伟大作家。

卡耐基对艺术非常向往,他希望自己能成为一位出色的演员,在从事两次推销工作的中间一段时间,他曾尝试着去当一名演员。虽然他没有成功,但谁又能否认他在众人面前无与伦比的讲演口才,不正是一名优秀演员的最好表现呢?

为了自己的梦想,卡耐基辞去了推销员的工作,并决定为自己的梦想奋斗。

卡耐基认为,成功的第一要素,就是一定要喜欢你的工作,或者做你喜欢的工作,如果你喜欢自己的工作,即使工作的时间很长,但你却丝毫不会觉得是在工作,而是在做游戏。

菲尔·强森的父亲开了一家洗衣店,他把儿子叫到店中工作,希望他将来能接管这家洗衣店。但菲尔痛恨洗衣店的工作,所以懒懒散散,提不起精神,只做些不得不做的工作,其他工作则一概不管。有时候,他干脆"缺席"了。他父亲十分伤心,认为养了一个没有野心并不求上进的儿子,使他在员工面前深觉丢脸。

有一天,菲尔告诉他父亲,他希望做个机械工人——到一家机械厂工作。这位老人十分惊讶。不过,菲尔还是坚持自己的意见。他穿上油腻的粗布工作服工作,他从事比洗衣店更为辛苦的工作,工作的时间更长,但他竟然快乐地在工作中吹起口哨来。他选修工程学课程,研究引擎,装置机械。

而当他1944年去世时,已是波音飞机公司的总裁,他曾制造出"空中飞行堡垒"轰炸机,帮助盟国军队赢得了世界大战。

的确,因为喜欢,可以兴趣十足,充满激情地工作,就算一天工作十六七个小时,你也不会觉得很累。但是做一份自己不喜欢的工作,每分钟或许都充满了埋怨,没有热情去创造更多的价值。

比尔是美院的人体模特,美院的老师和学生都喜欢比尔做他们的人体模特,比尔因此成了美院优秀的人体模特之一。

比尔在美院的收入是每天25美元,做了两个月的人体模特,有了一些积蓄后,他就离开了美院,尽管他也很喜欢这个职业,喜欢那里的老师和同学,但是他知道这并不是自己的追求,他必须尽早离开它,去做他喜欢的事。那便是唱歌。

比尔在离地铁近的地方租了间平房,安顿下来后,就跑到音乐器材商店买了一把吉他,又去服装店买了身像样的衣服,经过简单地武装后,就抱着吉他来到了地铁口,正式做起了一名地铁歌手。比尔这样做,并不表示他是一个胸无大志的人,他也想成为一名签约歌手、当红歌星,但是就目前这种状态,他是不敢往深处想的,只能从最低级的地铁歌手做起。

地铁口给比尔的最初印象只是匆忙,来来往往的人总是脚步匆匆,这些都是匆匆过客,也许有的人只能见这一面,以后就再也没有机会见到了。

只有一个人能坚守在这里与比尔长期相伴,她就是在地铁口乞讨的老妇人,从比尔来到这个地铁口唱歌那天起,就看见她一直跪在那儿打躬作揖,向人乞讨。

比尔觉得她很可怜,不知她有没有结过婚,有没有子女,是子女没有赡养能力,还是子女不孝,把她看成了累赘不管她?总之,一个人老无所养,只能靠别人的施舍了此残生,的确值得同情。

有一次,比尔见老妇人的生意不太好,在那儿跪了一天也没有多少进账,就往她的盘子里扔了1块钱硬币,老妇人听见当"啷"一声响,抬头见是他,便冲比尔笑了笑说:"大兄弟,你在这儿讨钱,我也在这儿讨钱,大家都不容易,你还给我什么钱呀!"

这位妇人年龄比比尔大许多,却谦虚地把他称作"大兄弟",老妇人的那句"大家都不容易",其实是挺幽默的一句话,可比尔听了不知怎么鼻子一酸,差点流下了眼泪。

能在这儿做自己喜欢的事,是比尔多年的梦想,这种追求难道是一件值得别人同情的事吗?

比尔将来不一定非要走红歌坛,这种愿望对比尔来说从来就没有过特别强烈的时候,比尔只喜欢水到渠成的东西,做自己喜欢的事,并且努力把它做好,能否得到别人的肯定、能否成为著名歌手并不重要。比尔有自己的梦想,他只是喜欢唱想唱的歌,即使只能像现在这样坐在地铁口抱着一把吉他自弹自唱,他也无怨无悔。

工作是增添生命味道的盐,健康的机体离不开它。一个人活着也离不开工作,你必须先爱它,工作才能给予你最大的恩惠。喜欢自己做的事,热爱自己做的事,其实也就是做自己喜欢的事。

卡耐基说过,工作,深刻地影响你的一生,如果你决策得当的话,它可能成全或造就你,甚至会对你的健康产生重要影响。祝福那些找到自己心爱工作的人,他们已经不需再祈求其他的幸福。

美国心理学博士雷米曾做过专门研究,发现世界上最忙碌最紧张的名人们,通常要比普通人寿命高出29%;失业率每增加1%,死亡率增加2%。他还发现,外出工作的妇女,要比家庭妇女发病率低,不工作的人比有工作的人健康状况差。

法国雕塑家罗丹说:"工作就是人生的价值,人生的欢乐,也是幸福之所在。"英国作家卡莱尔说:"工作是个人最健康的锻炼。"

工作不仅可以创造财富,实现人生价值,而且可以给个人带来欢乐,带来健康与长寿。紧张的工作可以排除人们的孤独感、寂寞感与忧愁感，做一份自己喜欢的工作给人带来充实和欢乐，使人保持良好的情绪。

小王自小就对画画就很有天赋，小学时书本的空白处几乎都让她随手涂鸦地画了很多的小插图，长大后就特别喜欢那些工笔仕女图，后来自己开始临摹书上的仕女，不过小王除了上学时学的美术课之外，再不曾正规学过美术，一切就是凭着喜好。

因为喜欢那些仕女，小王最大的爱好就是收集任何和仕女有关的图片，比如火柴盒、邮票、扑克等等。不过刚刚工作时，小王还会在闲暇时随便画画，甚至报名参加美院的函授班，托人在外地买了不少美院的资料，自己找了位美术老师学习。

有天小王的父亲拿回一张招生简章，说是美术专业的。那时小王刚结婚，而且也有份不错的工作，不过在她内心真的很希望辞掉当时的工作去专心地学她喜欢的美术。

小王的父母比较支持她，但是也看得出他们对于小王辞掉工作也不是十分同意，希望小王自己仔细考虑。可是小王的老公却竭力反对。在老公的劝说下，加上小王父母也在他们朋友中征求意见，对于戴斯辞掉工作他们从一开始支持到后来也开始有些动摇，就这样，小王放弃了那次机会，这种遗憾一直持续到后来。

因为画画，加上小王母亲喜欢剪裁衣服，对衣服的挑剔，小王对当时街上的很多成衣包括裁缝店那些衣服满意的很少。不少服装杂志上那些合体大方的服装她总想在第一时间拥有，于是小王竟然异想天开地想自己设计服装。

小王一直没有放弃对自己梦想的追求，她找了家服装裁剪学校去熏陶了一个月，一个月时间的收获就是自己裁剪了一件系扣子的短袖上衣，而且是独立完成的，后来小王母亲也说小王好像是有点天赋。

在小王的一再要求下，最后小王的老公和父母终于同意了小王辞去工作，去开一家服装设计店。虽然开始遇到了困难，但是一路走下来，小王还算成功，她现在已成为拥有4家连锁店的老板了。

卡耐基仍然奉劝年轻朋友们：不要只因为你家人希望你那么做，就勉强从事某一行业。不要贸然从事某一行业，除非你喜欢。不过，你仍然要仔细考虑父母给你的劝告。他们的年纪比你大，他们已获得那种唯有从众多经验及过去岁月中才能得到的智慧。但是，到了最后分析时，你自己必须做最后决定。因为将来工作时，体会快乐或悲哀的是你自己。

因为喜欢，才会去努力实现。因为想实现，才会去努力。所以，做一件让自己喜欢的工作非常重要。

感到疲劳之前先休息

在每天的工作生活中，总会碰到很多的朋友说工作好累，生活好累。好像他们一直都处在疲惫的状态，没有让自己真正地放松过。他们认为只要保证了时间，就保证了工作的进度。其实，不是这样的。"磨刀不误砍柴工。"在我们感到疲劳之前，我们就要先休息。一小时的休息并不是在浪费生命，它能够让你多保持清醒的时间，使你能够做更多清醒而有效率的事。

卡耐基认为，任何一种精神或情绪紧张，在完全放松之后就不可能再存在了。这也就是说，如果你能放松紧张情绪，就不会再有忧虑了。经常休息，照你自己的办法去做，在感到疲劳之前先休息，那么你每天清醒的时间就可以多增加一个小时。

好莱坞一位电影导演杰克·查纳克告诉人们，这种办法确实可以产生奇迹。几年前他常常感到筋疲力尽，什么办法都用过，喝咖啡、吃维生素和别的补药，一概无济于事。随后，他试了这种方法，两年后出现了奇迹。他现在每天能多工作两个小时，而且很少感到疲劳。

爱迪生认为他无穷的精力和耐力，都来自他能随时想睡就睡的习惯。福特过80大寿时说："我能坐下的时候绝不站着，能躺下的时候绝不坐着。"

相关研究证实：预防"学习疲劳"的最好办法，是在感到疲劳之前先休息。例如，吃过午饭后小睡10~20分钟，能够防止下午经常出现的疲劳。若晚饭后再睡上10~20分钟，不但可以将学习时间延长，而且整个晚上的学习效率能显著提高。

丹尼尔·何西林说："休息并不是绝对什么事都不做，休息就是修补。"在短短的一点休儿息时间里，就能有很强的修补能力，即使只打5分钟的瞌睡，也有助于防止疲劳。

贝德汉钢铁公司佛德瑞克·泰勒工程师对产生疲劳的因素，做了一次科学性地研究。他认为，工人不应该每天只能往货车上装15吨的生铁，而应该装47吨，而且不会疲劳。

为了证明这一点，泰勒选一名工人来做试验。他指挥工人搬生铁。工人拿起一块生铁，边走边休息。结果怎样呢？别的人每天只能装15吨生铁，而这位工人却能装47吨。研究发现，虽然休息的时间比工作时间还多，工作成绩却差不多是其他人的4倍。

棒球名将康黎·马克说，每次出赛之前如果不睡一个午觉，到第5局就会觉得筋疲力尽了。可是如果他睡午觉的话，哪怕只睡5分钟，也能够赛完全场，一点儿也不感到疲劳。

我们的心脏每天压出来流过全身的血液，足够装满火车上一节装油的车厢。心脏能完成这么令人难以相信的工作量，而且持续50年、70年甚至可能90年之久，怎么能够受的了呢？哈佛医院的华特·坎农博士解释说："绝大多数的人都认为,人的心脏整天不停地在跳动着。事实上,在每一次收缩之后,它有完全静止的一段时间。当心脏按正常速度每分钟跳动70下的时候,一天24小时内,实际的工作时间只有9小时。也就是说,心脏每天休息了整整15个小时。"

心理治疗专家们都说,我们所感到的疲劳,多半是由精神和情感因素所引起的。英国最有名的心理分析家德费,在他那本《权力心理学》里说:"绝大部分我们所感到的疲劳,都是由于心理影响。事实上,纯粹由生理引起的疲劳是很少的。"

芝加哥大学的艾德蒙·杰可布森博士曾说:"如果你能完全放松你的眼部肌肉,你就可以忘记你所有的烦恼了。"在消除神经紧张时,眼睛之所以这样重要,是因为它们消耗了全身散发出来的能量的1/4。这也就是为什么很多眼力很好的人,却感到"眼部紧张"的原因。

保罗·山普桑就是一个很好的例子。以前,他的生活紧张忙碌,总是紧紧张张的,从不晓得使自己轻松一下。

他每天晚上下班回到家里时,总是精神沮丧,忧虑重重,精疲力竭。为什么?他每天早上总是急急忙忙起床,匆匆忙忙吃早餐,匆匆忙忙刮脸,匆匆忙忙穿衣,然后急忙开车上班,他紧紧抓住方向盘,仿佛它随时会飞出窗外一般。他很迅速又紧张地上了一天班,然后匆匆忙忙赶回家,到了晚上,他甚至想急忙入睡。

他这种紧张生活实在太严重了。因此他向人求救。得到的建议是:随时都要想到轻松——在工作、开车、吃饭、入睡之前,都要想到放松自己。

从那时起,保罗·山普桑就开始练习使自己身心放松。每天上床睡觉前,他并不急着入睡,而先使自己身体彻底放松,呼吸也倾向平稳。早上醒来后,觉得已得到了充分的休息。现在,他无论开车,还是吃饭,心情轻松了许多,为了安全,他驾车提高警觉,但已不像以前那样紧张了。

因此在疲劳之前先学会休息非常重要。怎样才能做到这一点呢?

1. 要明白休息并不意味着长时间的睡眠

休息就是在工作劳累的时候，在办公桌上稍微趴下休息或者四处走走，放松心情。中午休息也很重要。如果你住在一个小城市里，每天回去吃中饭的话，饭后你就可以睡 10 分钟的午觉。如果你没有办法在中午睡个午觉，至少要在吃晚饭之前躺下来休息一个小时，这比饭前喝杯酒要便宜得多了。

2. 做任何事情都要放松

精神过度紧张容易导致疲劳。所以无论做任何事情，我们都要调整好心态，学会把事情看得平淡，不要每天都生活在紧张的气氛中。

 如何让你青春永驻

岁月悄悄地流逝，不知不觉中，皱纹蹑手蹑脚地爬上了你的面庞。这是多么令人苦恼。我们每个人都不希望自己变老，纵然是岁月无情，但仔细想一想，我们采取怎样的措施才能减慢衰老的趋势，我们究竟怎样才能做到这一点呢？

卡耐基认为，减轻忧虑、青春永驻的最好办法，就是和你信任的人谈论你的问题，把你心底里的话说出来。就相当于给你的"心病"打一针强心剂。

我们都知道一个人的心情怎样对生活是无比重要的。然而，并不是每个人都能以好心情来度过每一天。坏的心情，会严重影响生活的质量。卡耐基看到了培养心情的重要性。他认为，首先要培养自己的好心情。

亚瑟·罗勃兹在纽约市卡耐基班上说出他为儿子瞎操心的故事。1960 年早期，很多美国青年背上小背包云游四方，他的儿子也这样做。亚瑟·罗勃兹和他太太给吓糊涂了。他们在报上看到年轻人在路上遭到攻击的事；在搭便车的时候给大卡车撞倒，沦入吸毒、太保帮派，或受到其他坏影响。每次电话铃

响起，他们就吓得要死，恐怕传来什么可怕的消息。

后来，他们接受了卡耐基的忠告：根据平均率，看看所忧虑的事发生的机会有多少？后来他们发现出走的青年中只有极小部分遇到过麻烦。他和他太太从此就不再过度紧张了，后来他儿子3个月后回来了。

凯瑞来到纽约，想开创一番演艺事业。来到这里后，她不得不和更有天分的男女青年竞争，结果并不很好。她觉得和其他年轻人相比，她并不是能在演艺界获得成功的材料。为此她烦恼了好几个星期，晚上睡不好。最后她终于告诉了父母。仔细思考下，发现自己也没有别的特长，就决定回学校读书，取得教师资格。

一个人把忧虑憋在心里，不告诉任何人，就会造成精神紧张。我们都应该让别人来分担我们的问题。

卡耐基认为，要想使青春永驻，就要使别人感到高兴。

有一个农家的女子，在一整天劳累的工作后，当快要吃饭的时候，她在那几个男工面前，大声吆喝起来。那些男工问她，是不是疯了？那女的回答说："哦！我替你们做饭，已经做了20多年，那么长久的时间，我从没有听到一句表扬的话。"

相反，帝俄时代的莫斯科和圣彼得堡，养尊处优的那些贵族们，他们很注重礼貌，这似乎已成了那些贵族们的一种习惯。当他们吃过一桌可口的菜后，一定要请主人把厨师叫到外面餐厅，接受他们的赞美。

要想青春永驻，就要取悦别人，赞美别人。别人高兴了，你的心情也能愉快。

卡耐基认为，要学会微笑。

每天给他人一个微笑，友好的阳光会洒遍我们的周围；真诚和善意的微笑，使我们的心灵像绽放的玫瑰，它可以化干戈为玉帛，化乖戾为祥和，正所谓"我见青山多妩媚，青山见我一如是"。

每天给自己一个微笑,快乐的天使会一直陪伴在我们左右。微笑是一种力量,是一种良药,是保持心情愉快、青春永驻的秘方。对自己的微笑,使你睿智、幽默、坚定和乐观。

第十五章

修身养性,完美人生

卡耐基告诉你人性的优点与弱点大全集

ka nai ji gao su ni ren xing de you dian yu ruo dian da quan ji

终生求学

卡耐基告诉我们，求学是为了探求真理，一个人从娘胎里"呱呱"坠地、来到人世间，相伴而生的还有无数个"未知"，数不清的"疑问"。探求真理是人的本能。终生求学，活到老，学到老，才会永远紧跟这个社会的发展潮流，不会被社会淘汰。

求学是为了自身发展的需要。人具有生物和社会两重性，人之所以为人，主要在于其社会性。人首先要自立于社会，其次还要服务于社会，而且人服务于社会最终也要通过自身的发展来实现。求学无疑会加快人的社会化进程，促进人的社会化程度。说得直白一点，求学归根到底是为了自己、为了自己发展的需要。

求学是学习的佳境。当今社会已步入一个学习化的崭新时代，终生学习的理念已深入人心。"不进则退"的观念已经不合时宜，"慢进则退"正在成为现实，不学习就要落后，就要被时代所淘汰。在这样的时代大背景下，求学理所应当成为学习的最佳境界，而且"活到老、学到老"，学无止境。

国家社会的发展实现了对传统教育观念的超越。19世纪以来，终生教育的问题已被许多学者认识。1965年保罗·郎格朗在提交教科文组织的报告中提出终生教育思想。当时这种全新的教育思想因其反映了教育与社会动态发展相协调的趋势而在世界上广为流传，成为众多国家教育发展的指导。

人处于社会发展的中心，是推动社会前进的动力。人在一生中出于自己生存发展的需要，出于外部环境的压力，出于对人的生活质量、人的尊严和生命价值的追求，自我意识不断地觉醒，应终生进行学习。这是人在社会生存的最佳的选择。人是社会的主体，人也是学习活动的主体。

学习贯穿于人从生命开始到结束的全过程。人在一生中都需要发展，因而人总在自觉地或不自觉地进行有意识的或无意的学习。人处在一个动态发展的社会环境中，信息技术的发展使社会变迁的速度更快，社会对人在社会中生存所具有的整体素质要求也在变动之中。人的一生是一个逐步成长的过程。

终生学习的目标，是个体发展的目标和社会发展的目标两大方面。在雅克·德洛尔（1996）向联合国教科文组织提交的报告中对教育目标的认识是："教育的任务是毫无例外地使所有的人的创造才能和创造潜力都能结出丰硕的果实……这一长期而艰巨的目标的实现，将为寻求一个更加美好、更加公正的世界做出重大贡献。"

学习目标和教育目标是一个问题的两个方面，然而，教育目标是以教育者为主体的对于受教育者的发展需求，而学习目标因人在学习中主体地位的确定，更尊重个体的个别性，注重个体潜能的不断发挥，以提高个体生存的质量，优化个体生命的过程，最终在建设更为美好、公正的社会的同时，实现人的生命的价值。有了每个个体充分地成长，也就有了社会整体的进步。确切地说，终生学习的目标是个体发展目标和社会发展目标的协调与统一。

终生求学，是个体发展和社会发展目标的个重要途径，所以，从现在开始，坚持不懈地学习吧。

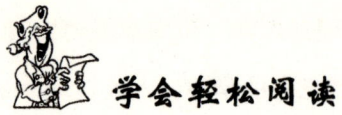
学会轻松阅读

你可曾为阅读过程的痛苦而苦恼？可曾因此就厌恶读书和学习？如果你有的话，那么卡耐基将告诉你，应怎样学会轻松阅读。

轻松阅读，最主要的是要对阅读书籍树立正确的态度。阅读，能够帮你更好地生活。

阅读书本能带来修养、知识甚至财富。但是书本不意味着生活。生活是一个更为复杂的概念。这就是为什么有的人在接受高等教育后走上社会仍无所适从的原因，因为他没有学会阅读书本以外的事物。他没有意识到身边有那么多事物可以阅读，值得阅读。

"三百六十行，行行出状元。"并不是每个人都拥有普希金的大脑，莫泊桑的洞察力，泰戈尔的情思。但我们最起码要让自己尽量优秀，我们也要善于生活。"人吃饭是为了活着，但活着不是为了吃饭。"真正了解生活，实现生活的价值。对每一件事物，都保留一个正确的态度。

每一季盛夏残冬，每一个清晨黄昏，每一次晴初霜旦，每一阵鸟语花香，都是自然的无私给予，都是自然的点滴暗示。无限的奥秘都蕴含其中，只有懂阅读并且轻松阅读的人才能不枉自然的一番煞费苦心，才配拥有自然的智慧之精华。

请学会阅读，轻松阅读，去做生活的强者，做一个真正会生活的人。轻松阅读，你的生活会更加富有色彩和情趣，你的思想会更加富有创意和个性。学学神农尝百草的精神吧，你所看到的，所听到的，所闻到的，所想到的，通通不要轻易放过，请怀着轻松的心态细细咀嚼，慢慢品味。让这一切拓宽你的视野，陶冶你的情操，实现你的人生价值吧！

自尊自重

人活在这个滚滚红尘里，最重要的是要学会如何做人。但是，要做一个人，还必须要有自尊与自重，使自己拥有一颗坦荡又充实的灵魂，足以用来承受这命运里的种种风风雨雨的打击，也对得起自己为人一世，更对得起父母赐予我们的生命与养育之情。

卡耐基告诉我们：一个人活在世上，一生第一重要的，就是如何做好一个有自尊自重的人。如何做好一个人，比作成功某件事、交好某个人要重要得多。当然，并不是说做人与做事是分开的独立的。

一个人做事成功并不代表他（她）做人也必是成功的。一个人无论是事业或是学问，不管做得是如何成功，都不能说明什么，这个人有可能做人也做得很成功很好，但是也有可能做的很差很坏。我们不能根据他成功与否去判断所有事，而是要看他是怎么做事的，做事的态度又是如何的。

一个人，不能受制于外在的因素，外在的因素，也不应该成为人生的主要目标。因为外在因素不是我们可以支配的，一个人所能支配的唯有对这外在因素的态度，简单地说，也就是如何做人。

一个人活着，最重要的不是幸福或是不幸，而是无论幸福还是不幸，都要保持一个人做人的正直与尊严，也就是自尊自重。事业与爱情也是相当重要的，但是远比不上做人重要。因为，如果一个人做人失败了，那么他（她）的人生总体上都是失败的。做人最关键不是在社会上占据了什么位置，过着什么样的生活,而是你自己究竟是一个怎么样的人。

一个自尊自重的人,不会轻易去侮辱其他人的,因为当你侮辱了某个人的同时,你也等于侮辱了自己。所以有一点请注意,在人的一生中,活的有尊严有人格胜过于一切。

自尊自重是人生美德。莎士比亚曾经说过:"没有自尊心的人即等于自卑。"自尊是自重的标准,自重是自尊的条件,要自尊,先必须自重,能看重自己,才能摆正自尊的位置。自尊自重能改造天下,自卑者则被天下改造。人们应自尊自重,尊重自己的生活和价值。

大人物之所以高大,最主要的原因是有些人内心的自卑感,让你总觉得自己不如人或是你仰慕他人的光环,却忽略了自己的生活和价值,忽略了自尊自重。做人处事首先要自尊自重,尊重自己的生活和价值。人与人之间是相互平等的,都应自由平等地体现各自的生活和价值,尊重自己的生活和价值。在现实生活中只有尊重自己的生活和价值,才能生活幸福美满。跪拜大人物对自己的生活毫无益处,相反会影响你的生活水平,家庭的和谐。所以人们要自尊自重,只要自己瞧得起自己,自强不息,锲而不舍,精进如斯,也是一种成功。让我们自尊自重自己的价值吧。

 培养和谐的个性

卡耐基告诉我们,对年轻人来说,最重要的工作就是战胜自己,战胜那个被教育、环境所误导的、不和谐的自我。如果做到了这点,他们就拥有了一个完善的个性。

现在的时代是讲求个性的时代，这是"人"的觉醒、时代的进步。但个性不能走极端，不是随心所欲，不是一味地以自我为中心。有人说：艺术的极端是痴，思想的极端是疯。可见极端是要不得的。

这里所说的个性，是指一个人性格的主侧面。个性有好也有坏，低劣个性祸国殃民，所以发扬优良的个性，抑制恶劣的个性，是个人之幸，社会之幸。

作为单个人，每种优良的个性都是值得尊重的，但个性的张扬也不是永无止境的。人处在社会中，并非生活在真空中，因此人和人打交道就不能只考虑自己的个性。

一个社会需要和谐，要和谐就不能只考虑自己而不管其他。一个团体，大到国家、政党，小到单位、家庭，要想顺利发展和谋求幸福，既要尊重个性的活力，又要顾及到团体的利益和他人的需求。

优良的个性理应得到尊重，人需要充实自己、不断发展。另一方面，规则也必须有，必须不断改进。从古到今，真正意义上的改革和革命，法律的一次次修改，不正是在改进和发展社会规则吗？社会的现代化，需要人的现代化。没有人的素质提高、没有人的个性优化，哪来社会的全面进步？只有物质的现代化，没有人的素质的全面提高，不是完善的社会进步和真正意义上的现代化。人的发展和社会的发展应该是相辅相成的。社会和谐发展的真正目的，不正是为了改善人们的物质条件、完善快乐的个性，为了创造人的幸福生活吗？

人世间绝对的自由是没有的，人人都追求绝对自由，最终也就没了自由，比如人人都不顾红绿灯的约束，人人都不考虑其他的车辆，结果只能是人人都失去了可贵的自由，现场一片混乱。可见，在现实社会中个人的生存总要遵循一定的规则。

一个有活力的整体不是一团泥，而应是一袋豆，既要遵守团体规则的约束，又应适当保持相对独立的自我。谁都需要自我空间，这是人的天性使然，这样的团队才是我们共同期待的。

或者说，一个有活力的社会应该像一支训练有素的球队，他们活跃在球场上，既有团体合作精神，又尽最大力量发挥个性，表面看去很凌乱，实则活而有序。遵循一定的规则，又合作又讲个性，这样的球队才能精神高昂，活力四射，团队蓬勃向上，个人心情舒畅、个性飞扬，在发展团体的同时，也实现了自我。

一个家庭何尝不是如此呢？既要和谐，也要个性的。促成家庭和谐的因素自然有许多：比如生理因素、物质因素、文化因素、道德因素、情趣因素、心理因素，等等，自然也少不了个性因素。家庭不能抹杀每个成员的本性和个性，应该给每个人留出一定的个人空间，但也应该有一定的共同规则。

与朋友、同事、领导相处何尝不是如此呢？也是要亲密有间的，也要尊重对方的感觉。距离产生美，为了长久保持友好的关系，反倒需要自觉保持一定的距离，不能过分侵占别人的空间。有时候不即不离关系反而更好，天天腻在一起、不分彼此，保不了哪一天总会有反目的时候。

总而言之，人有权追求自己的风格，有权张扬自己的个性，有权追求属于自己的幸福。但人是社会的人，张扬个性应该以尊重他人、不妨碍社会为前提。我们都是普通人，在遵从法律、尊重核心价值和公共道德的同时，每个人都应活出自己的个性，释放自己独特的光彩。每个人都有自己的想法，都有权伸展个性，只要不妨碍他人，不必压制和强求统一。另一方面，个性自由是个历史的、发展的过程，为了自己，也为了社会、单位与家庭的和谐，我们又该遵循"和而不同"的原则，追求自由应现实、应适度。

一个成熟的社会、家庭或公民，都应该要和谐、不求统一，要成功、不求完美。我们应该在发挥自己活力、张扬自己个性的同时，尊重、宽容和悦纳他人，努力做到并存与互容，以求互不妨碍、多样统一，只有这样才能实现良性互动、和平共处，才能最终达到和谐共赢。

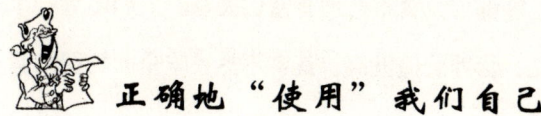
正确地"使用"我们自己

人的身体是一个运转相对平衡的有机体，在没有外界干扰和内部各器官、各组织正常的情况下，这个平衡的有机体将会保持平衡状态运行下去。但是，如果一些外部的不良因素介入，这将会干扰到身体的平衡，这种不平衡状态积累到一定程度后，不适或疾病就会给我们发出信号。所以，卡耐基告诉我们，要正确地"使用"我们自己，才能保证身体健康。

传统的健康是指一个人生理功能状态良好、没有疾病。这种提法是片面的，不正确的。世界卫生组织提出"健康不仅仅是躯体没有疾病，而且还要具备心理健康，社会适应性良好和道德健康"，这是全面的健康标准。

现在判断健康的标准是：有较强的抵抗力和免疫力，不容易生病。一旦感染上了疾病要有较快的恢复力。性格开朗，心情愉快，精力充沛，生气勃勃，生命充满活力。

怎样正确地"使用"我们自己呢？

首先，注意保持个人卫生、环境卫生，穿着要舒适。

第二，要有全面均衡的营养膳食，以提供人体所需要的各种物质、能量。

人是活的生物机体，总在不断地进行新陈代谢，各种细胞都在不断更新，也就是说原有体内维持生命的各种营养物质在不断的消耗，需要不断的补充，才能保持身体健康。如果营养补充不足，体质肯定不好，甚至会出现各种各样的病态。

有人认为现在生活条件很好，吃的也不错，营养足够了。但是我可以肯定地说，你是吃不全你需要的全部营养的，甚至会吃出病来。因为人需要的营养是全面均衡的，缺少了不行，过盛了也不行。当前许多所谓"富贵病"如糖尿病、肥胖症、高血脂、高血压等都与饮食不合理有密切关系。人们还有一个误区，就是认为吃高热量的食品，营养价值就高。其实不然，吃全面均衡的营养物质才能健康。

第三，适当运动，补充营养。运动可以促进血液循环、增进食欲、增强代谢，也有助于人体对食物中营养素的吸收和利用。"生命在于运动"，运动就可以健康长寿。但不能忽略了营养物质的补充。没有无源之水，无本之木，如果只有运动消耗体力，没有足够的营养补充，摄入与支出不平衡，天长日久，免疫功能低下，就会出现各种疾病。运动要适量，运动过量也对身体有伤害。

第四，要有平和、快乐的心态，这是心理健康的重要标志。心理健康就可以延缓衰老，增强免疫力，流行病学早就报导说，癌症的发病率与战争有直接关系。很多国家战争年代癌症发病率都高，我国10年浩劫时期也有很多老干部死于癌症，这都与心态不平衡有关。因为癌细胞每人身上都有，当你身体强壮时癌细胞处于沉睡状态，临床也常见到带癌生存多年者。当你免疫功能低下时，癌细胞就活跃，可以侵害人体各个器官发生癌症。所以人生在世，不要斤斤计较，过分攀比，要知足常乐，自得其乐。

第五，要有适当的休息和充足的睡眠。睡眠可以使人体进行自我调理和消除疲劳，提高自身免疫功能，不要过于紧张，要注意劳逸结合。

第六，定期检查身体。早期发现疾病隐患，早期治疗。

第七，戒掉不良嗜好。如，吸烟、酗酒。

第八，要控制用药。"是药三分毒"，服药会加重内脏的负担，人多少都有一些疾病，要尽可能由用药物治疗转为非药物治疗。

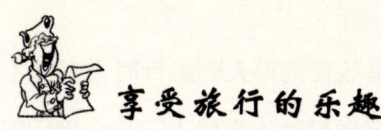
享受旅行的乐趣

如果不能很好地享受旅游的乐趣，那么最好还是别去旅游。

卡耐基告诉我们，旅行的乐趣是无限的，就在于你如何去挖掘。如果你不认为旅行给你带来乐趣，那么，旅行所用的时间，还不如去做些别的让你愉悦的事。

比如说，如果你喜欢出国追求时尚，观看不同风格的建筑、村落和田野，并对这些景物评头品足，大加贬抑，那你最好还是在家闲着好了。

再比如，如果你只是想打破生活的秩序，逃离一段时间，辛辛苦苦跑到外边，却无所事事，那么旅行对你来说根本没有多大的意义。同样，如果只想抽闷烟的话，也没有必要去旅游。

有些人可能没走多远就享受到了旅行的乐趣，而另一些人绕世界一周也兴致黯然。

要旅行的时候，最好用心去看，去品味。虽然都是旅行，但其实差异很大。我们每个人都知道，我们是通过各种感官来认知这个世界的，视觉的作用尤其重要，所以旅行时一定要多看。

旅行时，随身携带上纸和笔，将那些打动你的景物或事情随时记录下来，当然，你所要记录的不仅是事实确凿，还要记录你当时的感想。如果你擅长绘画，就会发现画一些树木、植物、花朵、鸟兽的素描是非常有情趣的事情。如果你与艺术无缘的话，也可以随便勾勒几张自己喜欢的草图留存。

总之一句话，就是多尝试。这样，旅行回来的时候，你就可以通过多种方式展示一下你的成果,而不仅仅是滔滔不绝地讲述你所看到、听到和了解到的。

另一建议是,旅行时最好不要看书。虽然我觉得人们旅行时看书并不是为了向别人彰显他的勤奋好学,但我的确碰到过这样的人:几个旅行的男女青年,他们周围总是摆着一堆书,其实他们根本不看,只是为了充个门面。

其他的建议是:如果体力还可以的话,最好多走走,不要坐车。步行有很多的好处,比如说,如果你遇到什么感兴趣的事情,就可以随时停下来。

还有一些需要注意的地方:许多的旅行者在游历一个国家的时候,只喜欢观看表面的繁华。他们去看高山、大河、湖泊、瀑布、洞穴、温泉、大城市和大村庄,却很少光顾一些小地方。他们往往不注意当地的风土人情。其实,与其将更多的精力放在研究基督教的庙宇和那些人文建筑上,倒不如多研究研究实际的人文事件。

再者,旅行中千万别忘了做善事和交流。不要觉得这样做和旅行有什么冲突,其实这关系到你个人的安全和幸福。有些年轻人在旅行中总是遇到麻烦,而其他人则不会。你会发现他们区别在于后者非常愿意助人为乐和与大家交流,而前者则相反,无论到哪儿都有麻烦。

 **寻求良心的回归**

一个人的道德好坏,有无良心以及有多少良心,直接决定这个人的思想境界和思想高度,这也在一定程度上影响着一个人从事其他事情的成败。

卡耐基认为，良心与道德，是发展文化，构成人类文明，特别是精神文明的重要内容。

俗语云：知识是精神的粮食。而古代希腊的伟大哲学家苏格拉底曾说："道德就是知识。"可见，良心和道德在久远的时代已如此重要了。在苏格拉底看来，良心等同于知识，缺乏良心就等同于缺乏知识，这一观点在古代已被普遍接受了。可想而知，在当时如此落后的封建的社会，良心已被授予高尚之冠，被普罗大众所崇拜。所以，当今人们更不可忽视良心的存在。

自古到今，一个能称之为优秀的人大都是"德才兼备"的，这可看出，"德"无时无刻不被当作评论一个人人格的标准。因此，要想成为现代型人才，仅仅"有知识"是不够的，"有道德"才是重要的。在现今社会中，人无道德而难立，人无道德而难成才。所以，道德是贯穿古今的，人不可无良心、无道德。

道德的体现不仅仅着眼于大事上，更多是着眼于小事上。在道路上，把你的垃圾藏身于它的"家"里；把你的粗言秽语嚼烂在口中……只要我们注意一下自己做得不够好的细节，我们就算是一个有道德的人了。比如，在公共场合请你小声说话，如果你在打电话，用对方听得到你说话的声音就行了。你有说话的权利，却没有强迫别人也听你说话的资格。再比如，在公交车上看到需要座位的乘客，请主动让座。比如在出行时红灯停，绿灯行，遵守交通规则，这是所有人都应该知道的。如果你不是救护车司机或是消防车司机，请你一定要遵守交通规则。

"有良心、有道德"就是这样：在工作或生活中，人与人尽量多一些关怀，少一些嘲讽；多一些相互帮助，少一些钩心斗角；多一些光明磊落，少一些蜜语欺骗……"在社会上，多一些理解，少一些埋怨；多一些责任，少一些逃避；多一些踏实，少一些做作……

良心和道德作为社会意识形态之一，是人们共同生活及其行为的准则和规范。因此，做一个有道德的人是自我的要求，是生活的要求，是社会的要求，是国家的要求，是历史的要求。做一个有道德的人是适应建设社会顺应和谐社会的历史潮流，是立足于社会的稳固的垫脚石。

学会正确地交流

在每一个人的职业生涯当中，与人交流能力常常很重要，往往决定一个人的职业命运。"人们花费10%～85%的工作时间在与人沟通、写、读、听、说。"而这正恰恰反映了与人交流的重要性。

卡耐基认为，与人交流的前提是这个人对自己的自信。自信是成功的必要条件。而正是自信心的强与弱决定了一个人与他人交流时的一系列反映。如果他对自己报以很强的自信心的话，他在决断事物时，会很镇定。同时在与人交流时也会表现出主动与果断。

自信的产生更重要取决于他对事物的判断、表达以及对自身的了解。自信是发自内心的自我肯定与相信。自信无论在人际交往、事业工作上都非常重要。只要自己相信自己，他人就会相信你。

表达自信的关键是与人交流时的微笑与对眼神的关注。一个人的眼神可以透露出许多有关他的信息。某人不正视你的时候，你会直觉地问自己："他想要隐藏什么呢？他怕什么呢？他会对我不利吗？"

不正视别人通常意味着：在你旁边我感到很自卑；我感到不如你；我怕你。躲避别人的眼神意味着：我有罪恶感；我做了或想到什么我不希望你知道的事；我怕一接触你的眼神，你就会看穿我。这都是一些不好的信息。

正视别人等于告诉你：我很诚实，而且光明正大。我相信我告诉你的话是真的，毫不心虚。

而微笑则是他对对方的肯定与自我信心的表达。它发生于分秒之间，却能被永生不忘。没有人因富足而不需要它，也没有人因贫穷而不受它的好处。它为家庭带来欢乐，为事业培育关爱，也在朋友间互通情谊。它使劳累者获得休息；使沮丧者重获光明；使哀伤的人得到抚慰，也使陷入烦恼的人得到解脱。

一个微笑能让对方对你产生强烈的印象与肯定。微笑是种"武器"，它能让对方对你产生好感也让对方对你产生些许畏惧。当尼克松与周恩来握手之时，被周总理自信的微笑所震撼，也被毛主席的微笑所折服。

微笑也是在播撒爱的种子。播种就会有收获。怎么播种微笑呢？你微笑面对生活，生活就会向你微笑。

美国密歇根大学心理教授詹姆士对人微笑的注解："面带微笑的人，通常对处理事务，教导学生或销售行为，都显得更有效率，也更能培育快乐的孩子。笑容比皱眉头所传达的信息要多得多。"

卡耐基认为，有很多思路敏锐、天资高的人，却无法发挥他们的长处参与讨论，并不是他们不想参与，而只是因为他们缺少信心。在会议中沉默寡言的人都认为："我的意见可能没有价值，如果说出来，别人可能会觉得很愚蠢，我最好什么也不说。而且，其他人可能都比我懂得多，我并不想让你们知道我是这么无知。"这些人常常会对自己许下很迷茫的诺言："等下一次再发言。"可是他们很清楚自己是无法实现这个诺言的。每次这些沉默寡言的人不发言时，他就又中了一次缺少信心的毒素了，他会愈来愈丧失自信。从积极的角度来看，如果尽量发言，就会增加信心，下次也更容易发言。

对于自信最重要的表达行为就是主动了。"最好的防御是进攻。"当你以主动的方式与对方交流时,给对方所产生的印象要比点名被动更为有效。

战胜怯懦最有效的方式是面对众人演说。这不仅仅对信心的提高有帮助,也是对让自己增强主动力最有效的方式。

职场中与人交流的技巧有很多,而这些小小的技巧出于根本也正是一个人自信的反映,所以增强自信也就是对于一个人生职业生涯是最有效的帮助。

充满爱心和积极向上的精神

卡耐基说过:"为别人做好事不是一种责任,而是一种幸福,因为这能增加你自己的健康和快乐。多为别人着想,不仅能使你不再为自己忧虑,也能帮助你结交很多的朋友。"

20世纪美国最杰出的无神论者西多·得来特把所有的宗教都看成是神话,认为人生只是一个傻瓜说出的故事,没有任何意义。但是他却遵循着他眼中的"傻瓜"——耶稣所讲的一个道理:帮助他人。德莱特说:"如果想在漫长的人生中享受快乐,就不能只想到自己,而应为他人着想。"

西雅图的卢勃博士已经很多年没下床走一步路了,但西雅图一家报社的记者斯尔特郭斯却高度评价他是最无私的人。

一位常年卧床的人是怎样化解自己的烦恼,成了一个无私的人呢?答案就是:他一直遵循着"充满爱心"的信念,并努力去实践它。

他收集了全国各地瘫痪病人的通讯地址,给他们发出了一封封充满鼓励、洋溢着爱心的信件,激励他们勇敢地与病魔作斗争。他把这些病人联合起来,组成了一个瘫痪者联谊俱乐部,鼓励大家互相写信,互相鼓励。

他每年要在床上发出 1400 封信，给成千上万的病人带来了欢乐的笑声。

卢勃博士与其他瘫痪在床的病人最大的不同之处在于，他深切体会到了真正的快乐，这种快乐是在帮助他人的过程中获得的。而这种快乐的源泉，即是卢勃的充满爱的心。

萧伯纳说过："一个以自我为中心的人，一天到晚都在抱怨别人不能使他开心。"充满爱心，乐于助人，为他人带来笑声，才会真正地为你自己带来笑声。

卡耐基说过："如果你的脑海中存有失败的思想，我将要对你提出这样的忠告，赶紧把它驱除掉，因为失败的想法势必招致失败！"

希克力出生在法国南部一个叫马尔蒂夫的小镇，这里气候干旱，河流稀少，还发生过一起严重的化工厂毒气泄漏事故。希克力的母亲就死于这次事故。更可怕的是小镇上流行一种罕见的肺病，接踵死去的人越来越多，而医生一直也没有查清这到底是一种什么肺病并且该怎样进行治疗。

1982 年春天，希克力的父亲也不幸患上了这种可怕的肺病，经常拼命咳嗽，心虚气短。那年希克力 16 岁，他不想再失去父亲。然而，医生们几乎都是众口一词，以现在的医疗手段，对此奇怪的肺病束手无策。

一位医生告诉希克力，这种肺病的致病原因也许是空气中有太多的有害物质。如果让病人生活在空气新鲜的大森林里，改善呼吸环境，或许还会有一线生机。希克力望着家门前光秃秃的土地，突然灵机一动："我为什么不自己种植一些树呢？等这些树长大了，也许父亲的病就真的好起来了。"

虽然父亲反对，但希克力还是暗暗下定决心，一定要在家门前种植出一片茂密的树林出来。从此，他开始了他的种树行动。

马尔蒂夫小镇的很多人建议希克力放弃这个"愚蠢"的想法，然而，希克力依然我行我素，于是人们背地里嘲笑他，叫他"怪人"和"疯子"，希克力感到从未有过的孤独。

每天早晨，希克力起床的第一件事情就是去看看树苗长高了多少，有没有枯死，遇到大风天和下冰雹，希克力就会在树苗上方搭起一个帐篷，保护树苗免遭灾害天气的摧残。一年之后，他最初栽下的100多株树苗有43株成活。它们都生长得非常健康，枝头泛着点点绿色。

高中毕业后的希克力没有去大学读书，他坚持留在马尔蒂夫小镇照顾父亲。他像当年的父亲一样，在小镇当了一名卡车司机，每当有空的时候他就默默栽培和护理那些树木。一年又一年过去了，希克力种植的树苗越来越多，许多树苗已渐渐长高长粗壮，成了真正意义上的树木。希克力经常搀扶着父亲去散发着草木清香的树林里散步，老人的脸上也渐渐有了红润，咳嗽比以前少多了，体质大为增强。正当希克力沉浸在成功的喜悦中时，1998年秋天，他又遭受了两次沉重的打击：他的妻子在一次车祸中不幸身亡，而他的树林发生了一次严重的病虫害，树木成片枯死。希克力没有被击倒，他依然顽强地抗争着。他的精神感动了一个叫苏珊娜的美丽女孩，他们结了婚，而他的树林也越来越茂盛。

希克力父亲的健康状况日益好转，成了整个小镇上所有患上那种肺病的病人中依然生存的唯一一位。居民们被深深感动了，他们纷纷投入到种树的行动中，马尔蒂夫小镇的树林越来越多，面积扩大到了数百公顷，放眼望去，小镇四周到处是绿色的屏障。

2005年年初，医学专家对希克力父亲的再次诊治，发现他的肺病已经不可思议地消失了。所有的医生都无法对此做出医学上的合理解释。或许，其中一个医生的话能说明原因："坚定不屈的信念和积极向上的精神状态，有时比任何先进的医疗手段更为奏效！"而那个名叫希克力的种树男子也感动了全法国的人民，他被评为"2004年法国最健康和最孝顺的男人"。

希克力积极向上的性格，不仅挽救了父亲的生命，还感染了附近的居民投入到种树的行列中。事实证明，没有什么是不可能做到的，只要你拥有积极向上的性格和坚定的信念，任何困难都不能阻挡你前进的脚步。

第十五章 修身养性，完美人生